近世代数习题解答

韩士安　林　磊　编著

科学出版社
北　京

内 容 简 介

本书是普通高等教育“十一五”国家级规划教材《近世代数(第二版)》(韩士安，林磊编著，科学出版社)的配套教学辅导用书. 本书提供了该教材的全部习题解答，习题量大、内容丰富、解答详尽，力求在提供解答时能尽可能多地渗透代数学的重要思想方法及证明的基本技巧，以帮助读者更好地掌握教材内容，同时也是对教材内容的有益补充.

本书可作为高等院校数学专业本科生的参考用书，也可供备考硕士研究生的学生参考使用.

图书在版编目(CIP)数据

近世代数习题解答/韩士安，林磊编著. —北京：科学出版社，2010

ISBN 978-7-03-026865-5

Ⅰ. 近…　Ⅱ. ①韩…　②林…　Ⅲ. 抽象代数-高等学校-解题　Ⅳ. O153-44

中国版本图书馆 CIP 数据核字 (2010) 第 033664 号

责任编辑：姚莉丽　房　阳／责任校对：赵桂芬
责任印制：张　伟／封面设计：陈　敬

科学出版社 出版
北京东黄城根北街 16 号
邮政编码：100717
http://www.sciencep.com

中煤（北京）印务有限公司印刷
科学出版社发行　各地新华书店经销
*
2010 年 3 月第　一　版　开本：720×1000　1/16
2026 年 1 月第十七次印刷　印张：13 3/4
字数：277 000

定价：39.00 元

（如有印装质量问题，我社负责调换）

前　言

本书是与华东师范大学数学系教师编写、由科学出版社出版的国家理科基地教材《近世代数 (第二版)》(已列入普通高等教育“十一五”国家级规划教材) 配套的教学辅导用书.

《近世代数》教材自 2004 年面世以来, 承蒙大家的厚爱, 已经被许多高校选为同名课程的教材. 近世代数是数学专业一门重要的专业基础课, 但是其概念抽象, 证明题多且难以下手, 这使很多学生对学习这门课程产生了畏难情绪. 因此, 他们迫切希望能有一本与教材相配套的教学辅导书, 帮助他们学好这门课程, 本书正是为了满足这一需求而编写的. 本书虽然仅仅对该教材的所有习题给出了解答, 但是在提供解答时力求能尽可能多地渗透代数学的一些重要思想方法, 并介绍多种基本技巧. 希望通过这些做法, 能为学习本课程有一定困难的学生以及想在代数学方面继续深造的学生提供帮助.

由于教材的第二版对第一版进行了适当的修改, 每节后的习题也作了小规模的调整: 有个别章节次序作了改动, 同时增添了一些章节, 相应地也新增了一些习题, 所以本书的习题解答是与第二版教材相配套的. 不过习题的调整范围很小, 使用第一版教材的读者大可不必担心.

在此还需要对本书的使用做些说明. 本书是一本教学辅导书, 不是教材. 因此大家在学习近世代数课程时, 如遇到不会做的习题, 首先应该仔细阅读教材, 将教材中相应的概念、结论弄明白, 将相应的对此类问题的处理方法搞清楚, 然后再尝试做习题. 做完以后再来阅读本书的解答, 比较两者的差异, 看看哪个解答更合理. 当然我们在为教材配备习题时有两种目的: 一是为教材的内容服务, 通过配套习题的练习, 帮助读者更好地掌握教材内容; 二是教材受教学课时的限制, 内容不可能安排过多, 但是有些内容本身是非常有趣、非常重要的, 因此通过安排相应的习题, 来介绍这些内容, 作为对教材内容的补充. 这部分习题主要是为那些学有余力，并对代数学比较感兴趣的学生安排的. 对于这些习题, 因为内容比较陌生, 读者做起来可能比较困难, 大家可以通过本书, 了解这些习题的解答, 从而扩大知识面, 丰富自己的知识积累.

虽然本书是与相应教材配套的辅导书, 但不使用该教材的读者也完全可以阅读本书. 因为本书中包含的习题量较大, 内容丰富, 解答详尽, 从中可以学到很多代数学的思想方法和证明技巧. 同时相信它对备考硕士研究生的读者也会大有帮助.

受作者经验和水平的限制, 书中难免出现一些疏漏及不足, 恳请读者批评指正. 至于作者编写风格不尽相同所造成的缺点, 就只能请读者谅解了. 我们的 E-mail 地址是：llin@math.ecnu.edu.cn (林磊); sahan@math.ecnu.edu.cn (韩士安).

作　者
2009 年 5 月
于华东师范大学闵行校区樱桃河畔

目　　录

第1章　群

习题 1-1　等价关系与集合的分类

1. 试分别举出满足下列条件的关系：

(1) 有对称性, 传递性, 但无反身性;

(2) 有反身性, 传递性, 但无对称性;

(3) 有反身性, 对称性, 但无传递性.

解　(1) $S=\mathbf{R}$, 对任意的 $a,b\in S$, 规定：$a\sim b \iff ab>0$.

(a) 如果 $ab>0$, 则显然有 $ba>0$, 因此 $\sim$ 有对称性;

(b) 如果 $ab>0$, $bc>0$, 则显然有 $ac>0$, 因此 $\sim$ 有传递性;

(c) 由于 $0\cdot 0=0$, 因此 $0\nsim 0$, 因此 $\sim$ 无反身性.

(2) $S=\mathbf{R}$, 对任意的 $a,b\in S$, 规定：$a\sim b \iff a\geqslant b$.

(a) 对任意的 $a\in S$, 则显然有 $a\geqslant a$, 因此 $\sim$ 有反身性;

(b) 如果 $a\geqslant b$, $b\geqslant c$, 则显然有 $a\geqslant c$, 因此 $\sim$ 有传递性;

(c) 由于 $2\geqslant 1$, 但 $1\ngeqslant 2$, 这说明 $\sim$ 无对称性.

(3) $S=\mathbf{Z}-\{1,-1\}$, 对任意的 $a,b\in S$, 规定：$a\sim b \iff (a,\,b)\neq 1$.

(a) 对任意的 $a\in S$, 由于 $a\neq\pm 1$, 因此 $(a,\,a)=|a|\neq 1$, 从而 $a\sim a$, 这说明 $\sim$ 具有反身性;

(b) 设 $a,b\in S$, 如果 $a\sim b$, 则 $(a,\,b)\neq 1$, 于是 $(b,\,a)=(a,\,b)\neq 1$, 从而 $b\sim a$, 这说明 $\sim$ 具有对称性;

(c) 取 $2,3,6\in S$, 则 $(2,\,6)=2,(6,\,3)=3,(2,\,3)=1$, 于是 $2\sim 6$, $6\sim 3$, 但 $2\nsim 3$, 这说明 $\sim$ 无传递性.

2. 找出下列证明中的错误：

有人断言, 若 S 的关系 $\mathcal{R}$ 有对称性和传递性, 则必有反身性. 这是因为, 对任意的 $a\in S$, 由对称性得, 如果 $a\mathcal{R}b$, 则 $b\mathcal{R}a$. 再由传递性, 得 $a\mathcal{R}a$, 所以 $\mathcal{R}$ 有反身性.

解　有可能在 S 中, 不存在元素 $b\in S$, 使 $a\mathcal{R}b$, 这样, 就不能由反身性和传递性推出 $a\mathcal{R}a$. 具体的例子可参见第 1(1) 题.

3. 证明：在数域 F 上全体 n 阶方阵的集合 M 中, 矩阵的等价、相合和相似都是等价关系.

证明　分别以 $\sim, \approx, \simeq$ 表示矩阵的等价、相合和相似关系.

(1) 设 $A,B,C\in M$, 则

(a) 因为 $\operatorname{rank}A=\operatorname{rank}A$, 所以 $A\sim A$, 于是 $\sim$ 具有反身性;

(b) 如果 $A\sim B$, 则 $\operatorname{rank}A=\operatorname{rank}B$, 于是 $\operatorname{rank}B=\operatorname{rank}A$, 从而 $B\sim A$, 这说明 $\sim$ 具有对称性;

(c) 如果 $A\sim B$, $B\sim C$, 则 $\operatorname{rank}A=\operatorname{rank}B$, $\operatorname{rank}B=\operatorname{rank}C$, 于是 $\operatorname{rank}A=\operatorname{rank}C$, 从而 $A\sim C$, 这说明 $\sim$ 具有传递性.

这就证明了矩阵的等价是集合 M 的一个等价关系.

(2) 设 $A,B,C\in M$, E 为单位矩阵, 则

(a) 因为 $E^{\mathrm{T}}AE=A$, 所以 $A\approx A$, 于是 $\approx$ 具有反身性;

(b) 如果 $A\approx B$, 则存在可逆矩阵 $P\in M$, 使 $P^{\mathrm{T}}AP=B$, 于是 $(P^{-1})^{\mathrm{T}}BP^{-1}=A$, 从而 $B\approx A$, 这说明 $\approx$ 具有对称性;

(c) 如果 $A\approx B$, $B\approx C$, 则存在可逆矩阵 $P,Q\in M$, 使 $P^{\mathrm{T}}AP=B$, $Q^{\mathrm{T}}BQ=C$, 于是 $(PQ)^{\mathrm{T}}A(PQ)=C$, 从而 $A\approx C$, 这说明 $\approx$ 具有传递性.

这就证明了矩阵的相合是集合 M 的一个等价关系.

(3) 设 $A,B,C\in M$, E 为单位矩阵, 则

(a) 因为 $E^{-1}AE=A$, 所以 $A\simeq A$, 于是 $\simeq$ 具有反身性;

(b) 如果 $A\simeq B$, 则存在可逆矩阵 $T\in M$, 使 $T^{-1}AT=B$, 于是 $(T^{-1})^{-1}BT^{-1}=A$, 从而 $B\simeq A$. 这说明 $\simeq$ 具有对称性;

(c) 如果 $A\simeq B$, $B\simeq C$, 则存在可逆矩阵 $T,S\in M$, 使 $T^{-1}AT=B$, $S^{-1}BS=C$, 于是 $(TS)^{-1}A(TS)=C$, 从而 $A\simeq C$, 这说明 $\simeq$ 具有传递性.

这就证明了矩阵的相似是集合 M 的一个等价关系.

4. 设 ϕ 是集合 A 到 B 的映射, $a,b\in A$, 规定关系 "$\sim$":

$$a\sim b \iff \phi(a)=\phi(b).$$

证明: $\sim$ 是 A 的一个等价关系, 并求其等价类.

证明　设 $a,b,c\in A$, 则

(a) 因为 $\phi(a)=\phi(a)$, 所以 $a\sim a$, 于是 $\sim$ 具有反身性;

(b) 如果 $a\sim b$, 则 $\phi(a)=\phi(b)$, 于是 $\phi(b)=\phi(a)$, 从而 $b\sim a$, 这说明 $\sim$ 具有对称性;

(c) 如果 $a\sim b$, $b\sim c$, 则 $\phi(a)=\phi(b)$, $\phi(b)=\phi(c)$, 从而 $\phi(a)=\phi(c)$, 这说明 $\sim$ 具有传递性.

这就证明了 $\sim$ 是集合 A 的一个等价关系.

此等价关系的全体等价类为

$$A/\sim=\{[a]\mid a\in A\},$$

其中

$$[a] = \{x \in A \mid \phi(x) = \phi(a)\}.$$

5. 设 $A = \{1,2,3,4\}$, 在 $\mathcal{P}(A)$ 中规定关系 "$\sim$":

$$S_1 \sim S_2 \iff S_1 \text{ 与 } S_2 \text{ 含有相同个数的元素}.$$

证明: $\sim$ 是 $\mathcal{P}(A)$ 的一个等价关系, 并求商集 $\mathcal{P}(A)/\sim$.

证明　以 $|S|$ 表示集合 S 所含元素的个数. 设 $P, Q, S \in \mathcal{P}(A)$, 则

(a) 因为 $|P| = |P|$, 所以 $P \sim P$, 于是 $\sim$ 具有反身性;

(b) 如果 $P \sim Q$, 则 $|P| = |Q|$, 于是 $|Q| = |P|$, 从而 $Q \sim P$, 这说明 $\sim$ 具有对称性;

(c) 如果 $P \sim Q$, $Q \sim S$, 则 $|P| = |Q|$, $|Q| = |S|$, 于是 $|P| = |S|$, 从而 $P \sim S$, 这说明 $\sim$ 具有传递性.

这就证明了 $\sim$ 是集合 $\mathcal{P}(A)$ 的一个等价关系.

相应的商集

$$\mathcal{P}(A)/\sim = \{[\varnothing], [\{1\}], [\{1,2\}], [\{1,2,3\}], [\{1,2,3,4\}]\},$$

其中

$$\begin{aligned}
&[\{1\}] = \{\{1\}, \{2\}, \{3\}, \{4\}\},\\
&[\{1,2\}] = \{\{1,2\}, \{1,3\}, \{1,4\}, \{2,3\}, \{2,4\}, \{3,4\}\},\\
&[\{1,2,3\}] = \{\{1,2,3\}, \{1,2,4\}, \{1,3,4\}, \{2,3,4\}\},\\
&[\{1,2,3,4\}] = \{\{1,2,3,4\}\}.
\end{aligned}$$

6. 在有理数集 $\mathbf{Q}$ 中, 规定关系 "$\sim$":

$$a \sim b \iff a - b \in \mathbf{Z}.$$

证明: $\sim$ 是 $\mathbf{Q}$ 的一个等价关系, 并求出所有的等价类.

证明　设 $a, b, c \in \mathbf{Q}$, 则

(a) 因为 $a - a = 0 \in \mathbf{Z}$, 所以 $a \sim a$, 于是 $\sim$ 具有反身性;

(b) 如果 $a \sim b$, 则 $a - b \in \mathbf{Z}$, 于是 $b - a \in \mathbf{Z}$, 从而 $b \sim a$, 这说明 $\sim$ 具有对称性;

(c) 如果 $a \sim b$, $b \sim c$, 则 $a - b \in \mathbf{Z}$, $b - c \in \mathbf{Z}$, 于是 $a - c = (a-b) + (b-c) \in \mathbf{Z}$, 从而 $a \sim c$, 这说明 $\sim$ 具有传递性.

这就证明了 $\sim$ 是 $\mathbf{Q}$ 的一个等价关系.

此等价关系的全体等价类为

$$\mathbf{Q}/\sim=\{[r]\,|\,r\in\mathbf{Q}\ \text{且}\ 0\leqslant r<1\},$$

其中

$$[r]=\{r+z\,|\,z\in\mathbf{Z}\}.$$

7. 在复数集 $\mathbf{C}$ 中, 规定关系 "$\sim$":

$$a\sim b\Longleftrightarrow |a|=|b|.$$

证明: $\sim$ 是 $\mathbf{C}$ 的一个等价关系, 试确定相应的商集 $\mathbf{C}/\sim$, 并给出每个等价类的一个代表元素.

证明 设 $a,b,c\in\mathbf{C}$, 则

(a) 因为 $|a|=|a|$, 所以 $a\sim a$, 于是 $\sim$ 具有反身性;

(b) 如果 $a\sim b$, 则 $|a|=|b|$, 于是 $|b|=|a|$, 从而 $b\sim a$, 这说明 $\sim$ 具有对称性;

(c) 如果 $a\sim b$, $b\sim c$, 则 $|a|=|b|$, $|b|=|c|$, 于是 $|a|=|c|$, 从而 $a\sim c$, 这说明 $\sim$ 具有传递性.

这就证明了 $\sim$ 是 $\mathbf{C}$ 的一个等价关系.

相应的商集

$$\mathbf{C}/\sim=\{[r]\,|\,r\in\mathbf{R}\ \text{且}\ r\geqslant 0\},$$

其中

$$[r]=\{x\in\mathbf{C}\,|\,|x|=r\}=\{r(\cos\theta+\mathrm{i}\sin\theta)\,|\,\theta\in[0,2\pi)\}.$$

对任意的 $c\in\mathbf{C}$, 等价类 $[c]$ 的代表元素可取作 $|c|$.

8. 设集合

$$S=\{(a,\,b)\ |\ a,b\in\mathbf{Z},b\neq 0\}.$$

在集合 S 中, 规定关系 "$\sim$":

$$(a,\,b)\sim(c,\,d)\ \Longleftrightarrow\ ad=bc.$$

证明: $\sim$ 是 S 的一个等价关系.

证明 设 $(a,\,b),(c,\,d),(e,\,f)\in S$, 则

(a) 因为 $ab=ba$, 所以 $(a,\,b)\sim(a,\,b)$, 于是 $\sim$ 具有反身性;

(b) 如果 $(a,\,b)\sim(c,\,d)$, 则 $ad=bc$, 于是 $cb=da$, 从而 $(c,\,d)\sim(a,\,b)$, 这说明 $\sim$ 具有对称性;

(c) 如果 $(a,\,b)\sim(c,\,d)$, $(c,\,d)\sim(e,\,f)$, 则 $ad=bc$, $cf=de$, 于是 $adf=bcf=bde$. 由于 $d\neq 0$, 因此 $af=be$, 从而 $(a,\,b)\sim(e,\,f)$, 这说明 $\sim$ 具有传递性.

这就证明了 $\sim$ 是 S 的一个等价关系.

*9. 设 $A=\{a, b, c, d\}$, 试写出集合 A 的所有不同的等价关系.

解　按例 9 中的方法, 可知 A 共有如下 15 个不同的等价关系:

$$\begin{aligned}
\sim_1=\{&a\sim a,b\sim b,c\sim c,d\sim d,a\sim b,b\sim a,a\sim c,c\sim a,a\sim d,\\
&d\sim a,b\sim c,c\sim b,b\sim d,d\sim b,c\sim d,d\sim c\};\\
\sim_2=\{&a\sim a,b\sim b,c\sim c,d\sim d,b\sim c,c\sim b,b\sim d,d\sim b,c\sim d,d\sim c\};\\
\sim_3=\{&a\sim a,b\sim b,c\sim c,d\sim d,a\sim c,c\sim a,a\sim d,d\sim a,c\sim d,d\sim c\};\\
\sim_4=\{&a\sim a,b\sim b,c\sim c,d\sim d,a\sim b,b\sim a,a\sim d,d\sim a,b\sim d,d\sim b\};\\
\sim_5=\{&a\sim a,b\sim b,c\sim c,d\sim d,a\sim b,b\sim a,a\sim c,c\sim a,b\sim c,c\sim b\};\\
\sim_6=\{&a\sim a,b\sim b,c\sim c,d\sim d,a\sim b,b\sim a,c\sim d,d\sim c\};\\
\sim_7=\{&a\sim a,b\sim b,c\sim c,d\sim d,a\sim c,c\sim a,b\sim d,d\sim b\};\\
\sim_8=\{&a\sim a,b\sim b,c\sim c,d\sim d,a\sim d,d\sim a,b\sim c,c\sim b\};\\
\sim_9=\{&a\sim a,b\sim b,c\sim c,d\sim d,c\sim d,d\sim c\};\\
\sim_{10}=\{&a\sim a,b\sim b,c\sim c,d\sim d,b\sim d,d\sim b\};\\
\sim_{11}=\{&a\sim a,b\sim b,c\sim c,d\sim d,b\sim c,c\sim b\};\\
\sim_{12}=\{&a\sim a,b\sim b,c\sim c,d\sim d,a\sim b,b\sim a\};\\
\sim_{13}=\{&a\sim a,b\sim b,c\sim c,d\sim d,a\sim c,c\sim a\};\\
\sim_{14}=\{&a\sim a,b\sim b,c\sim c,d\sim d,a\sim d,d\sim a\};\\
\sim_{15}=\{&a\sim a,b\sim b,c\sim c,d\sim d\}.
\end{aligned}$$

*10. 不用公式 (1.1.1), 直接算出集合 $A=\{1, 2, 3, 4, 5\}$ 的不同的分类数.

解　设 $A_n=\{1,2,\cdots,n\}$, $B(n)$ 为集合 A_n 的不同的分类数, $B(n,k)$ 为集合 A_n 分划为 k 个不同子集的分类数. 显然有

$$B(n)=\sum_{k=1}^{n}B(n,k).$$

下面给出计算 $B(n,k)$ 和 $B(n)$ 的方法:

为简便起见, 称集合 A_n 分划为 k 个不同子集的任一种分类为集合 A_n 的一个 k 分划. 易知:

(1) 如果 $\{S_1,S_2,\cdots,S_{k-1}\}$ 是 A_{n-1} 的任一个 $k-1$ 分划, 则 $\{S_1,S_2,\cdots,S_{k-1},\{n\}\}$ 就是 A_n 的一个 k 分划.

(2) 如果 $\{S_1,S_2,\cdots,S_k\}$ 是 A_{n-1} 的任一个 k 分划, 则

$$\{S_1\cup\{n\}, S_2, \cdots, S_k\},$$
$$\{S_1, S_2\cup\{n\}, S_3, \cdots, S_k\},$$
$$\cdots\cdots$$
$$\{S_1, S_2, \cdots, S_{k-1}, S_k\cup\{n\}\}$$

都是 A_n 的 k 分划.

显然, A_n 的任一个 k 分划都可如此得到. 由此得

$$B(n,k) = kB(n-1,k) + B(n-1,k-1). \tag{1.1.1}$$

由此递推公式, 可得下表:

$B(n,k)$	$k=1$	$k=2$	$k=3$	$k=4$	$k=5$	$\cdots$	B_n
$n=1$	1						1
$n=2$	1	1					2
$n=3$	1	3	1				5
$n=4$	1	7	6	1			15
$n=5$	1	15	25	10	1		52
$\vdots$	$\vdots$	$\vdots$	$\vdots$	$\vdots$	$\vdots$	$\ddots$	$\vdots$

由表中的第六行, 立即可得 $B(5) = 52$, 即 $A = \{1, 2, 3, 4, 5\}$ 的不同的分类数为 52.

习题 1-2　群 的 概 念

1. 证明: 实数域 $\mathbf{R}$ 上全体 n 阶方阵的集合 $M_n(\mathbf{R})$, 关于矩阵的加法构成一个交换群.

证明　(1) 矩阵的加法显然是 $M_n(\mathbf{R})$ 的代数运算.

(2) 矩阵的加法满足结合律和交换律.

(3) 对任意的矩阵 $A\in M_n(\mathbf{R})$, 有

$$A + 0 = 0 + A = A,$$

所以零矩阵 0 是 $M_n(\mathbf{R})$ 关于加法的零元.

(4) 对任意的 $A\in M_n(\mathbf{R})$, 有 $-A\in M_n(\mathbf{R})$, 且

$$A + (-A) = (-A) + A = 0,$$

所以 $M_n(\mathbf{R})$ 中每个元素关于矩阵的加法都有负元.

由此知, $(M_n(\mathbf{R}), +)$ 构成一个交换群.

2. 证明: 实数域 $\mathbf{R}$ 上全体 n 阶可逆方阵的集合 $GL_n(\mathbf{R})$ 关于矩阵的乘法构成群. 这个群称为 n 阶**一般线性群**.

证明 (1) 设 $A, B \in GL_n(\mathbf{R})$, 则 A, B 可逆, 于是 AB 也可逆, 从而 $AB \in GL_n(\mathbf{R})$, 所以矩阵的乘法是 $GL_n(\mathbf{R})$ 的代数运算.

(2) 因为矩阵的乘法满足结合律, 所以 $GL_n(\mathbf{R})$ 中的乘法运算也满足结合律.

(3) 单位矩阵 $E \in GL_n(\mathbf{R})$, 且对任意的矩阵 $A \in GL_n(\mathbf{R})$, 有

$$EA = AE = A,$$

所以单位矩阵 E 是 $GL_n(\mathbf{R})$ 的单位元.

(4) 对任意的 $A \in GL_n(\mathbf{R})$, 则 A 可逆, 于是 A^{-1} 存在且可逆, 从而 $A^{-1} \in GL_n(\mathbf{R})$, 且

$$A \cdot A^{-1} = A^{-1} \cdot A = E,$$

所以 $GL_n(\mathbf{R})$ 中每个元素在 $GL_n(\mathbf{R})$ 中都可逆.

由此知, $(GL_n(\mathbf{R}), \cdot)$ 构成一个群.

3. 证明: 实数域 $\mathbf{R}$ 上全体 n 阶正交矩阵的集合 $O_n(\mathbf{R})$, 关于矩阵的乘法构成一个群. 这个群称为 n 阶**正交群**.

证明 (1) 设 $A, B \in O_n(\mathbf{R})$, 则 A, B 为正交矩阵, 于是 AB 也是正交矩阵, 从而 $AB \in O_n(\mathbf{R})$, 所以矩阵的乘法是 $O_n(\mathbf{R})$ 的代数运算.

(2) 因为矩阵的乘法满足结合律, 所以 $O_n(\mathbf{R})$ 中的乘法运算也满足结合律.

(3) 单位矩阵 $E \in O_n(\mathbf{R})$, 且对任意的矩阵 $A \in O_n(\mathbf{R})$, 有

$$EA = AE = A,$$

所以单位矩阵 E 是 $O_n(\mathbf{R})$ 的单位元.

(4) 对任意的 $A \in O_n(\mathbf{R})$, 则 A 是正交矩阵, 于是 A^{-1} 存在且是正交矩阵, 从而 $A^{-1} \in O_n(\mathbf{R})$, 且

$$A \cdot A^{-1} = A^{-1} \cdot A = E,$$

所以 $O_n(\mathbf{R})$ 中每个元素在 $O_n(\mathbf{R})$ 中都可逆.

由此知, $(O_n(\mathbf{R}), \cdot)$ 构成一个群.

4. 证明: 所有行列式等于 1 的 n 阶整数矩阵组成的集合 $SL_n(\mathbf{Z})$, 关于矩阵的乘法构成群.

证明 (1) 设 $A, B \in SL_n(\mathbf{Z})$, 则 A, B 都是行列式为 1 的整数矩阵, 于是 AB 也是整数矩阵且 $|AB| = 1$, 从而 $AB \in SL_n(\mathbf{Z})$, 所以矩阵的乘法是 $SL_n(\mathbf{Z})$ 的代数运算.

(2) 因为矩阵的乘法满足结合律, 所以 $SL_n(\mathbf{Z})$ 中的乘法运算也满足结合律.

(3) 单位矩阵 $E \in SL_n(\mathbf{Z})$, 且对任意的矩阵 $A \in SL_n(\mathbf{Z})$, 有

$$EA = AE = A,$$

所以单位矩阵 E 是 $SL_n(\mathbf{Z})$ 的单位元.

(4) 对任意的 $A \in SL_n(\mathbf{Z})$, 则 A 是整数矩阵且 $|A| = 1$, 于是 A 的伴随矩阵 A^* 也是整数矩阵且 $|A^*| = 1$, 从而 $A^* \in SL_n(\mathbf{Z})$, 且

$$A \cdot A^* = A^* \cdot A = |A|E = E,$$

所以 $SL_n(\mathbf{Z})$ 中每个元素在 $SL_n(\mathbf{Z})$ 中都可逆.

由此知, $(SL_n(\mathbf{Z}), \cdot)$ 构成一个群.

5. 在整数集 $\mathbf{Z}$ 中, 规定运算 "$\oplus$" 如下:

$$a \oplus b = a + b - 2, \qquad \forall\, a, b \in \mathbf{Z}.$$

证明: $(\mathbf{Z}, \oplus)$ 构成群.

证明 (1) 显然 $\oplus$ 为 $\mathbf{Z}$ 的代数运算.

(2) 对任意的 $a, b, c \in \mathbf{Z}$, 有

$$a \oplus b = a + b - 2 = b + a - 2 = b \oplus a,$$

所以交换律成立.

(3) 对任意的 $a, b, c \in \mathbf{Z}$, 有

$$\begin{aligned}(a \oplus b) \oplus c &= (a + b - 2) \oplus c = (a + b - 2) + c - 2 \\ &= a + (b + c - 2) - 2 = a + (b \oplus c) - 2 \\ &= a \oplus (b \oplus c),\end{aligned}$$

所以结合律成立.

(4) 对任意的 $a \in \mathbf{Z}$, 因为

$$a \oplus 2 = a + 2 - 2 = a = 2 \oplus a,$$

所以零元为 $2 \in \mathbf{Z}$.

(5) 对任意的 $a \in \mathbf{Z}$, 因为

$$a \oplus (-a + 4) = a + (-a + 4) - 2 = 2 = (-a + 4) \oplus a,$$

所以 a 的负元为 $-a + 4$.

由此知, $(\mathbf{Z}, \oplus)$ 构成群.

6. 分别写出下列各群的乘法表.

(1) 例 6 中的群; (2) 群 U_7; (3) 群 $\mathbf{Z}_7^*$; (4) 群 $U(18)$.

解 (1)

	1	–1	i	–i
1	1	–1	i	–i
–1	–1	1	–i	i
i	i	–i	–1	1
–i	–i	i	1	–1

(2) 记 $\omega=\cos\dfrac{2\pi}{7}+\mathrm{i}\sin\dfrac{2\pi}{7}$.

	1	ω	ω^2	ω^3	ω^4	ω^5	ω^6
1	1	ω	ω^2	ω^3	ω^4	ω^5	ω^6
ω	ω	ω^2	ω^3	ω^4	ω^5	ω^6	1
ω^2	ω^2	ω^3	ω^4	ω^5	ω^6	1	ω
ω^3	ω^3	ω^4	ω^5	ω^6	1	ω	ω^2
ω^4	ω^4	ω^5	ω^6	1	ω	ω^2	ω^3
ω^5	ω^5	ω^6	1	ω	ω^2	ω^3	ω^4
ω^6	ω^6	1	ω	ω^2	ω^3	ω^4	ω^5

(3)

	1	2	3	4	5	6
1	1	2	3	4	5	6
2	2	4	6	1	3	5
3	3	6	2	5	1	4
4	4	1	5	2	6	3
5	5	3	1	6	4	2
6	6	5	4	3	2	1

(4)

	1	5	7	11	13	17
1	1	5	7	11	13	17
5	5	7	17	1	11	13
7	7	17	13	5	1	11
11	11	1	5	13	17	7
13	13	11	1	17	7	5
17	17	13	11	7	5	1

注 表中的 a 表示 $\overline{a}$.

7. 设 $G=\left\{\begin{pmatrix} a & a \\ a & a \end{pmatrix} \middle| a\in\mathbf{R}, a\neq 0\right\}$. 证明: G 关于矩阵的乘法构成群.

证明　(1) 设 $A=\begin{pmatrix} a & a \\ a & a \end{pmatrix}, B=\begin{pmatrix} b & b \\ b & b \end{pmatrix}\in G$, 则 $AB=\begin{pmatrix} 2ab & 2ab \\ 2ab & 2ab \end{pmatrix}\in G$, 所以矩阵的乘法是 G 的代数运算.

(2) 因为矩阵的乘法满足结合律, 所以 G 的乘法也满足结合律.

(3) 因为 $\begin{pmatrix} \frac{1}{2} & \frac{1}{2} \\ \frac{1}{2} & \frac{1}{2} \end{pmatrix}\in G$, 且对任意的 $A=\begin{pmatrix} a & a \\ a & a \end{pmatrix}\in G$, 有

$$\begin{pmatrix} a & a \\ a & a \end{pmatrix}\cdot\begin{pmatrix} \frac{1}{2} & \frac{1}{2} \\ \frac{1}{2} & \frac{1}{2} \end{pmatrix}=\begin{pmatrix} \frac{1}{2} & \frac{1}{2} \\ \frac{1}{2} & \frac{1}{2} \end{pmatrix}\cdot\begin{pmatrix} a & a \\ a & a \end{pmatrix}=\begin{pmatrix} a & a \\ a & a \end{pmatrix},$$

所以单位元为 $\begin{pmatrix} \frac{1}{2} & \frac{1}{2} \\ \frac{1}{2} & \frac{1}{2} \end{pmatrix}$.

(4) 对任意的 $A=\begin{pmatrix} a & a \\ a & a \end{pmatrix}\in G$, 有 $B=\begin{pmatrix} \frac{1}{4a} & \frac{1}{4a} \\ \frac{1}{4a} & \frac{1}{4a} \end{pmatrix}\in G$, 且

$$\begin{pmatrix} a & a \\ a & a \end{pmatrix}\cdot\begin{pmatrix} \frac{1}{4a} & \frac{1}{4a} \\ \frac{1}{4a} & \frac{1}{4a} \end{pmatrix}=\begin{pmatrix} \frac{1}{4a} & \frac{1}{4a} \\ \frac{1}{4a} & \frac{1}{4a} \end{pmatrix}\cdot\begin{pmatrix} a & a \\ a & a \end{pmatrix}=\begin{pmatrix} \frac{1}{2} & \frac{1}{2} \\ \frac{1}{2} & \frac{1}{2} \end{pmatrix},$$

即 $B=\begin{pmatrix} \frac{1}{4a} & \frac{1}{4a} \\ \frac{1}{4a} & \frac{1}{4a} \end{pmatrix}$ 为 G 的逆元, 所以 G 的每个元素都可逆.

这就证明了 G 关于矩阵的乘法构成群.

8. 证明: 所有形如 $2^m3^n(m,n\in\mathbf{Z})$ 的有理数的集合关于数的乘法构成群.

证明　设 $G=\{2^m3^n\,|\,m,n\in\mathbf{Z}\}$.

(1) 对任意的 $x=2^{m_1}3^{n_1}, y=2^{m_2}3^{n_2}\in G$,

$$xy=2^{m_1}3^{n_1}2^{m_2}3^{n_2}=2^{m_1+m_2}3^{n_1+n_2}\in G,$$

所以数的乘法是 G 的代数运算.

(2) 因为数的乘法满足结合律和交换律, 所以 G 的乘法也满足结合律和交换律.

(3) 因为 $1=2^03^0\in G$, 且对任意的 $x=2^m3^n\in G$,

$$1\cdot x=x\cdot 1=x=2^m3^n,$$

所以 1 为 G 的单位元.

(4) 对任意的 $x=2^m3^n\in G$, 有 $x^{-1}=2^{-m}3^{-n}\in G$, 且

$$2^m3^n\cdot 2^{-m}3^{-n}=2^{-m}3^{-n}\cdot 2^m3^n=1,$$

所以 G 的每个元素都可逆.

由此知, G 关于数的乘法构成一个交换群.

9. 证明: 所有形如

$$\begin{pmatrix}1 & a & b\\ 0 & 1 & c\\ 0 & 0 & 1\end{pmatrix}$$

的 3×3 实矩阵关于矩阵的乘法构成一个群. 这个群以诺贝尔物理学奖获得者海森伯格 (Werner Heisenberg) 的名字命名, 称为**海森伯格群** (Heisenberg group).

证明 设

$$H=\left\{\begin{pmatrix}1 & a & b\\ 0 & 1 & c\\ 0 & 0 & 1\end{pmatrix}\middle|\, a,b,c\in\mathbf{R}\right\}.$$

(1) 对任意的

$$A=\begin{pmatrix}1 & a & b\\ 0 & 1 & c\\ 0 & 0 & 1\end{pmatrix},\quad B=\begin{pmatrix}1 & d & e\\ 0 & 1 & f\\ 0 & 0 & 1\end{pmatrix}\in H,$$

$$A\cdot B=\begin{pmatrix}1 & a & b\\ 0 & 1 & c\\ 0 & 0 & 1\end{pmatrix}\begin{pmatrix}1 & d & e\\ 0 & 1 & f\\ 0 & 0 & 1\end{pmatrix}=\begin{pmatrix}1 & a+d & af+b+e\\ 0 & 1 & f+c\\ 0 & 0 & 1\end{pmatrix}\in H,$$

所以矩阵的乘法是 H 的代数运算.

(2) 因为矩阵的乘法满足结合律, 所以 H 的乘法也满足结合律.

(3) 单位元是单位矩阵 $E\in H$: 对任意的 $A\in H$, 有

$$AE=EA=A.$$

(4) 对任意的

$$A=\begin{pmatrix}1 & a & b\\ 0 & 1 & c\\ 0 & 0 & 1\end{pmatrix}\in H,$$

有

$$A^{-1}=\begin{pmatrix}1 & -a & ac-b\\ 0 & 1 & -c\\ 0 & 0 & 1\end{pmatrix}\in H,$$

且

$$A\cdot A^{-1}=A^{-1}\cdot A=E.$$

所以 H 中每个元素都可逆.

由此知, H 关于矩阵的乘法构成群.

10. 设 G 是群, $a_1,a_2,\cdots,a_r\in G$. 证明:

$$(a_1a_2\cdots a_r)^{-1}=a_r^{-1}a_{r-1}^{-1}\cdots a_1^{-1}.$$

证明　因为

$$(a_1a_2\cdots a_r)\cdot(a_r^{-1}a_{r-1}^{-1}\cdots a_1^{-1})=e,$$
$$(a_r^{-1}a_{r-1}^{-1}\cdots a_1^{-1})\cdot(a_1a_2\cdots a_r)=e,$$

所以

$$(a_1a_2\cdots a_r)^{-1}=a_r^{-1}a_{r-1}^{-1}\cdots a_1^{-1}.$$

11. 设 G 是群, $a,b\in G$. 证明: 如果 $ab=e$, 则 $ba=e$.

证明

$$ba=eba=(a^{-1}a)ba=a^{-1}(ab)a=a^{-1}ea=a^{-1}a=e.$$

12. 设 G 是群. 证明: 如果对任意的 $x\in G$, 都有 $x^2=e$, 则 G 是一个交换群.

证明　对任意的 $x,y\in G$, 有

$$yx=eyx=(xy)^2yx=xyxyyx=xyxex=xyxx=xy.$$

所以 G 是一个交换群.

13. 设 G 是群. 证明: G 是交换群的充分必要条件是对任意的 $a,b\in G$, $(ab)^2=a^2b^2$.

证明　**必要性**　如果 G 为交换群, 则对任意的 $a,b\in G$, 有

$$(ab)^2=abab=aabb=a^2b^2.$$

充分性　如果对任意的 $a,b\in G$, 有 $(ab)^2=a^2b^2$, 则

$$ba=(a^{-1}a)ba(bb^{-1})=a^{-1}(abab)b^{-1}=a^{-1}(ab)^2b^{-1}=a^{-1}a^2b^2b^{-1}=ab.$$

所以 G 为交换群.

14. 设 G 是一个具有乘法运算的非空有限集合. 证明: 如果 G 满足结合律, 有左单位元, 且右消去律成立, 则 G 是一个群.

证明 只需证 G 中每个元素有左逆即可.

设 $G=\{a_1,a_2,\cdots,a_n\}$, 则对任意的 $a\in G$,

$$Ga=\{a_1a,a_2a,\cdots,a_na\}\subseteq G.$$

如果有 $x,y\in G$, 使 $xa=ya$, 则由右消去律得 $x=y$. 由此推出, 当 $i\neq j$ 时, 有 $a_ia\neq a_ja$. 从而 $|Ga|=|G|$, 所以 $Ga=G$. 于是, 对 G 中任一元素 a 及 G 的左单位元 e, 因 $e\in G=Ga$, 所以必存在 $a_i\in G$, 使 $a_ia=e$. 于是 a 有左逆元 a_i. 从而, 由定理 1.2.3 知 G 为群.

15. 证明: 一个具有乘法运算的非空集合 G, 如果满足结合律, 有右单位元 (即有 $e\in G$, 使对任意的 $a\in G$, 有 $ae=a$), 且 G 中每个元素有右逆元 (即对每个 $a\in G$, 有 $a'\in G$, 使 $aa'=e$), 则 G 构成群.

证明 只需证 e 是 G 的单位元, $a\in G$ 的右逆元 a' 是 a 的逆元即可.

由已知, $a'\in G$, 因此 a' 也有右逆元, 设为 a'', 则

$$a'a''=e.$$

于是

$$a'a=(a'a)e=(a'a)(a'a'')=a'(aa')a''=(a'e)a''=a'a''=e,$$

且

$$ea=(aa')a=a(a'a)=ae=a.$$

于是 e 是 G 的单位元, a' 是 a 的逆元. 从而, 由群的定义知 G 为群.

16. 设 G 是有限群. 证明: G 中使 $x^3=e$ 的元素 x 的个数是奇数.

证明 令 $S=\{x\in G\,|\,x^3=e\}$. 由于 G 是有限群, 所以 S 为有限集. 又因为 $e^3=e$, 所以 $e\in S$, 从而 S 不是空集. 如果另有 $x\neq e$, 使 $x^3=e$, 则 $(x^{-1})^3=e$. 因为 $x\neq e$, 所以 $x\neq x^{-1}$. 这说明 S 中的非单位元 (如果有的话) 总是成对出现, 又因为 $e^{-1}=e$, 所以 G 中使 $x^3=e$ 的元素 x 的个数是奇数.

*17. 设 p,q 是两个不同的素数. 假设 H 是整数集的真子集, 且 H 关于加法是群, H 恰好包含集合 $\{p,p+q,pq,p^q,q^p\}$ 中的三个元素. 试确定以下各组元中哪一组是 H 中的这三个元素?

(A) pq, p^q, q^p; (B) p, $p+q$, pq; (C) p, pq, p^q; (D) $p+q$, pq, p^q; (E) p, p^q, q^p.

解 首先证明: 如果 H 包含 a,b, 则 H 必包含 a,b 的最大公因数 $(a,\,b)$, 从而也包含 $(a,\,b)$ 的所有倍数.

设 $d=(a,\,b)$, 则存在 $s,t\in\mathbf{Z}$, 使 $d=sa+tb$. 因为 $a,b\in H$ 且 H 是加群, 所以 $sa,tb\in H$, 于是 $d=sa+tb\in H$, 从而进一步可知, 对任意的 $z\in\mathbf{Z}$, 都有 $zd\in H$.

现考虑 (A). 如果 H 包含 (A) 的三个元素, 则因为 $(p,\ q)=1$, 所以 $(p^q,\ q^p)=1$, 从而 $1\in H$, 于是 $H=\mathbf{Z}$, 这与 H 是 $\mathbf{Z}$ 的真子集矛盾.

同理可证 (B), (D), (E) 也都不满足要求.

最后考虑 (C). 如果 H 包含这三个元素, 则 H 必包含这三个元素的最大公因子 p. 由于 H 是 $\mathbf{Z}$ 的真子集, 因此 H 中不应有与 p 互素的数, 从而 $\{p,p+q,pq,p^q,q^p\}$ 中的 $p+q$ 与 q^p 都不在 H 中, 于是 H 恰好包含 $\{p,p+q,pq,p^q,q^p\}$ 中的三个元素. 由此知, (C) 中的三个元素符合要求.

*18. 已知下表是一个群的乘法表. 试填出未列出的元.

	e	a	b	c	d
e	e	—	—	—	—
a	—	b	—	—	e
b	—	c	d	e	—
c	—	d	—	a	b
d	—	—	—	—	—

解

	e	a	b	c	d
e	e	a	b	c	d
a	a	b	c	d	e
b	b	c	d	e	a
c	c	d	e	a	b
d	d	e	a	b	c

习题 1-3　子　群

1. 群 $U_4=\{1,\ -1,\ \mathrm{i},\ -\mathrm{i}\}$ 的下列子集是否构成群 U_4 的子群?

(1) $\{1,\ -1\}$;　(2) $\{\mathrm{i},\ -\mathrm{i}\}$;　(3) $\{1,\ \mathrm{i}\}$;　(4) $\{1,\ -\mathrm{i}\}$.

解　(1) 是; (2), (3), (4) 否 (乘法不封闭).

2. 设 $H=\{a+b\mathrm{i}\in\mathbf{C}\mid a,b\in\mathbf{R},a^2+b^2=1,\mathrm{i}^2=-1\}$. 证明: H 关于数的乘法构成 $\mathbf{C}^*$ 的子群 (见 1.2 节例 4). 试描述 H 中元素的几何性质.

证明　(1) 对任意的 $\alpha=a+b\mathrm{i},\beta=c+d\mathrm{i}\in H$, 有

$$\alpha\beta=(ac-bd)+(ad+bc)\mathrm{i},$$

且

$$(ac-bd)^2+(ad+bc)^2=a^2c^2+b^2d^2+a^2d^2+b^2c^2=(a^2+b^2)(c^2+d^2)=1,$$

所以 $\alpha\beta\in H$.

(2) 对任意的 $\alpha = a + b\mathrm{i}$, 有

$$\alpha^{-1} = \frac{1}{a+b\mathrm{i}} = \frac{a-b\mathrm{i}}{a^2+b^2} = a - b\mathrm{i},$$

而

$$a^2 + (-b)^2 = a^2 + b^2 = 1,$$

所以 $\alpha^{-1} \in H$.

因此, H 为 $\mathbf{C}^*$ 的子群. H 中的元素全体构成复平面上以原点为圆心的单位元.

3. 在 $\mathbf{Z}_{10}$ 中, 令

$$H = \{\overline{2}, \overline{4}, \overline{6}, \overline{8}\}.$$

证明: H 关于剩余类的乘法构成群. H 是 $(\mathbf{Z}_{10}, \cdot)$ 的子群吗? 为什么?

证明 (1) 直接验证可知, H 关于剩余类的乘法封闭, 所以剩余类的乘法是 H 的代数运算.

(2) 因为剩余类的乘法满足交换律和结合律, 所以 H 的乘法也满足交换律和结合律.

(3) 因为

$$\overline{2} \cdot \overline{6} = \overline{12} = \overline{2},$$

$$\overline{4} \cdot \overline{6} = \overline{24} = \overline{4},$$

$$\overline{6} \cdot \overline{6} = \overline{36} = \overline{6},$$

$$\overline{8} \cdot \overline{6} = \overline{48} = \overline{8},$$

所以 $\overline{6}$ 是 H 的单位元.

(4) 因为

$$\overline{2} \cdot \overline{8} = \overline{16} = \overline{6},$$

$$\overline{4} \cdot \overline{4} = \overline{16} = \overline{6},$$

$$\overline{6} \cdot \overline{6} = \overline{36} = \overline{6},$$

$$\overline{8} \cdot \overline{2} = \overline{16} = \overline{6},$$

所以 H 中每个元素都可逆.

由此可知, H 是一个交换群. H 不是 $(\mathbf{Z}_{10}, \cdot)$ 的子群, 因为 $(\mathbf{Z}_{10}, \cdot)$ 不构成群.

4. 设 $G = GL_2(\mathbf{R})$, $H = \{A \in G \mid \det(A)$ 是 3 的整数次幂$\}$. 证明: H 是 G 的子群.

证明 显然, H 非空. 设 $A, B \in H$, 则存在 $m, n \in \mathbf{Z}$, 使 $\det(A) = 3^m$, $\det(B) = 3^n$. 于是

$$\det(AB^{-1}) = \det(A)(\det(B))^{-1} = 3^m 3^{-n} = 3^{m-n},$$

从而 $AB^{-1} \in H$. 所以 H 为 G 的子群.

5. 设 G 是交换群, m 是固定的整数. 令

$$H = \{a \in G \,|\, a^m = e\}.$$

证明: H 是 G 的子群.

证明 易知, $e \in H$, 所以 H 不是空集. 设 $a, b \in H$, 则 $a^m = e$, $b^m = e$. 于是

$$(ab^{-1})^m = a^m(b^{-1})^m = a^m(b^m)^{-1} = e \cdot e^{-1} = e \cdot e = e,$$

从而 $ab^{-1} \in H$. 所以 H 为 G 的子群.

6. 设 H 是群 G 的子群. 证明: 对任意的 $g \in G$, 集合

$$gHg^{-1} = \{ghg^{-1} \mid h \in H\}$$

是 G 的子群.

证明 设 $x = gh_1g^{-1}, y = gh_2g^{-1} \in gHg^{-1}$ $(h_1, h_2 \in H)$. 因为 H 是 G 的子群, 所以 $h_1h_2^{-1} \in H$, 于是

$$xy^{-1} = (gh_1g^{-1})(gh_2g^{-1})^{-1} = (gh_1g^{-1})(gh_2^{-1}g^{-1}) = g(h_1h_2^{-1})g^{-1} \in H,$$

从而 H 为 G 的子群.

7. 设 a 是群 G 的元素. 定义 a 在 G 中的**中心化子** (centralizer) 为

$$C(a) = \{g \in G \mid ga = ag\}.$$

证明: $C(a)$ 是 G 的子群.

证明 易知, $e \in C(a)$, 所以 $C(a)$ 不是空集. 设 $g, g_1, g_2 \in C(a)$, 则 $ga = ag, g_1a = ag_1, g_2a = ag_2$, 于是

$$g^{-1}a = g^{-1}a(gg^{-1}) = g^{-1}(ag)g^{-1} = g^{-1}(ga)g^{-1} = (g^{-1}g)ag^{-1} = ag^{-1},$$
$$(g_1g_2)a = g_1(g_2a) = g_1(ag_2) = (g_1a)g_2 = (ag_1)g_2 = a(g_1g_2),$$

从而 $g^{-1}, g_1g_2 \in C(a)$. 所以 $C(a)$ 为 G 的子群.

8. 设 G 是群. 证明: $C(G) = \bigcap\limits_{a \in G} C(a)$ (即 G 的中心是所有形如 $C(a)$ 的子群的交集).

证明 (1) 对任意的 $a \in G$, 如果 $g \in C(G)$, 则有 $ga = ag$, 于是 $g \in C(a)$, 所以 $C(G) \subseteq C(a)$. 由 a 的任意性知, $C(G) \subseteq \bigcap\limits_{a \in G} C(a)$.

(2) 设 $g \in \bigcap\limits_{a \in G} C(a)$, 则对任意的 a, 有 $g \in C(a)$, 从而 $ga = ag$. 由 a 的任意性知, $g \in C(G)$, 所以 $\bigcap\limits_{a \in G} C(a) \subseteq C(G)$.

由 (1)、(2) 得, $C(G) = \bigcap\limits_{a \in G} C(a)$.

9. 设 G 是群, $a \in G$. 证明: $C(a) = C(a^{-1})$.

证明　因为对任意的 $a, x \in G$, $xa = ax \iff xa^{-1} = a^{-1}x$, 所以

$$C(a) = \{x \mid xa = ax\} = \{x \mid xa^{-1} = a^{-1}x\} = C(a^{-1}).$$

10. 设群 $G = GL_2(\mathbf{R})$, $A = \begin{pmatrix} 1 & 0 \\ 0 & 2 \end{pmatrix}$, $B = \begin{pmatrix} 0 & 1 \\ 1 & 0 \end{pmatrix}$, 求 $C(A)$ 和 $C(B)$.

解　(1) 设 $C = \begin{pmatrix} x & y \\ z & w \end{pmatrix} \in C(A)$, 则

$$\begin{pmatrix} x & y \\ z & w \end{pmatrix}\begin{pmatrix} 1 & 0 \\ 0 & 2 \end{pmatrix} = \begin{pmatrix} 1 & 0 \\ 0 & 2 \end{pmatrix}\begin{pmatrix} x & y \\ z & w \end{pmatrix},$$

即

$$\begin{pmatrix} x & 2y \\ z & 2w \end{pmatrix} = \begin{pmatrix} x & y \\ 2z & 2w \end{pmatrix}.$$

比较两边的对应元素, 得 $z = 2z$, $2y = y$, 由此得 $z = y = 0$, 从而

$$C = \begin{pmatrix} x & 0 \\ 0 & w \end{pmatrix}, \quad xw \neq 0.$$

所以

$$C(A) = \left\{ \begin{pmatrix} a & 0 \\ 0 & b \end{pmatrix} \middle| a, b \in \mathbf{R}^* \right\}.$$

(2) 设 $C = \begin{pmatrix} x & y \\ z & w \end{pmatrix} \in C(B)$, 则

$$\begin{pmatrix} x & y \\ z & w \end{pmatrix}\begin{pmatrix} 0 & 1 \\ 1 & 0 \end{pmatrix} = \begin{pmatrix} 0 & 1 \\ 1 & 0 \end{pmatrix}\begin{pmatrix} x & y \\ z & w \end{pmatrix},$$

即

$$\begin{pmatrix} y & x \\ w & z \end{pmatrix} = \begin{pmatrix} z & w \\ x & y \end{pmatrix}.$$

比较两边的对应元素, 得 $x = w$, $y = z$, 从而

$$C = \begin{pmatrix} x & y \\ y & x \end{pmatrix}, \quad x^2 - y^2 \neq 0.$$

所以

$$C(B)=\left\{\begin{pmatrix} a & b \\ b & a \end{pmatrix} \middle| a,b\in\mathbf{R},a^2-b^2\neq 0\right\}.$$

11. 设群 $G=GL_2(\mathbf{R})$, 求 $C(G)$.

解 由第 8 题与第 9 题可知, $C(G)\subseteq C(A)\cap C(B)$. 而

$$\begin{aligned} C(G)\subseteq C(A)\cap C(B) &= \left\{\begin{pmatrix} a & 0 \\ 0 & b \end{pmatrix} \middle| a,b\in\mathbf{R}^*\right\}\cap\left\{\begin{pmatrix} a & b \\ b & a \end{pmatrix} \middle| a,b\in\mathbf{R},a^2-b^2\neq 0\right\} \\ &= \left\{\begin{pmatrix} a & 0 \\ 0 & a \end{pmatrix} \middle| a\in\mathbf{R},a\neq 0\right\}, \end{aligned}$$

又显然有

$$\left\{\begin{pmatrix} a & 0 \\ 0 & a \end{pmatrix} \middle| a\in\mathbf{R},a\neq 0\right\}\subseteq C(G),$$

所以

$$C(G)=\left\{\begin{pmatrix} a & 0 \\ 0 & a \end{pmatrix} \middle| a\in\mathbf{R}^*\right\}.$$

12. 设 H 是群 G 的子群, 定义 H 的中心化子为

$$C(H)=\{g\in G\mid gh=hg, 对所有\ h\in H\}.$$

证明: $C(H)$ 是 G 的子群.

证明 易知, $e\in C(H)$, 所以 $C(H)$ 不是空集. 设 $g,g_1,g_2\in C(H)$, 则对任意的 $h\in H$, 有 $gh=hg, g_1h=hg_1, g_2h=hg_2$, 于是

$$\begin{gathered} g^{-1}h=g^{-1}h(gg^{-1})=g^{-1}(hg)g^{-1}=g^{-1}(gh)g^{-1}=(g^{-1}g)hg^{-1}=hg^{-1}, \\ (g_1g_2)h=g_1(g_2h)=g_1(hg_2)=(g_1h)g_2=(hg_1)g_2=h(g_1g_2), \end{gathered}$$

从而 $g^{-1},g_1g_2\in C(H)$. 所以 $C(H)$ 为 G 的子群.

13. 设 S 是群 G 的非空子集. 证明: G 中与 S 的每个元素可交换的元素构成 G 的子群.

证明 记 $C(S)=\{g\in G\mid gs=sg, 对所有\ s\in S\}$. 易知, $e\in C(S)$, 所以 $C(S)$ 不是空集. 设 $g,g_1,g_2\in C(S)$, 则对任意的 $s\in S$, 有 $gs=sg, g_1s=sg_1, g_2s=sg_2$, 于是

$$\begin{gathered} g^{-1}s=g^{-1}s(gg^{-1})=g^{-1}(sg)g^{-1}=g^{-1}(gs)g^{-1}=(g^{-1}g)sg^{-1}=sg^{-1}, \\ (g_1g_2)s=g_1(g_2s)=g_1(sg_2)=(g_1s)g_2=(sg_1)g_2=s(g_1g_2), \end{gathered}$$

从而 $g^{-1},g_1g_2\in C(S)$. 所以 $C(S)$ 为 G 的子群.

14. 设 H 是群 G 的非空子集. 证明：H 是 G 的子群的充分必要条件是：对任意的 $a,b\in H$, 有 $a^{-1}b\in H$.

证明 必要性显然, 下证充分性.

(1) 设 $a\in H$, 由已知条件得 $e=a^{-1}a\in H$, 进而又由已知条件得 $a^{-1}=a^{-1}e\in H$;

(2) 设 $a,b\in H$, 由 (1) 知 $a^{-1}\in H$, 从而由已知条件得 $ab=(a^{-1})^{-1}b\in H$.

所以 H 为 G 的子群.

15. 设 H 是群 G 的非空有限子集. 证明：H 是 G 的子群的充分必要条件是 H 关于 G 的运算封闭.

证明 必要性显然, 下证充分性.

(1) 因为 H 关于 G 的运算封闭, 所以 G 的运算是 H 的代数运算. 又因为 G 的运算满足结合律, 所以 H 的运算也满足结合律.

(2) 设 $H=\{a_1,a_2,\cdots,a_n\}$. 对任意的 $a\in H$, 记 $Ha=\{a_1a,a_2a,\cdots,a_na\}$, 则 $Ha\subseteq H$.

由于对任意的 $x,y\in H$, 如果 $xa=ya$, 则

$$x=x(aa^{-1})=(xa)a^{-1}=(ya)a^{-1}=y(aa^{-1})=y,$$

因此 $a_ia\neq a_ja(i\neq j)$. 由此推出 $|Ha|=n=|H|$, 于是 $Ha=H$. 这样, 对任意的 $a,b\in H$, 因为 $Ha=H$, 所以必有 $a_i\in H$, 使 $a_ia=b$. 这说明, 对任意的 $a,b\in H$, 方程 $xa=b$ 在 H 中必有解. 同理可证, 方程 $ay=b$ 在 H 中也有解. 从而, 由定理 1.2.4 知 H 为群.

16. 证明：群 G 的任意多个子群的交仍是 G 的子群.

证明 设 I 为任一 (有限或无限的) 指标集, $\{H_i\mid i\in I\}$ 为 G 的一些子群的集合, 令

$$J=\bigcap_{i\in I}H_i.$$

(1) 因为 $e\in H_i(\forall i\in I)$, 所以 $e\in\bigcap\limits_{i\in I}H_i$, 从而 J 非空;

(2) 对任意的 $a,b\in J$, 有 $a,b\in H_i(\forall i\in I)$. 由于 $H_i<G$, 因此 $ab^{-1}\in H_i$ $(\forall i\in I)$, 于是 $ab^{-1}\in J$.

这就证明了 $\bigcap\limits_{i\in I}H_i$ 为 G 的子群.

17. 设 H,K 是群 G 的两个子群. 证明：当且仅当 $H\subseteq K$ 或 $K\subseteq H$ 时, $H\cup K$ 是 G 的子群. 利用此结论证明：群 G 不能被它的两个真子群所覆盖. G 能被它的三个真子群所覆盖吗?

证明 充分性显然, 下证必要性.

设 $H \cup K$ 是 G 的子群. 如果 $H \subseteq K$, 则结论成立. 如果 $H \nsubseteq K$, 则存在 $h \in H$, 使 $h \notin K$. 由于 $H \cup K$ 为 G 的子群, 因此对任意的 $k \in K$, 有 $hk \in H \cup K$. 从而必有 $hk \in H$ 或 $hk \in K$. 如果 $hk \in K$, 则 $h = hk \cdot k^{-1} \in K$, 这与 h 的选取矛盾. 从而必有 $hk \in H$, 由此推出 $k = h^{-1} \cdot hk \in H$. 由 k 的任意性知 $K \subseteq H$. 这就证明了必要性.

设 H, K 是群 G 的两个子群. 如果 $G = H \cup K$, 由前面所证, 应有 $H \subseteq K$ 或 $K \subseteq H$, 于是有 $G = K$ 或 $G = H$. 这说明 H, K 不可能都是 G 的真子群. 因此群 G 不能被它的两个真子群所覆盖.

群 G 可能被它的三个真子群所覆盖. 例如, 群

$$U(8) = \{\overline{1}, \overline{3}, \overline{5}, \overline{7}\}.$$

易知

$$H = \{\overline{1}, \overline{3}\}, \quad J = \{\overline{1}, \overline{5}\}, \quad K = \{\overline{1}, \overline{7}\}$$

都是 $U(8)$ 的真子群, 且 $U(8) = H \cup J \cup K$.

18. 在整数加群 $\mathbf{Z}$ 中, 设 $m, n \in \mathbf{Z}$, d 为 m 与 n 的最大公因数. 证明: $\langle m, n\rangle = \langle d\rangle$.

证明　(1) 因为 d 为 m 与 n 的公因子, 所以存在 $m_1, n_1 \in \mathbf{Z}$, 使 $m = m_1 d$, $n = n_1 d$. 从而

$$\langle m, n\rangle = \{z_1 m + z_2 n \mid z_1, z_2 \in \mathbf{Z}\} = \{(z_1 m_1 + z_2 n_1)d \mid z_1, z_2 \in \mathbf{Z}\} \subseteq \langle d\rangle.$$

(2) 因为 d 为 m 与 n 的最大公因子, 所以存在 $u, v \in \mathbf{Z}$, 使

$$d = mu + nv.$$

从而

$$\langle d\rangle = \{zd \mid z \in \mathbf{Z}\} = \{zum + zvn \mid z \in \mathbf{Z}\} \subseteq \langle m, n\rangle.$$

由此得 $\langle m, n\rangle = \langle d\rangle$.

19. 在整数加群 $\mathbf{Z}$ 中, 证明: $\langle m\rangle = \langle n\rangle$ 当且仅当 $m = \pm n$.

证明　**必要性**　设 $\langle m\rangle = \langle n\rangle$, 则 $m \in \langle n\rangle$, 于是, 存在 $z \in \mathbf{Z}$, 使 $m = zn$. 由此得 $n \mid m$; 同理可得 $m \mid n$, 所以 $m = \pm n$.

充分性　如果 $m = \pm n$, 则

$$\begin{aligned}\langle m\rangle &= \{zm \mid z \in \mathbf{Z}\} = \{z(\pm n) \mid z \in \mathbf{Z}\} \\ &= \{\pm zn \mid z \in \mathbf{Z}\} \\ &= \{zn \mid z \in \mathbf{Z}\} = \langle n\rangle.\end{aligned}$$

20. 设 $\mathbf{Q}$ 是有理数加群, $\mathbf{Q}^*$ 是非零有理数集关于数的乘法构成的群.

(1) 在 $\mathbf{Q}$ 中列出 $\left\langle \frac{1}{2} \right\rangle$ 中的元素;　(2) 在 $\mathbf{Q}^*$ 中, 列出 $\left\langle \frac{1}{2} \right\rangle$ 中的元素.

解　(1) $\left\langle \frac{1}{2} \right\rangle = \left\{ n \cdot \frac{1}{2} \middle| n \in \mathbf{Z} \right\} = \left\{ \frac{n}{2} \middle| n \in \mathbf{Z} \right\}$.

(2) $\left\langle \frac{1}{2} \right\rangle = \left\{ \left(\frac{1}{2} \right)^n \middle| n \in \mathbf{Z} \right\} = \left\{ \frac{1}{2^n} \middle| n \in \mathbf{Z} \right\} = \{2^n \mid n \in \mathbf{Z}\}$.

21. 在群 $\mathbf{Z}_{13}^*$ 中, 分别列出子群 $\langle 8 \rangle$ 和 $\langle 4 \rangle$ 中的元素和每个子群的乘法表.

解　(1) $\langle 8 \rangle = \{1, 5, 8, 12\}$.

	1	5	8	12
1	1	5	8	12
5	5	12	1	8
8	8	1	12	5
12	12	8	5	1

(2) $\langle 4 \rangle = \{1, 3, 4, 9, 10, 12\}$.

	1	3	4	9	10	12
1	1	3	4	9	10	12
3	3	9	12	1	4	10
4	4	12	3	10	1	9
9	9	1	10	3	12	4
10	10	4	1	12	9	3
12	12	10	9	4	3	1

22. 设群 K 由元素 a, b 和关系 $a^2 = b^2 = e, ab = ba$ 所定义. 试列出群 K 的乘法表.

解

	e	a	b	ab
e	e	a	b	ab
a	a	e	ab	b
b	b	ab	e	a
ab	ab	b	a	e

习题 1-4　群 的 同 构

1. 证明: 整数加群 $\mathbf{Z}$ 与偶数加群 $2\mathbf{Z}$ 同构.

证明　令

$$\phi : \mathbf{Z} \longrightarrow 2\mathbf{Z}$$
$$a \longmapsto 2a, \quad \forall a \in \mathbf{Z}.$$

显然, ϕ 是 $\mathbf{Z}$ 到 $2\mathbf{Z}$ 的映射.

(1) 设 $a, b \in \mathbf{Z}$, 如果 $\phi(a) = \phi(b)$, 即 $2a = 2b$, 则 $a = b$, 从而 ϕ 是 $\mathbf{Z}$ 到 $2\mathbf{Z}$ 的单映射.

(2) 对任意的 $2a \in 2\mathbf{Z}$, 有 $a \in \mathbf{Z}$, 使 $\phi(a) = 2a$, 所以 ϕ 是 $\mathbf{Z}$ 到 $2\mathbf{Z}$ 的满映射.

(3) 对任意的 $a, b \in \mathbf{Z}$, 有

$$\phi(a+b) = 2(a+b) = 2a + 2b = \phi(a) + \phi(b).$$

所以 ϕ 是 $\mathbf{Z}$ 到 $2\mathbf{Z}$ 的同构映射, 即

$$\phi : \mathbf{Z} \cong 2\mathbf{Z}.$$

2. 证明: 任意二阶群与乘法群 $\{1, -1\}$ 同构.

证明　设二阶群 $G = \{e, a\}$, 其中 $a^2 = e$. 令

$$\begin{aligned} \phi : G &\longrightarrow \{1, -1\} \\ e &\longmapsto 1, \\ a &\longmapsto -1. \end{aligned}$$

显然, ϕ 是 G 到 $\{1, -1\}$ 的双射. 又因为

$$\phi(ee) = \phi(e) = 1 = 1 \cdot 1 = \phi(e) \cdot \phi(e);$$

$$\phi(ea) = \phi(a) = -1 = 1 \cdot (-1) = \phi(e) \cdot \phi(a);$$

$$\phi(ae) = \phi(a) = -1 = -1 \cdot 1 = \phi(a) \cdot \phi(e);$$

$$\phi(aa) = \phi(e) = 1 = (-1) \cdot (-1) = \phi(a) \cdot \phi(a).$$

所以 ϕ 是 G 到 $\{1, -1\}$ 的同构映射, 即

$$\phi : G \cong \{1, -1\}.$$

3. 设 G 是群. 证明: G 是交换群的充分必要条件是映射

$$\phi : x \longmapsto x^{-1}$$

是 G 的同构映射.

证明　**必要性**　设 G 为交换群.

(1) 设 $x, y \in G$, 如果 $\phi(x) = \phi(y)$, 即 $x^{-1} = y^{-1}$, 则 $x = y$, 所以 ϕ 为单映射;

(2) 对任意的 $x \in G$, 有 $x^{-1} \in G$ 且 $\phi(x^{-1}) = (x^{-1})^{-1} = x$, 所以 ϕ 为满映射;

(3) 对任意的 $x, y \in G$, 有

$$\phi(xy) = (xy)^{-1} = y^{-1}x^{-1} = x^{-1}y^{-1} = \phi(x)\phi(y).$$

所以 ϕ 为同构映射.

充分性 如果 ϕ 为同构映射, 则对任意的 $x, y \in G$, 有

$$\phi(xy) = (xy)^{-1} = y^{-1}x^{-1} = \phi(y)\phi(x) = \phi(yx).$$

由于 ϕ 为单映射, 所以得 $xy = yx$, 因此 G 为交换群.

4. 设 G 是群, $a \in G$. 规定映射

$$\phi : x \longmapsto axa^{-1}, \quad \forall\, x \in G.$$

证明: ϕ 是 G 到 G 的同构映射 (称为由 a 导出的**内自同构** (inner automorphism)).

证明 (1) 设 $x, y \in G$, 如果 $\phi(x) = \phi(y)$, 即 $axa^{-1} = aya^{-1}$, 则 $x = y$, 所以 ϕ 为单映射;

(2) 对任意的 $x \in G$, 有 $a^{-1}xa \in G$ 且

$$\phi(a^{-1}xa) = a(a^{-1}xa)a^{-1} = x,$$

所以 ϕ 为满映射;

(3) 对任意的 $x, y \in G$, 有

$$\phi(xy) = a(xy)a^{-1} = (axa^{-1})(aya^{-1}) = \phi(x)\phi(y).$$

所以 ϕ 是 G 到 G 的同构映射.

注 形如 $\phi : x \longmapsto axa^{-1}$ 的内自同构常记作 ϕ_a.

5. 对有理数加群 $\mathbf{Q}$, 取定非零有理数 a, 规定映射

$$\phi : x \longmapsto ax, \quad \forall\, x \in \mathbf{Q}.$$

证明: ϕ 是 $\mathbf{Q}$ 的一个自同构.

证明 (1) 设 $x, y \in \mathbf{Q}$, 如果 $\phi(x) = \phi(y)$, 即 $ax = ay$, 因为 $a \neq 0$, 所以 $x = y$, 从而 ϕ 为单映射;

(2) 对任意的 $x \in \mathbf{Q}$, 有 $\dfrac{x}{a} \in \mathbf{Q}$, 使

$$\phi\left(\frac{x}{a}\right) = a \cdot \frac{x}{a} = x,$$

所以 ϕ 为满映射;

(3) 对任意的 $x, y \in G$, 有

$$\phi(x + y) = a(x + y) = ax + ay = \phi(x) + \phi(y).$$

所以 ϕ 是 $\mathbf{Q}$ 的一个自同构.

6. 试举出两个群 G 与 H, 使 G 同构于 H 的一个真子群, 且 H 也同构于 G 的一个真子群.

解　设 $G=(\mathbf{Z},+)$, $H=(2\mathbf{Z},+)$, $K=(4\mathbf{Z},+)$, 则 H 为 G 的真子群, K 为 H 的真子群. 易知

$$\phi: x \longmapsto 4x, \quad \forall x \in G$$

为 G 到 H 的真子群 K 的同构映射, 而

$$\psi: x \longmapsto x, \quad \forall x \in H$$

为 H 到 G 的真子群 H 的同构映射.

7. 证明: 群 G 的所有自同构关于变换的乘法构成一个群, 记作 $\mathrm{Aut}(G)$. 这个群称为 G 的**自同构群** (group of automorphisms).

证明　因为 $\mathrm{Aut}(G) \subseteq S_G$, 所以只要证明 $\mathrm{Aut}(G)$ 为 S_G 的子群即可.

(1) G 的恒等变换 ι 显然是 G 的自同构, 所以 $\mathrm{Aut}(G)$ 非空.

(2) 设 $\sigma,\tau \in \mathrm{Aut}(G)$, 则 $\sigma,\tau \in S_G$, 所以 $\sigma\tau \in S_G$. 又因为对任意的 $x,y \in G$, 有

$$\begin{aligned}(\sigma\tau)(xy) &= \sigma(\tau(xy)) = \sigma(\tau(x)\tau(y)) \\ &= \sigma(\tau(x))\sigma(\tau(y)) = (\sigma\tau)(x)(\sigma\tau)(y),\end{aligned}$$

所以 $\sigma\tau \in \mathrm{Aut}(G)$.

(3) 设 $\sigma \in \mathrm{Aut}(G)$, 则 $\sigma \in S_G$, 所以 $\sigma^{-1} \in S_G$. 又因为对任意的 $x,y \in G$, 有

$$\begin{aligned}\sigma(\sigma^{-1}(xy)) &= (\sigma\sigma^{-1})(xy) = xy \\ &= (\sigma\sigma^{-1})(x)(\sigma\sigma^{-1})(y) \\ &= \sigma(\sigma^{-1}(x))\sigma(\sigma^{-1}(y)) \\ &= \sigma(\sigma^{-1}(x)\sigma^{-1}(y)),\end{aligned}$$

而 σ 是单射, 故 $\sigma^{-1}(xy) = \sigma^{-1}(x)\sigma^{-1}(y)$, 因此 $\sigma^{-1} \in \mathrm{Aut}(G)$.

这就证明了 $\mathrm{Aut}(G)$ 为 S_G 的子群, 从而 $\mathrm{Aut}(G)$ 为群.

8. 设群 $G=(\mathbf{R},+)$. 证明: 对于 G 中任意两个非零元 a, b, 存在 $\phi \in \mathrm{Aut}(G)$, 使得 $\phi(a)=b$.

证明　令

$$\begin{aligned}\phi: (\mathbf{R},+) &\longrightarrow (\mathbf{R},+) \\ x &\longmapsto \frac{bx}{a},\end{aligned}$$

则

(1) $\phi(a)=\dfrac{ba}{a}=b$;

(2) 设 $x,y\in\mathbf{R}$, 如果 $\phi(x)=\phi(y)$, 即 $\dfrac{bx}{a}=\dfrac{by}{a}$, 因 $\dfrac{b}{a}\neq 0$, 所以 $x=y$, 从而 ϕ 为单映射;

(3) 对任意的 $x\in\mathbf{R}$, 有 $\dfrac{ax}{b}\in\mathbf{R}$, 使

$$\phi\left(\frac{ax}{b}\right)=\frac{b\cdot\dfrac{ax}{b}}{a}=x,$$

所以 ϕ 为满映射;

(4) 对任意的 $x,y\in G$, 有

$$\phi(x+y)=\frac{b(x+y)}{a}=\frac{bx}{a}+\frac{by}{a}=\phi(x)+\phi(y).$$

所以 ϕ 是 $\mathbf{R}$ 的一个自同构, 且使得 $\phi(a)=b$.

9. 求整数加群 $\mathbf{Z}$ 的自同构群 $\mathrm{Aut}(\mathbf{Z})$.

解 设 $\phi\in\mathrm{Aut}(\mathbf{Z})$, 令 $\phi(1)=k$. 因为 ϕ 是满映射, 所以存在 $l\in\mathbf{Z}$, 使 $\phi(l)=1$. 由于 $1\neq 0$, 所以 $k,l\neq 0$.

另一方面, 如果 $l>0$, 则

$$\phi(l)=\phi(\underbrace{1+1+\cdots+1}_{l\text{ 个}})=\underbrace{\phi(1)+\phi(1)+\cdots+\phi(1)}_{l\text{ 个}}=lk;$$

如果 $l<0$, 则

$$\phi(l)=\phi(-(-l))=-\phi(-l)=-((-l)k)=lk.$$

所以 $1=lk$. 因为 k,l 都是整数, 所以 $k=\pm 1$.

(1) 如果 $k=1$, 则对任意的 $x\in\mathbf{Z}$, 有 $\phi(x)=x\cdot 1=x$, 所以 ϕ 为恒等变换 (记为 ι).

(2) 如果 $k=-1$, 则对任意的 $x\in\mathbf{Z}$, 有 $\phi(x)=x\cdot(-1)=-x$, 所以 ϕ 将 x 变为其负元, 不妨将这个变换记为 $-\iota$.

因此, $\mathrm{Aut}(\mathbf{Z})=\{\iota,-\iota\}\cong\{1,-1\}$. 其中 ι 为恒等映射, $-\iota$ 为映射: $(-\iota)(x)=-x(\forall\, x\in\mathbf{Z})$.

10. 求有理数加群 $\mathbf{Q}$ 的自同构群 $\mathrm{Aut}(\mathbf{Q})$.

解 对任意 $r\in\mathbf{Q}^*$, 定义

$$\begin{aligned}\sigma_r:(\mathbf{Q},+)&\longrightarrow(\mathbf{Q},+)\\ x\quad&\longmapsto rx.\end{aligned}$$

(1) 显然, σ_r 为 $\mathbf{Q}$ 的一个变换.

(2) 设 $x, y \in \mathbf{Q}$, 如果 $\sigma_r(x) = \sigma_r(y)$, 即 $rx = ry$. 由于 $r \neq 0$, $x = y$, 所以 σ_r 为单映射.

(3) 对任意的 $x \in \mathbf{Q}$, 有 $y = \dfrac{x}{r} \in \mathbf{Q}$, 使

$$\sigma_r(y) = r \cdot \frac{x}{r} = x,$$

所以 σ_r 为满映射.

(4) 对任意的 $x, y \in \mathbf{Q}$, 有

$$\sigma_r(x+y) = r(x+y) = rx + ry = \sigma_r(x) + \sigma_r(y),$$

所以 $\sigma_r \in \mathrm{Aut}(\mathbf{Q})$.

(5) 设 $\tau \in \mathrm{Aut}(\mathbf{Q})$, 令 $\tau(1) = r$, 则 $r \neq 0$ (因 τ 为单映射, 而 $1 \neq 0$). 下面证明: $\tau = \sigma_r$.

对任意的 $x = \dfrac{m}{n} \in \mathbf{Q}, m, n \in \mathbf{Z}$, 由于 τ 为同构映射, 则有

$$n\tau(x) = n\tau\left(\frac{m}{n}\right) = \tau\left(n \cdot \frac{m}{n}\right) = \tau(m) = \tau(m \cdot 1) = m\tau(1) = m \cdot r,$$

所以

$$\tau(x) = r \cdot \frac{m}{n} = rx = \sigma_r(x).$$

这就证明了 $\mathrm{Aut}(\mathbf{Q}) = \{\sigma_r \mid r \in \mathbf{Q}^*\}$.

注 由此可以推出, $\mathrm{Aut}(\mathbf{Q}) \cong (\mathbf{Q}^*, \cdot)$.

11. 设 g 是群 G 的固定元素, H 是 G 的子群. 证明: 群 H 与群 gHg^{-1} 同构 (见习题 1-3 第 6 题).

证明 令

$$\begin{aligned} \phi: H &\longrightarrow gHg^{-1} \\ x &\longmapsto gxg^{-1}. \end{aligned}$$

(1) 显然, ϕ 为 H 到 gHg^{-1} 的一个映射.

(2) 设 $x, y \in H$, 如果 $\phi(x) = \phi(y)$, 即 $gxg^{-1} = gyg^{-1}$, 则 $x = y$, 所以 ϕ 为 H 到 gHg^{-1} 的单映射.

(3) 对任意的 $x \in gHg^{-1}$, 有 $y = g^{-1}xg \in H$, 使

$$\phi(y) = gyg^{-1} = g(g^{-1}xg)g^{-1} = x,$$

所以 ϕ 为 H 到 gHg^{-1} 满映射.

(4) 对任意的 $x, y \in H$, 有

$$\phi(xy) = g(xy)g^{-1} = (gxg^{-1})(gyg^{-1}) = \phi(x)\phi(y).$$

所以 ϕ 为 H 到 gHg^{-1} 的同构映射, 即

$$\phi: \quad H \cong gHg^{-1}.$$

12. 设 G 是群, 记 $\mathrm{Inn}(G)$ 为 G 的所有内自同构的集合.

(1) 证明: $\mathrm{Inn}(G)$ 是 G 的自同构群 $\mathrm{Aut}(G)$ 的子群;

(2) 如果 $C(G) = \{e\}$, 证明: G 与 $\mathrm{Inn}(G)$ 同构.

证明 (1) 设 $\phi_a, \phi_b \in \mathrm{Inn}(G)(a, b \in G)$, 则对任意的 $x \in G$, 有

(a) $$(\phi_{a^{-1}}\phi_a)(x) = \phi_{a^{-1}}(\phi_a(x)) = a^{-1}(axa^{-1})a = x,$$
$$(\phi_a\phi_{a^{-1}})(x) = \phi_a(\phi_{a^{-1}}(x)) = a(a^{-1}xa)a^{-1} = x,$$

所以 $(\phi_a)^{-1} = \phi_{a^{-1}} \in \mathrm{Inn}(G)$;

(b) $$(\phi_a\phi_b)(x) = \phi_a(\phi_b(x)) = a(bxb^{-1})a^{-1} = (ab)x(ab)^{-1} = \phi_{ab}(x),$$

所以 $\phi_a\phi_b = \phi_{ab} \in \mathrm{Inn}(G)$.

从而 $\mathrm{Inn}(G)$ 为 $\mathrm{Aut}(G)$ 的子群.

(2) 令

$$\begin{aligned} \phi: G &\longrightarrow \mathrm{Inn}(G) \\ a &\longmapsto \phi_a. \end{aligned}$$

(a) 显然, ϕ 为 G 到 $\mathrm{Inn}(G)$ 的一个满映射.

(b) 设 $a, b \in G$, 如果 $\phi(a) = \phi(b)$, 即 $\phi_a = \phi_b$, 则对任意的 $x \in G$, 有 $\phi_a(x) = \phi_b(x)$, 于是 $axa^{-1} = bxb^{-1}$, 从而 $b^{-1}ax = xb^{-1}a$. 由 x 的任意性知, $b^{-1}a \in C(G)$. 由于 $C(G) = \{e\}$, 因此 $b^{-1}a = e$, 由此得 $a = b$, 所以 ϕ 为单映射.

(c) 设 $a, b \in G$, 由 (b) 知

$$\phi(ab) = \phi_{ab} = \phi_a\phi_b = \phi(a)\phi(b).$$

这就证明了 ϕ 为 G 到 $\mathrm{Inn}(G)$ 的同构映射, 即

$$\phi: \quad G \cong \mathrm{Inn}(G).$$

13. 求 U_4 的自同构群 $\mathrm{Aut}(U_4)$ (见本节例 3).

解 设 $\phi \in \mathrm{Aut}(U_4)$, 令 $\phi(-1) = a$. 由于

$$1 = \phi(1) = \phi((-1)\cdot(-1)) = a^2,$$

因此 $a=\pm 1$. 因为 $\phi(-1)\neq 1$, 所以 $\phi(-1)=-1$. 于是

$$-1=\phi(-1)=\phi(\mathrm{i}^2)=(\phi(\mathrm{i}))^2,$$

从而 $\phi(\mathrm{i})=\pm\mathrm{i}$.

(1) 如果 $\phi(\mathrm{i})=\mathrm{i}$, 则 $\phi(-\mathrm{i})=\phi(\mathrm{i}^{-1})=\mathrm{i}^{-1}=-\mathrm{i}$, 由此得 $\phi(x)=x(x\in U_4)$;

(2) 如果 $\phi(\mathrm{i})=-\mathrm{i}$, 则 $\phi(-\mathrm{i})=\phi(\mathrm{i}^{-1})=(-\mathrm{i})^{-1}=\mathrm{i}$, 由此得 $\phi(x)=x^{-1}(x\in U_4)$.

所以 $\mathrm{Aut}(U_4)=\{\iota,\sigma\}$, 其中 ι 为恒等变换, σ 为映射: $\sigma(x)=x^{-1}$.

注　易知, $\mathrm{Aut}(U_4)\cong \mathbf{Z}_2$.

14. 证明: 映射 $\phi: a+b\mathrm{i}\mapsto a-b\mathrm{i}(a,b\in\mathbf{R})$ 是复数加群 $\mathbf{C}$ 的一个自同构.

证明　(1) 显然, ϕ 为 $\mathbf{C}$ 的一个一一变换.

(2) 对任意的 $\alpha=x+y\mathrm{i},\beta=u+v\mathrm{i}\in\mathbf{C}$, 有

$$\begin{aligned}\phi(\alpha+\beta)&=\phi((x+u)+(y+v)\mathrm{i})=(x+u)-(y+v)\mathrm{i}\\&=(x-y\mathrm{i})+(u-v\mathrm{i})\\&=\phi(\alpha)+\phi(\beta).\end{aligned}$$

所以 ϕ 是复数加群 $\mathbf{C}$ 的一个自同构.

15. 证明: 整数加群 $\mathbf{Z}$ 不与有理数加群 $\mathbf{Q}$ 同构.

证明　(反证法) 如果存在 $\mathbf{Q}$ 到 $\mathbf{Z}$ 的同构映射 ϕ, 则必有 $r\in\mathbf{Q}$, 使 $\phi(r)=1$. 设 $\phi\left(\dfrac{r}{2}\right)=a\in\mathbf{Z}$, 则

$$2a=2\phi\left(\frac{r}{2}\right)=\phi\left(2\cdot\frac{r}{2}\right)=\phi(r)=1,$$

于是 $a=\dfrac{1}{2}$, 这与 a 为整数矛盾. 这个矛盾说明, 整数加群 $\mathbf{Z}$ 与有理数加群 $\mathbf{Q}$ 不同构.

16. 设 $G=\{a+b\sqrt{2}\mid a,b\in\mathbf{Q}\}$,

$$H=\left\{\begin{pmatrix}a&2b\\b&a\end{pmatrix}\middle| a,b\in\mathbf{Q}\right\}.$$

证明: (1) G 与 H 关于加法运算是同构的; (2) G 和 H 关于乘法封闭. 你给出的同构也保持乘法运算吗?

证明　(1) 令

$$\begin{aligned}\phi:\qquad G&\longrightarrow H\\a+b\sqrt{2}&\longmapsto\begin{pmatrix}a&2b\\b&a\end{pmatrix}.\end{aligned}$$

(a) 显然, ϕ 为 G 到 H 的一个既单且满的映射;

(b) 设 $x=a+b\sqrt{2}, y=c+d\sqrt{2}\in G$, 则

$$\begin{aligned}\phi(x+y)&=\phi\Big((a+c)+(b+d)\sqrt{2}\Big)=\begin{pmatrix}a+c & 2(b+d)\\ b+d & a+c\end{pmatrix}\\&=\begin{pmatrix}a & 2b\\ b & a\end{pmatrix}+\begin{pmatrix}c & 2d\\ d & c\end{pmatrix}\\&=\phi(x)+\phi(y).\end{aligned}$$

因此 ϕ 为 G 到 H 的同构映射, 即

$$\phi:\quad G\cong H.$$

(2) 设 $x=a+b\sqrt{2},\ y=c+d\sqrt{2}\in G,\ A=\begin{pmatrix}a & 2b\\ b & a\end{pmatrix},\ B=\begin{pmatrix}c & 2d\\ d & c\end{pmatrix}\in H$, 则

$$\begin{aligned}xy&=(a+b\sqrt{2})\cdot(c+d\sqrt{2})=(ac+2bd)+(ad+bc)\sqrt{2}\in G,\\ AB&=\begin{pmatrix}a & 2b\\ b & a\end{pmatrix}\begin{pmatrix}c & 2d\\ d & c\end{pmatrix}=\begin{pmatrix}ac+2bd & 2(ad+bc)\\ ad+bc & ac+2bd\end{pmatrix}\in H,\end{aligned}$$

所以 G,H 关于乘法封闭. 而

$$\begin{aligned}\phi(xy)&=\phi((ac+2bd)+(ad+bc)\sqrt{2})=\begin{pmatrix}ac+2bd & 2(ad+bc)\\ ad+bc & ac+2bd\end{pmatrix}\\&=\begin{pmatrix}a & 2b\\ b & a\end{pmatrix}\begin{pmatrix}c & 2d\\ d & c\end{pmatrix}\\&=\phi(x)\phi(y).\end{aligned}$$

所以, 此同构映射也保持乘法运算.

17. 设 $G=\{0,\pm2,\pm4,\pm6,\cdots\}$, $H=\{0,\pm5,\pm10,\pm15,\cdots\}$. 证明: 加法群 G 与 H 同构.

证明 令

$$\begin{aligned}\phi:G&\longrightarrow H\\ 2z&\longmapsto 5z,\quad \forall z\in\mathbf{Z}.\end{aligned}$$

(1) 显然, ϕ 为 G 到 H 的一个既单且满的映射;

(2) 设 $x=2a, y=2b\in G$, 则

$$\phi(x+y)=\phi(2(a+b))=5(a+b)=5a+5b=\phi(2a)+\phi(2b)=\phi(x)+\phi(y).$$

因此 ϕ 为 G 到 H 的同构映射, 即

$$\phi:\quad G\cong H.$$

习题 1-5　循　环　群

1. 对 n 的不同值, 分别求出群 $\mathbf{Z}_n$ 的每个元素的阶.

(1) 7;　(2) 8;

(3) 10;　(4) 14;

(5) 15;　(6) 18.

解　(1) $n=7$.

元素	0	1	2	3	4	5	6
阶	1	7	7	7	7	7	7

(2) $n=8$.

元素	0	1	2	3	4	5	6	7
阶	1	8	4	8	2	8	4	8

(3) $n=10$.

元素	0	1	2	3	4	5	6	7	8	9
阶	1	10	5	10	5	2	5	10	5	10

(4) $n=14$.

元素	0	1	2	3	4	5	6	7	8	9	10	11	12	13
阶	1	14	7	14	7	14	7	2	7	14	7	14	7	14

(5) $n=15$.

元素	0	1	2	3	4	5	6	7	8	9	10	11	12	13	14
阶	1	15	15	5	15	3	5	15	15	5	3	15	5	15	15

(6) $n=18$.

元素	0	1	2	3	4	5	6	7	8	9	10	11	12	13	14	15	16	17
阶	1	18	9	6	9	18	3	18	9	2	9	18	3	18	9	6	9	18

2. 对 n 的不同值, 分别求出群 $U(n)$ 的每个元素的阶.

(1) 8;　(2) 10;

(3) 15;　(4) 24;

(5) 18;　(6) 30.

解　(1) $n=8$.

元素	1	3	5	7
阶	1	2	2	2

(2) $n=10$.

元素	1	3	7	9
阶	1	4	4	2

(3) $n=15$.

元素	1	2	4	7	8	11	13	14
阶	1	4	2	4	4	2	4	2

(4) $n=24$.

元素	1	5	7	11	13	17	19	23
阶	1	2	2	2	2	2	2	2

(5) $n=18$.

元素	1	5	7	11	13	17
阶	1	6	3	6	3	2

(6) $n=30$.

元素	1	7	11	13	17	19	23	29
阶	1	4	2	4	4	2	4	2

3. 在群 $GL_2(\mathbf{R})$ 中, 设

$$A=\begin{pmatrix}1 & 1\\ -1 & -2\end{pmatrix},\quad B=\begin{pmatrix}1 & 1\\ -2 & -1\end{pmatrix}.$$

试求 A, B, AB, BA 的阶.

解 首先证明: 设 A 为可逆矩阵, $m(\lambda)$ 为 A 的最小多项式, 则 $\operatorname{ord}(A)=n$ 的充分必要条件是 n 为使 $m(\lambda)\mid\lambda^n-1$ 成立的最小正整数.

必要性 设 $\operatorname{ord}(A)=n$, 则 $A^n=E$, 从而 $m(\lambda)\mid\lambda^n-1$. 如另有正整数 $m<n$, 使 $m(\lambda)\mid\lambda^m-1$, 则 $A^m=E$, 于是 $\operatorname{ord}(A)\leqslant m$, 这与 $\operatorname{ord}(A)=n$ 矛盾, 这就证明了 n 的最小性.

充分性 由 $m(\lambda)\mid\lambda^n-1$, 得 $A^n=E$, 从而 $\operatorname{ord}(A)\leqslant n$. 设 $\operatorname{ord}(A)=m\leqslant n$, 则 $A^m=E$, 于是 $m(\lambda)\mid\lambda^m-1$, 由 n 的最小性知 $n\leqslant m$, 于是 $n=m$, 所以 $\operatorname{ord}(A)=n$.

由上可知, 为求矩阵的阶, 可先求出矩阵的最小多项式, 然后再根据最小多项式去判断是否存在多项式 λ^n-1, 使 $m(\lambda)\mid\lambda^n-1$.

(1) 对于矩阵 A, 易知其特征多项式 $f(\lambda)=\lambda^2+\lambda-1$. 由于 $f(\lambda)$ 在有理数域上不可约, 所以 $f(\lambda)$ 就是 A 的最小多项式. 由于 $f(\lambda)$ 的根 $\dfrac{-1\pm\sqrt5}{2}$ 不是单位根,

所以不可能存在正整数 n, 使 $m(\lambda) \mid \lambda^n - 1$. 由此推出 $\operatorname{ord}(A) = \infty$.

(2) 对于矩阵 B, 易知其特征多项式 $f(\lambda) = \lambda^2 + 1$. 由于 $\lambda^2 + 1$ 在有理数域上不可约, 所以 $\lambda^2 + 1$ 就是 A 的最小多项式. 显然 $\lambda^2 + 1 \mid \lambda^4 - 1$, 且 4 是满足条件 $\lambda^2 + 1 \mid \lambda^n - 1$ 的最小正整数, 因此 $\operatorname{ord}(B) = 4$.

(3) 对于矩阵 AB 与 BA, 容易算出

$$AB = \begin{pmatrix} -1 & 0 \\ 3 & 1 \end{pmatrix}, \quad (AB)^2 = E,$$
$$BA = \begin{pmatrix} 0 & -1 \\ -1 & 0 \end{pmatrix}, \quad (BA)^2 = E,$$

所以 $\operatorname{ord}(AB) = \operatorname{ord}(BA) = 2$.

4. 对 n 的不同值, 分别求出循环群 $\mathbf{Z}_n$ 的所有生成元和所有子群.

(1) 7;　　(2) 8;

(3) 10;　　(4) 14;

(5) 15;　　(6) 18.

解　(1) $n = 7$.

生成元	1, 2, 3, 4, 5, 6
子群	$\{\bar{0}\}$, $\mathbf{Z}_7$

(2) $n = 8$.

生成元	1, 3, 5, 7
子群	$\{\bar{0}\}$, $2\mathbf{Z}_8$, $4\mathbf{Z}_8$, $\mathbf{Z}_8$

(3) $n = 10$.

生成元	1, 3, 7, 9
子群	$\{\bar{0}\}$, $2\mathbf{Z}_{10}$, $5\mathbf{Z}_{10}$, $\mathbf{Z}_{10}$

(4) $n = 14$.

生成元	1, 3, 5, 9, 11, 13
子群	$\{\bar{0}\}$, $2\mathbf{Z}_{14}$, $7\mathbf{Z}_{14}$, $\mathbf{Z}_{14}$

(5) $n = 15$.

生成元	1, 2, 4, 7, 8, 11, 13, 14
子群	$\{\bar{0}\}$, $3\mathbf{Z}_{15}$, $5\mathbf{Z}_{15}$, $\mathbf{Z}_{15}$

(6) $n = 18$.

生成元	1, 5, 7, 11, 13, 17
子群	$\{\bar{0}\}$, $2\mathbf{Z}_{18}$, $3\mathbf{Z}_{18}$, $6\mathbf{Z}_{18}$, $9\mathbf{Z}_{18}$, $\mathbf{Z}_{18}$

5. 对 n 的不同值, 确定群 $U(n)$ 是否是循环群. 对于循环群, 找出其所有的生成元.

(1) 8; (2) 9;

(3) 10; (4) 13;

(5) 14; (6) 21.

解 $U(9), U(10), U(13), U(14)$ 为循环群, 其各自的生成元为

n	生成元
9	2, 5
10	3, 7
13	2, 6, 7, 11
14	3, 5

注 一般地, 我们有这样的结论: $U(n)$ 是循环群的充分必要条件是 $n = 2, 4, p^m$ 或 $2p^m$, 其中 p 是奇素数 (参见闵嗣鹤、严士健的《初等数论》, 高等教育出版社, 2003).

6. 求群 $U(20)$ 的所有循环子群.

解 $U(20) = \{1, 3, 7, 9, 11, 13, 17, 19\}$.

$\langle 1\rangle = \{1\}$;

$\langle 3\rangle = \langle 7\rangle = \{1, 3, 7, 9\}$;

$\langle 9\rangle = \{1, 9\}$;

$\langle 11\rangle = \{1, 11\}$;

$\langle 13\rangle = \langle 17\rangle = \{1, 13, 9, 17\}$;

$\langle 19\rangle = \{1, 19\}$.

7. 求群 $U(20)$ 的所有子群.

解 $U(20)$ 的任一子群的阶数只可能为 1, 2, 4, 8.

阶为 1 的子群有 $\langle 1\rangle = \{1\}$, 阶为 8 的子群有 $U(20)$;

阶为 2 的子群有 $\langle 9\rangle$, $\langle 11\rangle$, $\langle 19\rangle$;

阶为 4 的子群有 $\langle 3\rangle$, $\langle 13\rangle$, $\langle 9, 11\rangle = \{1, 9, 11, 19\}$.

8. 在群 $G = GL_2(\mathbf{R})$ 中确定由元素

$$A = \begin{pmatrix} 2 & 3 \\ -1 & -1 \end{pmatrix}$$

所生成的循环群 H 的所有元素.

解 A 的特征多项式

$$f(\lambda) = \lambda^2 - \lambda + 1$$

显然也是 A 的最小多项式, 而 $f(\lambda)\mid\lambda^6-1$, 且不存在更小的 r, 使 $f(\lambda)\mid\lambda^r-1$. 由此可知, H 的阶为 6. H 的 6 个元素为

$$E=\begin{pmatrix}1&0\\0&1\end{pmatrix},\quad A=\begin{pmatrix}2&3\\-1&-1\end{pmatrix},\quad A^2=\begin{pmatrix}1&3\\-1&-2\end{pmatrix},$$
$$A^3=\begin{pmatrix}-1&0\\0&-1\end{pmatrix},\quad A^4=\begin{pmatrix}-2&-3\\1&1\end{pmatrix},\quad A^5=\begin{pmatrix}-1&-3\\1&2\end{pmatrix}.$$

9. 对素数 p 的不同值, 找出循环群 $\mathbf{Z}_p^*$ 的一个生成元, 并将每个元素表示成生成元的方幂的形式.

(1) 7;　　(2) 11;

(3) 13;　　(4) 17;

(5) 19;　　(6) 23.

解　(1) $n=7$, 生成元 3.

元素	1	2	3	4	5	6
方幂	6	2	1	4	5	3

(2) $n=11$, 生成元 2.

元素	1	2	3	4	5	6	7	8	9	10
方幂	10	1	8	2	4	9	7	3	6	5

(3) $n=13$, 生成元 2.

元素	1	2	3	4	5	6	7	8	9	10	11	12
方幂	12	1	4	2	9	5	11	3	8	10	7	6

(4) $n=17$, 生成元 3.

元素	1	2	3	4	5	6	7	8	9	10	11	12	13	14	15	16
方幂	16	14	1	12	5	15	11	10	2	3	7	13	4	9	6	8

(5) $n=19$, 生成元 2.

元素	1	2	3	4	5	6	7	8	9	10	11	12
方幂	18	1	13	2	16	14	6	3	8	17	12	15

元素	13	14	15	16	17	18
方幂	5	7	11	4	10	9

(6) $n=23$, 生成元 5.

元素	1	2	3	4	5	6	7	8	9	10	11	12
方幂	22	2	16	4	1	18	19	6	10	3	9	20

元素	13	14	15	16	17	18	19	20	21	22
方幂	14	21	17	8	7	12	15	5	13	11

10. 对素数 p 的不同值, 找出循环群 $\mathbf{Z}_p^*$ 的所有生成元和所有子群.

(1) 7; (2) 11;

(3) 13; (4) 17;

(5) 19; (6) 23.

解 (1) $n=7$.

生成元: 3, 5.

子群: $\{1\}$, $\mathbf{Z}_7^*$, $\langle 6\rangle=\{1,6\}$, $\langle 2\rangle=\langle 4\rangle=\{1,2,4\}$.

(2) $n=11$.

生成元: 2, 6, 7, 8.

子群: $\{1\}$, $\mathbf{Z}_{11}^*$, $\langle 10\rangle=\{1,10\}$, $\langle 3\rangle=\langle 4\rangle=\langle 5\rangle=\langle 9\rangle=\{1,3,4,5,9\}$.

(3) $n=13$.

生成元: 2, 6, 7, 11,

子群: $\{1\}$, $\mathbf{Z}_{13}^*$, $\langle 12\rangle=\{1,12\}$, $\langle 3\rangle=\langle 9\rangle=\{1,3,9\}$, $\langle 5\rangle=\langle 8\rangle=\{1,5,12,8\}$, $\langle 4\rangle=\langle 10\rangle=\{1,3,4,9,10,12\}$.

(4) $n=17$.

生成元: 3, 5, 6, 7, 10, 11, 12, 14.

子群: $\{1\}$, $\mathbf{Z}_{17}^*$, $\langle 16\rangle=\{1,16\}$, $\langle 4\rangle=\langle 13\rangle=\{1,4,16,13\}$, $\langle 2\rangle=\langle 8\rangle=\langle 9\rangle=\langle 15\rangle=\{1,2,4,8,9,13,15,16\}$.

(5) $n=19$.

生成元: 2, 3, 10, 13, 14, 15.

子群: $\{1\}$, $\mathbf{Z}_{19}^*$, $\langle 18\rangle=\{1,18\}$, $\langle 7\rangle=\langle 11\rangle=\{1,7,11\}$, $\langle 8\rangle=\langle 12\rangle=\{1,7,8,11,12,18\}$, $\langle 4\rangle=\langle 5\rangle=\langle 6\rangle=\langle 9\rangle=\langle 16\rangle=\langle 17\rangle=\{1,4,5,6,7,9,11,16,17\}$.

(6) $n=23$.

生成元: 5, 7, 10, 11, 14, 15, 17, 19, 20, 21.

子群: $\{1\}$, $\mathbf{Z}_{23}^*$, $\langle 22\rangle=\{1,22\}$, $\langle 2\rangle=\{1,2,3,4,6,8,9,12,13,16,18\}$.

11. 设 $\operatorname{ord}a=18$. 求 $\langle a^{14}\rangle\cap\langle a^{10}\rangle$ 的生成元.

解 因为 $(14,18)=(10,18)=2$, 所以 $\langle a^{14}\rangle\cap\langle a^{10}\rangle=\langle a^{10}\rangle=\langle a^{14}\rangle=\langle a^2\rangle$. 由此知 $\langle a^{14}\rangle\cap\langle a^{10}\rangle$ 的生成元为 a^2, a^4, a^8, a^{10}, a^{14}, a^{16}.

12. 设 G 是群, $a,g\in G$. 证明: gag^{-1} 与 a 有相同的阶.

证明 如果 $\operatorname{ord}a$ 或 $\operatorname{ord}gag^{-1}$ 有一个为有限的, 则显然另一个也必是有限的. 这说明 $\operatorname{ord}a$ 与 $\operatorname{ord}gag^{-1}$ 必同时有限或同时无限, 故仅需对 $\operatorname{ord}a$ 与 $\operatorname{ord}gag^{-1}$ 同

时有限的情形加以证明. 现设 $\operatorname{ord} a = r_1$, $\operatorname{ord} gag^{-1} = r_2$, 则

$$a^{r_2} = g^{-1}(gag^{-1})^{r_2} g = e,$$
$$(gag^{-1})^{r_1} = ga^{r_1}g^{-1} = e.$$

由此得 $r_2 \geqslant r_1$, $r_1 \geqslant r_2$, 从而 $r_1 = r_2$. 所以 gag^{-1} 与 a 有相同的阶.

13. 设 G 是群, $a, b \in G$. 证明: ab 与 ba 有相同的阶.

证明　因为

$$ba = b(ab)b^{-1},$$

从而, 由第 12 题得 ab 与 ba 有相同的阶.

14. 证明定理 1.5.1 (1) 和 (3).

证明　(1) 当 a 的阶为无限时, 显然 a^{-1} 的阶也是无限的. 设 $\operatorname{ord} a = r_1$, $\operatorname{ord} a^{-1} = r_2$, 则

$$a^{r_2} = a^{r_2}(a^{-1})^{r_2} = (aa^{-1})^{r_2} = e^{r_2} = e,$$
$$(a^{-1})^{r_1} = a^{r_1}(a^{-1})^{r_1} = (aa^{-1})^{r_1} = e^{r_1} = e.$$

由此得 $r_2 \geqslant r_1$, $r_1 \geqslant r_2$, 从而 $r_1 = r_2$. 所以 $\operatorname{ord} a = \operatorname{ord} a^{-1}$.

(3) 设 $\operatorname{ord} a^m = r$, 则 $a^{rm} = (a^m)^r = e$, 于是, $n \mid rm$. 从而 $\dfrac{n}{(n,m)} \Big| \dfrac{m}{(n,m)} \cdot r$. 因为 $\left(\dfrac{n}{(n,m)}, \dfrac{m}{(n,m)}\right) = 1$, 所以 $\dfrac{n}{(n,m)} \Big| r$.

另一方面, 又由

$$(a^m)^{\frac{n}{(n,m)}} = a^{\frac{mn}{(n,m)}} = (a^n)^{\frac{m}{(n,m)}} = e$$

可知, $r \Big| \dfrac{n}{(n,m)}$. 由此推得 $r = \dfrac{n}{(n,m)}$, 即得所证.

15. 设 ϕ 是群 G 到 G' 的同构映射, $a \in G$. 证明:

$$\operatorname{ord} a = \operatorname{ord} \phi(a).$$

证明　因为

$$(\phi(a))^{\operatorname{ord} a} = \phi(a^{\operatorname{ord} a}) = \phi(e) = e',$$

所以 $\operatorname{ord} a \geqslant \operatorname{ord} \phi(a)$.

另一方面,

$$\phi(a^{\operatorname{ord} \phi(a)}) = (\phi(a))^{\operatorname{ord} \phi(a)} = e' = \phi(e),$$

因为 ϕ 为同构映射, 所以 $a^{\operatorname{ord} \phi(a)} = e$, 从而 $\operatorname{ord} \phi(a) \geqslant \operatorname{ord} a$.

由此得 $\operatorname{ord} a = \operatorname{ord} \phi(a)$.

16. 设 G 是群, $a,b \in G$, $\operatorname{ord} a = m$, $\operatorname{ord} b = n$. 证明：如果 $ab = ba$ 且 $\langle a\rangle \cap \langle b\rangle = \{e\}$, 则 $\operatorname{ord} ab = [m, n]$.

证明 设 $\operatorname{ord} ab = r$. 因为

$$a^r = (ab)^r (b^{-1})^r = (b^{-1})^r \in \langle a\rangle \cap \langle b\rangle,$$

从而 $a^r = (b^{-1})^r = e$, 所以 $m \mid r$, $n \mid r$, 由此得 $[m, n] \mid r$.

另一方面, 又因为

$$(ab)^{[m,\, n]} = a^{[m,\, n]} b^{[m,\, n]} = e,$$

所以 $r \mid [m, n]$.

因此 $\operatorname{ord} ab = [m, n]$.

17. 证明定理 1.5.5 的推论 1.

证明 因为 $(n, r) = d$, 所以存在 $u, v \in \mathbf{Z}$, 使

$$d = nu + rv.$$

于是 $a^d = a^{nu+rv} = a^{rv} \in \langle a^r\rangle$. 另一方面, 同样由于 $(n, r) = d$, 所以 $d \mid r$, 从而又有 $a^r \in \langle a^d\rangle$. 由此得 $\langle a^r\rangle = \langle a^d\rangle$.

18. 证明定理 1.5.5 的推论 2.

证明 由定理 1.5.5 知, 循环群的任一子群必形如 $\langle a^r\rangle (r \in \mathbf{Z})$. 显然, 有

$$\langle a^r\rangle = \langle a^{-r}\rangle.$$

因此, 循环群的任一子群必形如 $\langle a^r\rangle (r \in \mathbf{Z}$, 且 $r \geqslant 0)$.

(1) 如果 $|G| = \infty$, 因为对任意的 $r_1 > r_2 > 0$, 有 $r_1 \nmid r_2$, 所以 $a^{r_2} \notin \langle a^{r_1}\rangle$, 于是

$$\langle a^{r_1}\rangle \neq \langle a^{r_2}\rangle.$$

另一方面, 对任意的 $r > 0$, 显然 $a^r \notin \langle a^0\rangle = \langle e\rangle$, 所以又有

$$\langle a^r\rangle \neq \langle e\rangle.$$

由此得 G 的全部子群为

$$\{\langle a^d\rangle \mid d = 0, 1, 2, \cdots\}.$$

(2) 如果 $|G| = n$, 由定理 1.5.5 的推论 1 可知, 对任意的正整数 r, 存在 n 的正因子 $d = (n, r)$, 有

$$\langle a^r\rangle = \langle a^d\rangle.$$

又如果 $d_1 > d_2$ 为 n 的两个不同的正因子, 则 $d_1 \nmid d_2$, 于是 $a^{d_2} \notin \langle a^{d_1} \rangle$, 从而

$$\langle a^{d_1} \rangle \neq \langle a^{d_2} \rangle.$$

另一方面, 对 n 的任一正因子 $d < n$, 显然 $a^d \neq e$, 所以又有

$$\langle a^d \rangle \neq \langle e \rangle.$$

而

$$\langle e \rangle = \langle a^n \rangle.$$

由此得 G 的全部子群为

$$\{\langle a^d \rangle \mid d \text{ 为 } n \text{ 的正因子}\}.$$

19. 证明: 循环群是交换群.

证明 设 $G = \langle a \rangle$ 为循环群, 则对任意的 $x, y \in G$, 存在 k, l, 使 $x = a^k$, $y = a^l$, 于是

$$xy = a^k a^l = a^{k+l} = a^l a^k = yx,$$

所以 G 为交换群.

20. 设正整数 n 的标准分解式为

$$n = p_1^{r_1} p_2^{r_2} \cdots p_s^{r_s},$$

其中 $p_1, p_2, \cdots, p_s$ 是 n 的不同素因子. 证明: n 阶循环群 G 的子群的个数为

$$r = (r_1 + 1)(r_2 + 1) \cdots (r_s + 1).$$

证明 由定理 1.5.5 的推论 2 知, n 阶循环群 G 的子群的个数恰为 n 的不同正因子的个数. 而 n 的不同正因子的个数等于

$$(r_1 + 1)(r_2 + 1) \cdots (r_s + 1),$$

即得所证.

21. 证明: 群 G 仅有平凡子群的充分必要条件是 $G = \{e\}$ 或 G 是素数阶循环群.

证明 **必要性** 设 G 仅有平凡子群. 如果 $G = \{e\}$, 则结论成立. 如果 $G \neq \{e\}$, 则存在 $a \in G$, 使 $\langle a \rangle \neq \{e\}$, 则 $\langle a \rangle = G$. 由定理 1.5.5 的推论 2 可知, G 不可能是无限循环群. 设 $|G| = n$, 由于 G 仅有平凡子群, 所以 n 无真因子, 因此 n 为素数.

充分性　如果 $G=\{e\}$, 则 G 显然只有平凡子群. 如果 G 是素数阶循环群, 则 $|G|$ 的仅有的正因子为 1 及 $|G|$, 由这两个因子得到的都是 G 的平凡子群, 所以 G 仅有平凡子群.

22. 设 p 是素数, 证明每一个 p 阶群都是循环群, 且以每一个非单位元的元素作为它的生成元.

证明　设 G 为 p 阶群, 对任意的非单位元素 $a\in G$, 令

$$H=\langle a\rangle,$$

则 $|H|\mid|G|$(定理 1.5.2). 因 $|G|=p$ 为素数, 所以 $|H|=1$ 或 $|H|=p$. 但是由于 $a\neq e$, $|H|\neq 1$, 从而 $|H|=p$, 由此得 $H=G$, 即 G 是循环群, 且以每一个非单位元的元素作为它的生成元.

23. 证明: 任一偶数阶群必含有阶为 2 的元素.

证明　设 S 为 G 的所有阶大于 2 的元素的集合, T 为 G 的所有阶小于等于 2 的元素的集合. 如果 S 为空集, 则 $|S|=0$; 如果 S 非空, 则对任意的 $x\in S$, 有 $\operatorname{ord}x^{-1}=\operatorname{ord}x>2$, 所以 $x^{-1}\in S$ 且 $x^{-1}\neq x$, 由此得 $|S|$ 必为偶数. 因为已知 G 的阶为偶数, 所以 G 中阶小于等于 2 的元素的个数 $|T|$ 为偶数. 由于 G 中有且仅有一个阶为 1 的元素, 即 e, 所以 $|T|\neq 0$, 从而 $|T|\geqslant 2$ 且 T 中除 e 外其余元素的阶都是 2. 因此 G 必含有阶为 2 的元素.

习题 1-6　置换群与对称群

1. 把下列置换写成不相交轮换的乘积, 并计算置换的奇偶性:

(1) $\begin{pmatrix}1&2&3&4&5\\3&4&5&2&1\end{pmatrix}$;　　(2) $\begin{pmatrix}1&2&3&4&5\\1&3&2&5&4\end{pmatrix}$;

(3) $\begin{pmatrix}1&2&3&4&5&6&7\\3&1&5&6&7&2&4\end{pmatrix}$;　　(4) $\begin{pmatrix}1&2&3&4&5&6&7\\3&4&5&7&6&2&1\end{pmatrix}$;

(5) $\begin{pmatrix}1&2&3&4&5&6&7\\3&4&5&6&1&2&7\end{pmatrix}$;　　(6) $\begin{pmatrix}1&2&3&4&5&6&7\\5&1&6&7&4&3&2\end{pmatrix}$;

(7) $\begin{pmatrix}1&2&3&4&5\\1&3&4&5&2\end{pmatrix}\begin{pmatrix}1&2&3&4&5\\3&2&4&1&5\end{pmatrix}$;

(8) $\begin{pmatrix}1&2&3&4&5&6\\1&3&6&5&2&4\end{pmatrix}\begin{pmatrix}1&2&3&4&5&6\\6&2&4&1&5&3\end{pmatrix}$.

解　(1) $(1\,3\,5)(2\,4)$, 奇;　　(2) $(2\,3)(4\,5)$, 偶;

(3) $(1\,3\,5\,7\,4\,6\,2)$, 偶;　　(4) $(1\,3\,5\,6\,2\,4\,7)$, 偶;

(5) $(1\ 3\ 5)(2\ 4\ 6)$, 偶;　　(6) $(1\ 5\ 4\ 7\ 2)(3\ 6)$, 奇;

(7) $(1\ 4)(2\ 3\ 5)$, 奇;　　(8) $(1\ 4)(2\ 3\ 5)$, 奇.

2. 计算下列置换的乘积, 把结果写成不相交轮换的乘积, 并计算置换的奇偶性:

(1) $(1\ 9\ 6\ 5)(1\ 4\ 8\ 7)(1\ 9\ 2\ 3)$;

(2) $(1\ 2\ 9\ 3)(2\ 4)(6\ 7\ 9\ 8\ 5)(4\ 7)$;

(3) $(1\ 4\ 8\ 7)(1\ 9\ 6\ 5)(1\ 5\ 3\ 2\ 9)$;

(4) $(1\ 4\ 2\ 3\ 5)(1\ 3\ 4\ 5)$;

(5) $(1\ 3\ 5\ 4\ 2)(1\ 4\ 3\ 5)$;

(6) $(1\ 9\ 2\ 4)(1\ 7\ 6\ 5\ 9)(1\ 2\ 3\ 8)$;

(7) $(2\ 3\ 7)(1\ 2)(3\ 5\ 7\ 6\ 4)(1\ 4)$;

(8) $(4\ 9\ 6\ 7\ 8)(2\ 6\ 4)(1\ 8\ 7)(3\ 5)$.

解　(1) $(1\ 6\ 5)(2\ 3\ 4\ 8\ 7\ 9)$, 奇;　　(2) $(1\ 2\ 4\ 3)(5\ 6\ 7\ 9\ 8)$, 奇;

(3) $(1\ 4\ 8\ 7)(2\ 6\ 5\ 3)$, 偶;　　(4) $(2\ 3)(1\ 5\ 4)$, 奇;

(5) $(1\ 2)(4\ 5\ 3)$, 奇;　　(6) $(1\ 4)(2\ 3\ 8\ 7\ 6\ 5)$, 偶;

(7) $(1\ 7\ 6\ 4\ 3\ 5\ 2)$, 偶;　　(8) $(3\ 5)(6\ 9)(1\ 4\ 2\ 7)$, 奇.

3. 计算 1、2 两题中各个置换的阶.

解　第 1 题: (1) 6;　(2) 2;　(3) 7;　(4) 7;　(5) 3;　(6) 10;　(7) 6;　(8) 6.

第 2 题: (1) 6;　(2) 20;　(3) 4;　(4) 6;　(5) 6;　(6) 6;　(7) 7;　(8) 4.

4. 把 1、2 两题中各个置换表示为对换的乘积.

解　第 1 题: (1) $(1\ 3)(3\ 5)(2\ 4)$;　　(2) $(2\ 3)(4\ 5)$;

(3) $(1\ 3)(3\ 5)(5\ 7)(7\ 4)(4\ 6)(6\ 2)$;　　(4) $(1\ 3)(3\ 5)(5\ 6)(6\ 2)(2\ 4)(4\ 7)$;

(5) $(1\ 3)(3\ 5)(2\ 4)(4\ 6)$;　　(6) $(1\ 5)(5\ 4)(4\ 7)(7\ 2)(3\ 6)$;

(7) $(1\ 4)(2\ 3)(3\ 5)$;　　(8) $(1\ 4)(2\ 3)(3\ 5)$.

第 2 题: (1) $(1\ 6)(6\ 5)(2\ 3)(3\ 4)(4\ 8)(8\ 7)(7\ 9)$;

(2) $(1\ 2)(2\ 4)(4\ 3)(5\ 6)(6\ 7)(7\ 9)(9\ 8)$;

(3) $(1\ 4)(4\ 8)(8\ 7)(2\ 6)(6\ 5)(5\ 3)$;　　(4) $(2\ 3)(1\ 5)(5\ 4)$;

(5) $(1\ 2)(4\ 5)(5\ 3)$;　　(6) $(1\ 4)(2\ 3)(3\ 8)(8\ 7)(7\ 6)(6\ 5)$;

(7) $(1\ 7)(7\ 6)(6\ 4)(4\ 3)(3\ 5)(5\ 2)$;　　(8) $(3\ 5)(6\ 9)(1\ 4)(4\ 2)(2\ 7)$.

注　本题答案不唯一, 这里给出的仅仅是其中的一个解.

5. 对下列各题中的置换 σ 和 τ, 计算 $\tau\sigma\tau^{-1}$.

(1) $\sigma = (1\ 2\ 4\ 3)$,　　$\tau = (1\ 3\ 2)$;

(2) $\sigma = (1\ 3\ 5\ 6)$,　　$\tau = (2\ 5\ 4\ 6)$;

(3) $\sigma=(2\,3\,5\,4)$,　　$\tau=(1\,3\,2)(4\,5)$;

(4) $\sigma=(1\,4)(2\,3)$,　　$\tau=(1\,2\,3)$;

(5) $\sigma=(1\,3\,5)(2\,4)$,　　$\tau=(2\,5)(3\,4)$;

(6) $\sigma=(1\,3\,5\,2)(4\,6)$,　　$\tau=(1\,3\,6)(2\,4\,5)$.

解　设 $\sigma=(i_1\,i_2\,\cdots i_r)$ 为任一 r 轮换, τ 是任一置换, 则由本节公式 (F1) 可知

$$\tau\sigma\tau^{-1}=\tau(i_1\,i_2\,\cdots i_r)\tau^{-1}=(\tau(i_1)\,\tau(i_2)\,\cdots\tau(i_r)).$$

例如, $\sigma=(1\,5\,4\,6\,3)$, $\tau=(2\,4\,3\,5\,1)$, 则

$$\tau\sigma\tau^{-1}=(\tau(1)\,\tau(5)\,\tau(4)\,\tau(6)\,\tau(3))=(2\,1\,3\,6\,5).$$

(参见第 16 题.)

类似地, 可得各小题的答案:

(1) $(3\,1\,4\,2)$;　　(2) $(1\,3\,4\,2)$;

(3) $(1\,2\,4\,5)$;　　(4) $(1\,3)(2\,4)$;

(5) $(1\,4\,2)(3\,5)$;　　(6) $(2\,4\,3\,6)(1\,5)$.

6. 对下列各题中的置换 σ 和 τ, 求置换 δ, 使 $\delta\sigma\delta^{-1}=\tau$.

(1) $\sigma=(1\,5\,9)$,　　$\tau=(2\,6\,4)$;

(2) $\sigma=(1\,3\,5\,7)$,　　$\tau=(3\,4\,6\,8)$;

(3) $\sigma=(1\,3\,5)(2\,4)$,　　$\tau=(2\,4\,3)(1\,5)$;

(4) $\sigma=(1\,2\,3)(4\,5)$,　　$\tau=(1\,3\,4)(2\,6)$;

(5) $\sigma=(1\,4\,7)(2\,5\,8)$,　　$\tau=(1\,5\,4)(2\,3\,6)$;

(6) $\sigma=(1\,3\,5)(2\,4\,6)$,　　$\tau=(1\,2\,4)(3\,5\,6)$.

解　根据第 5 题的计算法则, 同时比较 $(1\,5\,9)$ 与 $(2\,6\,4)$ 的对应元素, 我们发现, 只要取一个置换 δ, 使 1 变到 2, 5 变到 6, 9 变到 4, 就有 $\delta\sigma\delta^{-1}=\tau$. 比如, 可取 $\delta=(1\,2)(5\,6)(9\,4)$, 也可取 $\delta=(1\,2\,3\,5\,6)(4\,7\,8\,9)$ 等. 由此可知, 本题所求的 δ 一般不唯一 (如果仅限于 9 阶置换, 则 δ 共有 $3\times 6!=2160$ 个不同的选择). 类似地, 可取

(1) $(1\,2\,5\,6\,9\,4)$;　　(2) $(1\,3\,4\,5\,6\,7\,8)$;

(3) $(1\,2)(3\,4\,5)$;　　(4) $(2\,3\,4)(5\,6)$;

(5) $(3\,7\,4\,5)(6\,8)$;　　(6) $(2\,3)(4\,5)$.

7. 设置换 $\sigma=(1\,2\,3\,5\,4\,6\,7)$.

(1) 求置换 δ, 使 $\delta^2=\sigma$;

(2) 求置换 δ, 使 $\delta^4=\sigma^{-1}$;

*(3) 求一个阶为 3 的置换 δ 和一个阶为 2 的置换 τ, 使 $\sigma=\delta\tau$.

解　(1) 因为 $\operatorname{ord}\sigma = 7$, 所以 $7 = \dfrac{\operatorname{ord}\delta}{(\operatorname{ord}\delta,\ 2)}$, 由此得 $\operatorname{ord}\delta = 7$, 于是

$$\delta = \delta^8 = (\delta^2)^4 = \sigma^4 = (1\,4\,2\,6\,3\,7\,5).$$

注　如果不限于 7 阶置换, 则本题中的 δ 还可以取 $(1\,4\,2\,6\,3\,7\,5)(8\,9)$ 等.

(2) 类似于 (1), 可知 $\operatorname{ord}\delta = 7$, 于是

$$\delta = \delta^8 = (\delta^4)^2 = \sigma^{-2} = (1\,6\,5\,2\,7\,4\,3).$$

(3) 类似于公式 (F2), 我们有

$$(a\cdots b\,i_k)(c\cdots d\,i_n)(i_k\,i_n) = (a\cdots b\,i_k\,c\cdots d\,i_n).$$

由此得

$$\begin{aligned}(1\,2\,3\,5\,4\,6\,7) &= (1\,2\,3\,5\,4\,6)(6\,7)\\ &= (6\,1\,2)(3\,5\,4)(2\,4)(6\,7),\\ (1\,2\,3\,5\,4\,6\,7) &= (1\,2\,3\,5\,4\,6)(6\,7)\\ &= (4\,6\,1)(2\,3\,5)(1\,5)(6\,7).\end{aligned} \tag{1.6.1}$$

所以，如果取 $\delta = (6\ 1\ 2)(3\ 5\ 4)$, $\tau = (2\ 4)(6\ 7)$, 或取 $\delta = (4\ 6\ 1)(2\ 3\ 5)$, $\tau = (1\,5)(6\,7)$, 则 δ, τ 满足要求.

注　由这里的解法可知, δ, τ 不唯一. 如果以 σ^k 和 $\sigma^{-k}(k = 1, 2, \cdots, 6)$ 同时分别左乘和右乘式 (1.6.1) 及式 (1.6.2) 的两边, 即计算

$$\begin{aligned}\sigma^k(1\,2\,3\,5\,4\,6\,7)\sigma^{-k} &= \sigma^k\delta\tau\sigma^{-k}\\ &= \left(\sigma^k\delta\sigma^{-k}\right)\left(\sigma^k\tau\sigma^{-k}\right),\end{aligned}$$

还可得到 $(1\,2\,3\,5\,4\,6\,7)$ 的另外 12 个不同的分解:

$$\begin{array}{ll}(7\,2\,3)(5\,4\,6)(3\,6)(7\,1), & (2\,6\,7)(3\,5\,4)(2\,4)(1\,7),\\ (1\,3\,5)(4\,6\,7)(5\,7)(1\,2), & (1\,3\,7)(4\,6\,5)(1\,2)(3\,6),\\ (2\,5\,4)(6\,7\,1)(4\,1)(2\,3), & (1\,2\,5)(4\,6\,7)(2\,3)(5\,7),\\ (3\,4\,6)(7\,1\,2)(6\,2)(3\,5), & (2\,3\,4)(1\,6\,7)(1\,4)(3\,5),\\ (5\,6\,7)(1\,2\,3)(7\,3)(4\,5), & (3\,5\,6)(1\,2\,7)(2\,6)(4\,5),\\ (1\,4\,7)(2\,3\,5)(1\,5)(4\,6), & (1\,2\,3)(4\,7\,5)(3\,7)(4\,6).\end{array}$$

可以证明, 上述 14 个分解就是本题的全部解.

8. 写出四次交换群 A_4 的所有置换.

解 (1), (1 2 3), (1 3 2), (1 2 4), (1 4 2), (1 3 4), (1 4 3), (2 3 4), (2 4 3), (1 2)(3 4), (1 3)(2 4), (1 4)(2 3).

9. 求 A_4 中所有元素的阶.

解 阶为 1 的元素仅有: (1);

阶为 2 的元素有: (1 2)(3 4), (1 3)(2 4), (1 4)(2 3);

阶为 3 的元素有: (1 2 3), (1 3 2), (1 2 4), (1 4 2), (1 3 4), (1 4 3), (2 3 4), (2 4 3).

10. S_6 中有多少个 4 阶元?

解 S_6 中的 4 阶元只可能有下面几种类型:

(1) 4 轮换: 有 $\mathrm{C}_6^4 \times 3! = 90$ 个;

(2) 4 轮换与不相交对换乘积: 有 $\mathrm{C}_6^4 \times 3! = 90$ 个.

所以, 总共有 180 个 4 阶元.

11. S_7 中有多少个 6 阶的奇置换?

解 $\mathrm{C}_7^6 \cdot 5! + \mathrm{C}_7^2\mathrm{C}_5^3 \cdot 2 = 1260.$

12. 求 S_3 的所有子群.

解 $H_1 = \{(1)\}, \quad H_6 = S_3;$

$H_{21} = \{(1), (1\,2)\}, \quad H_{22} = \{(1), (1\,3)\}, \quad H_{23} = \{(1), (2\,3)\};$

$H_3 = \{(1), (1\,2\,3), (1\,3\,2)\}.$

13. 设 $\sigma = (1\,2\,3\,4\,5\,6) \in S_6$, 求 $\langle\sigma\rangle$.

解 $\langle\sigma\rangle = \{(1), (1\,2\,3\,4\,5\,6), (1\,3\,5)(2\,4\,6), (1\,4)(2\,5)(3\,6), (1\,5\,3)(2\,6\,4), (1\,6\,5\,4\,3\,2)\}.$

14. 设 $\alpha = (13)(24)$, 求 α 在 A_4 中的中心化子 $C(\alpha)$.

解 $C(\alpha) = \{(1), (1\,2)(3\,4), (1\,3)(2\,4), (1\,4)(2\,3)\}.$

15. 证明: $(i_1\,i_2\,\cdots\,i_r)^{-1} = (i_r\,i_{r-1}\,\cdots\,i_1)$.

证明 对任意的 i, 如果 $i \neq i_j (i_j = 1, 2, \cdots, r)$, 则

$$(i_r\,i_{r-1}\,\cdots\,i_1)(i_1\,i_2\,\cdots\,i_r)i = i.$$

如果 $i = i_j (1 \leqslant j \leqslant r)$, 则

$$(i_r\,i_{r-1}\,\cdots\,i_1)(i_1\,i_2\,\cdots\,i_r)i_j = (i_r\,i_{r-1}\,\cdots\,i_1)i_{j+1} = i_j,$$

其中 $i_{r+1} = i_1$. 由此得 $(i_r\,i_{r-1}\,\cdots\,i_1)(i_1\,i_2\,\cdots\,i_r) = (1)$, 所以

$$(i_1\,i_2\,\cdots\,i_r)^{-1} = (i_r\,i_{r-1}\,\cdots\,i_1).$$

16. 设 $\sigma \in S_n$. 证明:

$$\sigma(i_1\,i_2\cdots i_k)\sigma^{-1} = (\sigma(i_1)\,\sigma(i_2)\cdots\sigma(i_k)).$$

证明　对任意的 $i_j(j=1,2,\cdots,k)$, 有

$$\sigma(i_1\,i_2\cdots i_k)\sigma^{-1}(\sigma(i_j))=\sigma(i_1\,i_2\cdots i_k)i_j=\sigma(i_{j+1}),$$

其中 $i_{k+1}=i_1$. 又当 $i\neq i_j(j=1,2,\cdots,k)$ 时, 有

$$\sigma(i_1\,i_2\cdots i_k)\sigma^{-1}(\sigma(i))=\sigma(i_1\,i_2\cdots i_k)i=\sigma(i),$$

所以

$$\sigma(i_1\,i_2\cdots i_k)\sigma^{-1}=(\sigma(i_1)\,\sigma(i_2)\cdots\sigma(i_k)).$$

17. 证明: 如果 σ 是一个 r 轮换, 则 $\operatorname{ord}\sigma=r$.

证明　直接计算可知 $\sigma^r=(1)$, 且对任意的 $0<s<r$, $\sigma^s\neq(1)$, 所以 $\operatorname{ord}\sigma=r$.

18. 证明鲁菲尼定理: 如果 σ 是一些不相交轮换的乘积

$$\sigma=\sigma_1\sigma_2\cdots\sigma_s,$$

其中 σ_i 是 r_i 轮换, 则 $\operatorname{ord}\sigma=[r_1,r_2,\cdots,r_s]$.

证明　设 $m=[r_1,r_2,\cdots,r_s]$. 由于不相交轮换的乘积是可以互相交换的, 因此

$$\sigma^m=\sigma_1^m\sigma_2^m\cdots\sigma_s^m=(1),$$

从而 $\operatorname{ord}\sigma\,|\,m$.

另一方面, 设 $\sigma_1=(i_1\ i_2\ \cdots\ i_{r_1})$, 则对任意的 $i_j\in\{i_1,i_1,\cdots,i_{r_1}\}$, 由于 σ_1, σ_2, $\cdots$, σ_s 为互不相交的轮换, 因此

$$\begin{aligned}\sigma_1^{\operatorname{ord}\sigma}(i_j)&=\sigma_1^{\operatorname{ord}\sigma}\sigma_2^{\operatorname{ord}\sigma}\cdots\sigma_s^{\operatorname{ord}\sigma}(i_j)\\&=\sigma^{\operatorname{ord}\sigma}(i_j)=i_j.\end{aligned}$$

由此推出 $\sigma_1^{\operatorname{ord}\sigma}=(1)$, 从而 $r_1\,|\operatorname{ord}\sigma$. 同理可证 $r_i\,|\operatorname{ord}\sigma(i=1,2,\cdots,s)$. 于是

$$m=[r_1,r_2,\cdots,r_s]\,|\operatorname{ord}\sigma.$$

所以

$$\operatorname{ord}\sigma=[r_1,r_2,\cdots,r_s].$$

19. 证明: k 轮换 $(i_1\,i_2\cdots i_k)$ 是偶置换的充要条件是 k 为奇数.

证明　因为 $(i_1\,i_2\cdots i_k)$ 可表示为 $k-1$ 个对换之积

$$(i_1\,i_2\cdots i_k)=(i_1\,i_2)(i_2\,i_3)\cdots(i_{k-1}\,i_k),$$

所以 $(i_1\,i_2\cdots i_k)$ 是偶置换的充要条件是 k 为奇数.

20. 设 σ 是一个置换, 且 $\operatorname{ord}\sigma$ 是奇数, 证明: σ 是偶置换.

证明 将 σ 表示为不相交轮换的乘积

$$\sigma = \sigma_1\sigma_2\cdots\sigma_s,$$

其中 σ_i 是 r_i 轮换, 则由第 18 题所证, $\operatorname{ord}\sigma = [r_1, r_2, \cdots, r_s]$. 由于 $\operatorname{ord}\sigma$ 为奇数, 所以每个 r_i 都是奇数. 从而又由第 19 题可知, 每个 σ_i 都是偶置换, 所以 σ 也是偶置换.

21. 证明: 置换 σ 与 σ^{-1} 具有相同的奇偶性.

证明 如果 σ 可表示为 k 个对换的乘积

$$\sigma = (i_1\,j_1)(i_2\,j_2)\cdots(i_k\,j_k),$$

则

$$\sigma^{-1} = (i_k\,j_k)(i_{k-1}\,j_{k-1})\cdots(i_1\,j_1)$$

也可表示为 k 个对换的乘积. 所以 σ 与 σ^{-1} 具有相同的奇偶性.

22. 设 σ 为一个 n 阶置换, 集合 $X = \{1,\ 2,\ \cdots,\ n\}$. 在 X 中, 规定关系 “$\sim$”:

$$k \sim l \iff \text{存在 } r \in \mathbf{Z}, \text{使 } \sigma^r(k) = l.$$

(1) 证明: $\sim$ 是 X 的一个等价关系;

(2) 证明: $k \sim l$ 的充分必要条件是 k 与 l 属于 σ 的同一个轮换;

(3) 对于置换

$$\sigma = \begin{pmatrix} 1 & 2 & 3 & 4 & 5 & 6 & 7 & 8 & 9 & 10 \\ 3 & 2 & 6 & 8 & 9 & 1 & 7 & 10 & 4 & 5 \end{pmatrix},$$

试确定集合 $X = \{1, 2, \cdots, 10\}$ 的所有等价类.

(1) **证明** 设 $\operatorname{ord}\sigma = m$, 对任意的 $j, k, l \in X$,

(a) 因为 $\sigma^m(j) = (1)j = j$, 所以 $j \sim j$, 于是 $\sim$ 具有反身性;

(b) 如果 $k \sim l$, 则存在 $r \in \mathbf{Z}$, 使 $\sigma^r(k) = l$, 于是 $\sigma^{-r}(l) = k$, 从而 $l \sim k$, 这说明 $\sim$ 具有对称性;

(c) 如果 $j \sim k$, $k \sim l$, 则存在 $r_1, r_2 \in \mathbf{Z}$, 使 $\sigma^{r_1}(j) = k$, $\sigma^{r_2}(k) = l$, 于是 $\sigma^{r_1+r_2}(j) = l$, 从而 $j \sim l$, 这说明 $\sim$ 具有传递性.

这就证明了 $\sim$ 是 X 的一个等价关系.

(2) **证明** 设 σ 表为不相交轮换 (包括 1 轮换) 的乘积

$$\sigma = \sigma_1\sigma_2\cdots\sigma_s.$$

必要性 设 $k \sim l$, 则存在 $r \in \mathbf{Z}$, 使 $\sigma^r(k) = l$. 设 k 属于轮换 σ_i, 则

$$\begin{aligned} l = \sigma^r(k) &= (\sigma_1\sigma_2\cdots\sigma_s)^r(k) \\ &= \sigma_1^r\sigma_2^r\cdots\sigma_s^r(k) \\ &= \sigma_i^r(k), \end{aligned}$$

即 l 也属于轮换 σ_i, 从而 k 与 l 属于 σ 的同一个轮换.

充分性 如果 k 与 l 属于 σ 的同一个轮换 σ_i, 则必有 $r \in \mathbf{Z}$, 使 $\sigma_i^r(k) = l$, 从而

$$\begin{aligned} l = \sigma_i^r(k) &= \sigma_1^r\sigma_2^r\cdots\sigma_s^r(k) \\ &= (\sigma_1\sigma_2\cdots\sigma_s)^r(k) \\ &= \sigma^r(k), \end{aligned}$$

所以 $k \sim l$.

(3) **解** 由于

$$\sigma = (1\ 3\ 6)(4\ 8\ 10\ 5\ 9)(2)(7),$$

所以集合 X 的等价类为

$$[2] = \{2\}, \quad [7] = \{7\}, \quad [1] = \{1, 3, 6\}, \quad [4] = \{4, 5, 8, 9, 10\}.$$

23. 证明：将一个置换分解为不相交轮换的乘积, 如果不考虑因子的次序和乘积中 1 轮换的个数, 则这个分解式是唯一的.

证明 设 σ 为任一 n 阶置换,

$$\begin{aligned} \sigma &= \sigma_1\sigma_2\cdots\sigma_s \\ &= \delta_1\delta_2\cdots\delta_t \end{aligned}$$

是 σ 的两个表为不相交轮换 (包括 1 轮换) 的乘积的分解式, 则 σ 在集合 $X = \{1, 2, \cdots, n\}$ 上按第 22(1) 题的方式规定了集合 X 的一个等价关系. 由第 22(2) 题知, 在此等价关系之下, 集合 X 的等价类的个数等于 σ 分解为不相交轮换 (包括 1 轮换) 的乘积的因子数, 所以 $s = t$. 又由第 22(2) 题知, X 的一个等价类由属于 σ 的同一个轮换中的元素组成. 因此, 适当交换因子的次序, 可使 σ_i 与 δ_i 含有 X 的同一个等价类 X_i 中的元素. 从而, 对任意的 $x \in X$, 如果 $x \notin X_i$, 则有

$$\sigma_i(x) = x = \delta_i(x),$$

如果 $x \in X_i$, 也有

$$\begin{aligned}\sigma_i(x) &= \sigma_1\sigma_2\cdots\sigma_s(x)\\ &= \sigma(x)\\ &= \delta_1\delta_2\cdots\delta_s(x)\\ &= \delta_i(x).\end{aligned}$$

因此 $\sigma_i = \delta_i (i = 1, 2, \cdots, s)$. 这就证明了分解的唯一性.

24. 设 G 是置换群. 证明: 若 G 中存在奇置换, 则 G 中奇置换的个数与偶置换的个数相同.

证明 设 G 中有奇置换. 由于 G 是置换群, 所以 $(1) \in G$, 而 (1) 为偶置换. 所以 G 中既有奇置换又有偶置换. 以 O 与 E 分别表示 G 中奇置换与偶置换的集合. 设 σ 为 G 的任一奇置换, 则

$$\sigma O = \{\sigma\delta \mid \delta \in O\} \subseteq E,$$
$$\sigma E = \{\sigma\tau \mid \tau \in E\} \subseteq O.$$

因此

$$|O| = |\sigma O| \leqslant |E|, \quad |E| = |\sigma E| \leqslant |O|,$$

由此得 $|O| = |E|$. 这就证明了结论.

25. 设 G 是置换群. 证明: G 中所有偶置换的集合 H 是 G 的子群.

证明 因 $(1) \in G$ 为偶置换, 所以 $(1) \in H$, 从而 H 非空. 又由于两个偶置换的乘积仍是偶置换, 所以 H 关于置换的乘积封闭. 从而由习题 1-3 第 15 题知 H 为 G 的子群.

26. 证明定理 1.6.7.

证明 由第 24 题知, 群 S_n 中奇置换与偶置换的个数相等. 又由于 $|S_n| = n!$, 所以在全体 n 阶置换中, 奇置换与偶置换各有 $\dfrac{n!}{2}$ 个.

27. 证明定理 1.6.8.

证明 由第 25 题即可得结论.

28. 设 $K = \{(1), (12)(34), (13)(24), (14)(23)\}$. 证明: K 是 S_4 的子群.

证明 由 K 的乘法表

	(1)	(1 2)(3 4)	(1 3)(2 4)	(1 4)(2 3)
(1)	(1)	(1 2)(3 4)	(1 3)(2 4)	(1 4)(2 3)
(1 2)(3 4)	(1 2)(3 4)	(1)	(1 4)(2 3)	(1 3)(2 4)
(1 3)(2 4)	(1 3)(2 4)	(1 4)(2 3)	(1)	(1 2)(3 4)
(1 4)(2 3)	(1 4)(2 3)	(1 3)(2 4)	(1 2)(3 4)	(1)

可知, K 关于置换的乘法封闭, 又 $K \subseteq S_4$, 从而由习题 1-3 第 15 题知 K 为 G 的子群.

29. 证明第 28 题中的 4 阶群 K 不同构于 U_4 (见 1.2 节例 7).

证明 因为 U_4 含有两个 4 阶的元素 i 与 −i, 而 K 中除了单位元 (1) 外, 其余的元素都是 2 阶的, 即 K 不含有 4 阶元素, 所以 K 与 U_4 不同构.

*30. 证明: S_n 可由 $n-1$ 个对换 $(1\,2), (1\,3), \cdots, (1\,n)$ 生成.

证明 由定理 1.6.5 知, 每一个置换都可以表示为对换的乘积, 所以 S_n 可以由所有的对换生成. 又因为当 $a, b \neq 1$ 时, 对换

$$(a\,b) = (1\,a)(1\,b)(1\,a),$$

所以所有的对换又可以由对换

$$(1\,2), (1\,3), \cdots, (1\,n)$$

生成. 从而 S_n 可由 $n-1$ 个对换

$$(1\,2), (1\,3), \cdots, (1\,n)$$

生成.

*31. 证明: S_n 可由轮换 $(1\,2\,3 \cdots n)$ 和 $(1\,2)$ 生成.

证明 令 $\sigma = (1\,2\,3 \cdots n)$, 由第 16 题得

$$\begin{aligned}
(2\,3) &= \sigma(1\,2)\sigma^{-1}, \\
(3\,4) &= \sigma(2\,3)\sigma^{-1}, \\
&\cdots\cdots \\
(n\,1) &= \sigma(n-1\,n)\sigma^{-1}.
\end{aligned}$$

于是

$$\begin{aligned}
(1\,3) &= (1\,2)(2\,3)(1\,2), \\
(1\,4) &= (1\,3)(3\,4)(1\,3), \\
&\cdots\cdots \\
(1\,n) &= (1\,n-1)(n-1\,n)(1\,n-1).
\end{aligned}$$

由此可知, 对换 $(1\,3), (1\,4), \cdots, (1\,n)$ 可由轮换 $(1\,2\,3\,\cdots\,n)$ 和 $(1\,2)$ 生成. 从而由第 30 题可知, S_n 可由轮换 $(1\,2\,3\,\cdots\,n)$ 和 $(1\,2)$ 生成.

32. 设按顺序排列的 13 张红心纸牌

A 2 3 4 5 6 7 8 9 10 J Q K

经 2 次同样方式的洗牌后, 牌的顺序变为

$$6\ \ 10\ \ \mathrm{A}\ \ \mathrm{Q}\ \ 9\ \ \mathrm{K}\ \ \mathrm{J}\ \ 7\ \ 4\ \ 8\ \ 3\ \ 2\ \ 5.$$

求第一次洗牌后牌的顺序.

解 设第一次洗牌所对应的置换为 σ, 则

$$\begin{aligned}\sigma^2 &= \begin{pmatrix} 1 & 2 & 3 & 4 & 5 & 6 & 7 & 8 & 9 & 10 & 11 & 12 & 13 \\ 6 & 10 & 1 & 12 & 9 & 13 & 11 & 7 & 4 & 8 & 3 & 2 & 5 \end{pmatrix} \\ &= (1\ 6\ 13\ 5\ 9\ 4\ 12\ 2\ 10\ 8\ 7\ 11\ 3).\end{aligned}$$

由于 $\operatorname{ord}\sigma^2 = 13$, 所以 $\operatorname{ord}\sigma = 13$, 从而

$$\begin{aligned}\sigma &= \sigma^{14} = (\sigma^2)^7 \\ &= (1\ 2\ 6\ 10\ 13\ 8\ 5\ 7\ 9\ 11\ 4\ 3\ 12) \\ &= \begin{pmatrix} 1 & 2 & 3 & 4 & 5 & 6 & 7 & 8 & 9 & 10 & 11 & 12 & 13 \\ 2 & 6 & 12 & 3 & 7 & 10 & 9 & 5 & 11 & 13 & 4 & 1 & 8 \end{pmatrix}.\end{aligned}$$

所以第一次洗牌后, 牌的顺序为

$$2\ \ 6\ \ \mathrm{Q}\ \ 3\ \ 7\ \ 10\ \ 9\ \ 5\ \ \mathrm{J}\ \ \mathrm{K}\ \ 4\ \ \mathrm{A}\ \ 8.$$

33. 设 G 是群, $x, y \in G$. 如果存在 $g \in G$ 使得 $y = gxg^{-1}$, 则称 x 与 y 共轭, 记作 $x \sim y$. 证明: 共轭关系是群 G 的一个等价关系.

证明 对任意的 $x, y, z \in G$,

(a) 因为 $exe^{-1} = x$, 所以 $x \sim x$, 从而 $\sim$ 具有反身性;

(b) 如果 $x \sim y$, 则存在 $g \in G$, 使 $y = gxg^{-1}$, 于是 $x = g^{-1}y(g^{-1})^{-1}$, 从而 $y \sim x$, 这说明 $\sim$ 具有对称性;

(c) 如果 $x \sim y$, $y \sim z$, 则存在 $g_1, g_2 \in G$, 使 $y = g_1xg_1^{-1}$, $z = g_2yg_2^{-1}$, 于是 $z = (g_2g_1)x(g_2g_1)^{-1}$, 从而 $x \sim z$, 这说明 $\sim$ 具有传递性.

这就证明了 $\sim$ 是 G 的一个等价关系.

34. 确定 S_3 中关于共轭关系的等价类.

解 $S_4/\sim = \{\{(1)\}, \{(1\ 2), (1\ 3), (2\ 3)\}, \{(1\ 2\ 3), (1\ 3\ 2)\}\}$.

35. 分别确定 S_4 及 A_4 中关于共轭关系的等价类及每个类中的元素个数.

解 (1) S_4 中关于共轭关系的等价类有

$C_1 = \{(1)\}$;

$C_2 = \{(1\ 2), (1\ 3), (1\ 4), (2\ 3), (2\ 4), (3\ 4)\}$;

$C_3 = \{(1\ 2\ 3), (1\ 3\ 2), (1\ 2\ 4), (1\ 4\ 2), (1\ 3\ 4), (1\ 4\ 3), (2\ 3\ 4), (2\ 4\ 3)\}$;

$C_4 = \{(1\ 2\ 3\ 4), (1\ 2\ 4\ 3), (1\ 3\ 2\ 4), (1\ 3\ 4\ 2), (1\ 4\ 2\ 3), (1\ 4\ 3\ 2)\}$;

$C_5 = \{(1\ 2)(3\ 4), (1\ 3)(2\ 4), (1\ 4)(2\ 3)\}$.

(2) A_4 中关于共轭关系的等价类有

$C_1 = \{(1)\}$;

$C_2 = \{(1\,2\,3), (1\,3\,4), (1\,4\,2), (2\,4\,3)\}$;

$C_3 = \{(1\,3\,2), (1\,2\,4), (1\,4\,3), (2\,3\,4)\}$;

$C_5 = \{(1\,2)(3\,4), (1\,3)(2\,4), (1\,4)(2\,3)\}$.

36. 设 ϕ 是群 G 到 G' 的同构映射, $x, y \in G$. 证明：x 与 y 共轭的充分必要条件是 $\phi(x)$ 与 $\phi(y)$ 共轭 (从而 ϕ 将 G 的共轭类映为 G' 的共轭类).

证明　设 ϕ 是群 G 到 G' 的同构映射, $x, y \in G$.

必要性　如果 $x \sim y$, 则存在 $g \in G$ 使 $y = gxg^{-1}$, 则

$$\phi(y) = \phi(g)\phi(x)(\phi(g))^{-1},$$

于是 $\phi(x) \sim \phi(y)$.

充分性　如果 $\phi(x) \sim \phi(y)$, 则存在 $g' \in G'$ 使 $\phi(y) \sim g'\phi(x)(g')^{-1}$. 由于 ϕ 为同构映射, 因此存在 $g \in G$ 使 $\phi(g) = g'$, 从而

$$\phi(y) = \phi(g)\phi(x)(\phi(g))^{-1} = \phi(gxg^{-1}),$$

所以 $y = gxg^{-1}$, 因此 $x \sim y$.

*37. 求 S_3 的自同构群 $\mathrm{Aut}(S_3)$.

解　由第 31 题知, S_3 可由轮换 $(1\ 2\ 3)$ 与对换 $(1\ 2)$ 生成, 所以 S_3 的任一自同构 ϕ 唯一确定了它在 $(1\ 2\ 3)$ 与 $(1\ 2)$ 上的取值, 且不同的自同构所对应的值也不同. 又因为同构映射保持元素的阶不变, 所以 $\phi(1\ 2\ 3) \in \{(1\ 2\ 3), (1\ 3\ 2)\}$, $\phi(1\ 2) \in \{(1\ 2), (1\ 3), (2\ 3)\}$, 由此可知, ϕ 至多有 $2 \cdot 3 = 6$ 种不同的取值. 从而, 群 S_3 至多有 6 个不同的自同构. 又因为 $C(S_3) = \{(1)\}$, 所以 S_3 的内自同构群 $\mathrm{Inn}(S_3) \cong S_3$ 有 6 个元素 (习题 1-4 第 12 题), 所以 $|\mathrm{Aut}(S_3)| = 6$, 由此可知

$$\mathrm{Aut}(S_3) = \mathrm{Inn}(S_3) \cong S_3.$$

*38. 证明：$\mathrm{Aut}(S_4) = \mathrm{Inn}(S_4)$.

证明　设 ϕ 为 S_4 的任一个同构映射, 由于群的同构映射保持群元素的阶与共轭关系不变, 所以 $\phi(C_2) = C_2$(C_2 的意义如第 35(1) 题), 从而 S_4 的任一个同构映射都导致了集合 C_2 的一个置换. 又由于 S_4 可由 $\{(1\,2), (1\,3), (1\,4)\}$ 生成, 因此, S_4 的每一个同构映射都可由 C_2 的某个置换所唯一确定. 设 $\phi(1\,2) = (a\,b)$, 则由

$$\phi(1\,2\,3) = \phi((1\,3)(1\,2)) = \phi(1\,3) \cdot (a\,b)$$

可知, $\phi(1\,3) = (a\,c)$ 或 $\phi(1\,3) = (c\,b)$, 其中 $c \neq a, b$.

不失一般性, 可设 $\phi(1\ 3) = (a\ c)$, 则 $\phi(2\ 3) = (b\ c)$. 从而

$$\phi(1\ 4) \in \{(a\ d), (b\ d), (c\ d)\}, \quad d \neq a, b, c.$$

如果 $\phi(1\ 4) = (b\ d)$, 则

$$\phi(3\ 1\ 4) = \phi((1\ 3)(1\ 4)) = (a\ c)(b\ d),$$

这与 ϕ 保持群元素的阶不变这个事实矛盾, 所以 $\phi(1\ 4) \neq (b\ d)$, 同理 $\phi(1\ 4) \neq (c\ d)$. 由此知 $\phi(1\ 4) = (a\ d)$. 这说明 ϕ 由 $\phi(1\ 2)$ 与 $\phi(1\ 3)$ 唯一确定. 由于 $\phi(1\ 2)$ 至多有 6 种不同的取法, 而当 $\phi(1\ 2)$ 确定以后, $\phi(1\ 3)$ 也至多有 4 种不同的取法, 所以 ϕ 至多有 $6 \times 4 = 24$ 种不同的取值方法. 由此知, $|\operatorname{Aut}(S_4)| \leqslant 24$. 另一方面, 因为 $C(S_4) = \{(1)\}$, 所以 $|\operatorname{Inn}(S_4)| = |S_4| = 24$. 由此可知

$$\operatorname{Aut}(S_4) = \operatorname{Inn}(S_4) \cong S_4.$$

注　直接验证可知, 当 $\phi(1\ 2) = (a\ b)$, $\phi(1\ 3) = (a\ c)$ 时, 如果令

$$\sigma = \begin{pmatrix} 1 & 2 & 3 & 4 \\ a & b & c & d \end{pmatrix},$$

则 $\phi = \phi_\sigma$, 其中

$$\phi_\sigma(x) = \sigma x \sigma^{-1}, \quad \forall x \in S_4.$$

*39. 求 A_4 的自同构群 $\operatorname{Aut}(A_4)$.

证明　直接验证可知, A_4 可由 $(1\ 2\ 3), (1\ 3\ 4), (1\ 4\ 2), (2\ 4\ 3)$ 生成. 又因为

$$(1\ 4\ 2) = (1\ 2\ 3)(1\ 3\ 4)(1\ 2\ 3)^{-1},$$
$$(2\ 4\ 3) = (1\ 3\ 4)(1\ 2\ 3)(1\ 3\ 4)^{-1},$$

所以 A_4 可由 $(1\ 2\ 3)$ 与 $(1\ 3\ 4)$ 生成. 从而, A_4 的任一自同构 ϕ 可由它在 $(1\ 2\ 3)$ 与 $(1\ 3\ 4)$ 的像唯一确定. 由于群的同构映射保持群元素的阶与共轭关系不变, 因此

$$\phi(1\ 2\ 3), \phi(1\ 3\ 4) \in \{(1\ 2\ 3), (1\ 3\ 4), (1\ 4\ 2), (2\ 4\ 3)\}$$

或

$$\phi(1\ 2\ 3), \phi(1\ 3\ 4) \in \{(1\ 3\ 2), (1\ 4\ 3), (1\ 2\ 4), (2\ 3\ 4)\}.$$

如果

$$\phi(1\ 2\ 3), \phi(1\ 3\ 4) \in \{(1\ 2\ 3), (1\ 3\ 4), (1\ 4\ 2), (2\ 4\ 3)\},$$

则 $\phi(1\ 2\ 3)$ 至多有 4 种不同的取法, 而当 $\phi(1\ 2\ 3)$ 取定了以后, $\phi(1\ 3\ 4)$ 至多有 3 种不同的取法, 故 ϕ 至多有 12 种不同的取法. 同样可证, 如果

$$\phi(1\ 2\ 3), \phi(1\ 3\ 4) \in \{(1\ 3\ 2), (1\ 4\ 3), (1\ 2\ 4), (2\ 3\ 4)\},$$

ϕ 也至多有 12 种不同的取法. 由此可知, A_4 至多有 24 个不同的自同构. 另一方面, 由 S_4 的任一内自同构 ϕ 都可导出 A_4 的一个自同构 $\phi|_{A_4}$. 由于 A_4 在 S_4 中的中心化子

$$C_{S_4}(A_4) = \{g \in S_4 \mid gxg^{-1} = x, \forall\, x \in A_4\} = \{(1)\},$$

所以由 S_4 的不同内自同构所导出的 A_4 的自同构也不同. 这说明 A_4 至少有 24 个不同的自同构, 由此得到

$$\mathrm{Aut}(A_4) = \{\phi|_{A_4} \mid \phi \in \mathrm{Inn}(S_4)\} \cong S_4.$$

习题 1-7　置换在对称变换群中的应用

1. 试求正三角形的对称变换群. 这个群即为氨分子 NH_3 的对称变换群 (图 1.7.3①) (其中 π_1, π_2, π_3 为三个反射对称平面).

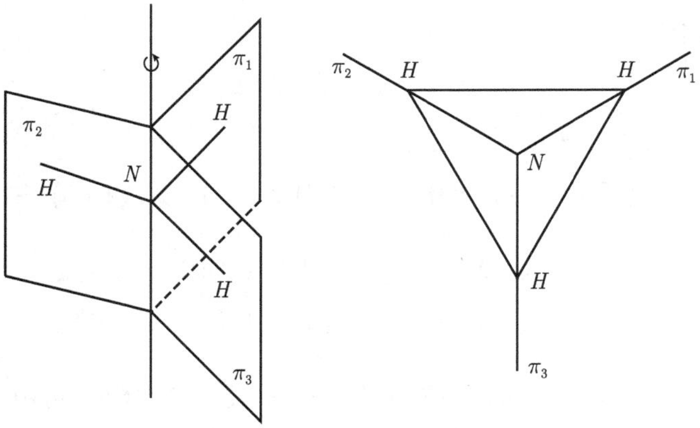

图 1.7.3

解　用数字 1, 2, 3, 来代表正三角形三个顶点. 显然, 正三角形的每一个对称变换都导致了这三个顶点的一个置换. 易知, 由正三角形的每一个对称变换, 都可唯一地确定一个 3 阶置换, 且不同的对称变换对应了不同的置换. 所以, 正三角形的每一个对称变换, 都可唯一地用一个三阶置换来表示. 由此知, 正三角形的对称变换群为 S_3.

① 该序号为原教材中序号, 后面图 1.7.4 类此.

2. 试求水分子 H_2O 的对称变换群 (图 1.7.4).

解　$S_2 = \{(1), (1\ 2)\}$.

3. 在下列置换中, 哪些是多项式

$$f(x_1, x_2, x_3, x_4) = x_1x_3 + x_1x_4 + x_2x_3 + x_2x_4$$

的对称变换?

(1) $(1\,2)(3\,4)$;　(2) $(1\,2\,3\,4)$;　(3) $(1\,3\,2\,4)$;

(4) $(3\,4)$;　(5) $(1\,3)(2\,4)$;　(6) $(1\,2\,3)$.

证明: 表示多项式的对称变换的所有置换的集合构成一个群. (这个群称为多项式的对称变换群.)

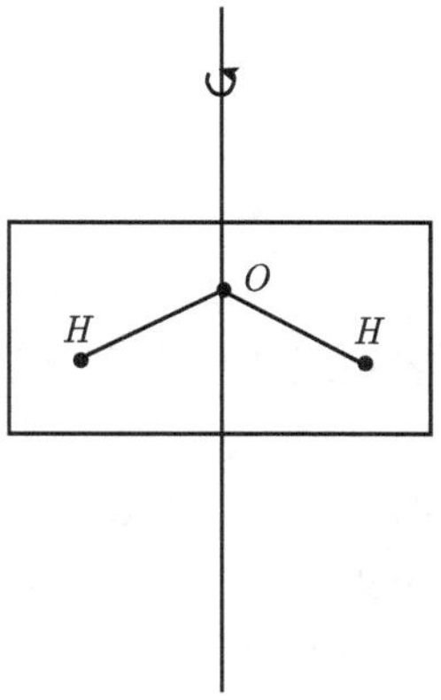

图 1.7.4

解　在这 6 个对称变换中, 下列 4 个变换是多项式 $f(x_1, x_2, x_3, x_4) = x_1x_3 + x_1x_4 + x_2x_3 + x_2x_4$ 的对称变换:

$$(1\ 2)(3\ 4), \quad (1\ 3\ 2\ 4), \quad (3\ 4), \quad (1\ 3)(2\ 4).$$

证明　设 S_f 为表示 n 元多项式 f 的对称变换的所有置换所组成的集合, 显然这是一个有限非空集合. 又由于多项式 f 的任意两个对称变换的乘积仍是多项式 f 的对称变换, 所以 S_f 是一个关于置换的乘法封闭的有限集合, 从而由习题 1-3 第 15 题知 S_f 为一个群 (这个群显然是 S_n 的一个子群).

4. 求下列多项式的对称变换群:

(1) $x_1^2 - 2x_2^2 + x_3^2 \in F[x_1, x_2, x_3]$;

(2) $x_1x_2 + x_2x_3 + x_3x_4 + x_1x_4 \in F[x_1, x_2, x_3, x_4]$;

(3) $x_1x_2 - x_2x_3 + x_3x_4 - x_4x_1 \in F[x_1, x_2, x_3, x_4]$;

(4) $x_1x_2x_3 + x_2x_3x_4 + x_3x_4x_1 \in F[x_1, x_2, x_3, x_4]$.

解　(1) $\{(1), (1\ 3)\}$;

(2) $\{(1), (1\ 3), (2\ 4), (1\ 2)(3\ 4), (1\ 3)(2\ 4), (1\ 4)(3\ 2), (1\ 2\ 3\ 4), (1\ 4\ 3\ 2)\} = D_4$;

(3) $\{(1), (1\ 2)(3\ 4), (1\ 3)(2\ 4), (1\ 4)(3\ 2)\}$;

(4) $\{(1), (1\ 2), (1\ 4), (2\ 4), (1\ 2\ 4), (1\ 4\ 2)\} \cong S_3$.

5. 对于下面所给出的群, 试分别求出一个以所给群为对称变换群的四元多项式.

(1) $D_4 = \langle (1\ 2\ 3\ 4), (2\ 4) \rangle$;　(2) $H = \langle (1\ 2\ 3\ 4) \rangle$.

解　设 F 是一个数域, G 是 S_4 的任一子群, $F[x_1, x_2, x_3, x_4]$ 表示数域 F 上全体 4 元多项式的集合, F_G 表示全体以 G 的元素为对称变换的 4 元多项式 (称这样的多项式为 G 对称多项式) 的集合, F_S 表示全体 4 元对称多项式 (即以 S_4 的元素为对称变换的多项式) 的集合. 对任意的 $f(x_1, x_2, x_3, x_4) \in F[x_1, x_2, x_3, x_4]$, $\sigma \in G$,

记

$$\sigma(f)=f(x_{\sigma(1)},x_{\sigma(2)},x_{\sigma(3)},x_{\sigma(4)}),\quad O_G=\{\sigma(f)\mid\sigma\in G\},$$

易知

$$f_G=\sum_{g\in O_G}g\in F_G,$$

称 f_G 为由 f 生成的 G 对称多项式. 由此可知, 对 S_4 的任一子群 G, 任意一个 4 元多项式都可生成一个 G 对称多项式.

(1) 取 $f=x_1$, 则 $f_{D_4}=x_1+x_2+x_3+x_4$. 这虽然是一个 D_4 对称多项式, 但同时也是一个对称多项式, 从而它的对称变换群为 S_4, 所以 $x_1+x_2+x_3+x_4$ 不符合要求.

改取 $f=x_1x_3$, 则 $f_{G_4}=x_1x_3+x_2x_4$. 易知 $x_1x_3+x_2x_4$ 为 D_4 对称多项式, 且不是对称多项式. 又因为在 D_4 与 S_4 之间不存在中间子群, 所以 $x_1x_3+x_2x_4$ 恰以 D_4 为它的对称变换群. 因此 $x_1x_3+x_2x_4$ 即为所求的一个以 D_4 为对称变换群的 4 元多项式.

注　如果记 $\tau=x_1x_3+x_2x_4$, 则可以证明

$$F_{D_4}=\{f_0+f_1\tau+f_2\tau^2\mid f_0,f_1,f_2\in F_S\}.$$

(2) 类似于 (1) 的方法, 取 $g=x_1^2x_2$, 则 $g_H=x_1^2x_2+x_2^2x_3+x_3^2x_4+x_4^2x_1\in F_H$. 因为 $(2\,4)(g_H)\neq g_H$, 所以 $g_H\notin F_{D_4}$. 又因为 S_4 中真包含 H 的子群只有 D_4, 所以 $x_1^2x_2+x_2^2x_3+x_3^2x_4+x_4^2x_1$ 恰以 H 为它的对称变换群. 从而 $x_1^2x_2+x_2^2x_3+x_3^2x_4+x_4^2x_1$ 即为所求.

6. 写出正五边形的对称变换群 D_5.

解　$D_5=\{(1),(1\,2\,3\,4\,5),(1\,3\,5\,2\,4),(1\,4\,2\,5\,3),(1\,5\,4\,3\,2),(2\,5)(3\,4),(1\,3)(4\,5),(2\,4)(1\,5),(3\,5)(1\,2),(1\,4)(2\,3)\}$.

7. 写出正六边形的对称变换群 D_6.

解　$D_6=\{(1),(1\,2\,3\,4\,5\,6),(1\,3\,5)(2\,4\,6),(1\,4)(2\,5)(3\,6),(1\,5\,3)(2\,6\,4),(1\,6\,5\,4\,3\,2),(1\,6)(2\,5)(3\,4),(1\,2)(3\,6)(4\,5),(2\,3)(1\,4)(5\,6),(2\,6)(3\,5),(1\,3)(4\,6),(1\,5)(2\,4)\}$.

8. 在 D_n 中, 用几何方法说明为何两个反射的复合是一个旋转.

解　将正 n 边形的 n 个顶点依次置于复平面上的单位圆的 n 个等分点上. 从而正 n 边形的每一个顶点都唯一对应了一个模为 1 的复数, 其中第 k 个顶点对应于复数

$$\omega_{k-1}=\mathrm{e}^{\mathrm{i}\frac{2(k-1)\pi}{n}}=\cos\frac{2(k-1)\pi}{n}+\mathrm{i}\sin\frac{2(k-1)\pi}{n},\quad k=1,\cdots,n.$$

设 τ_θ 表示对复平面上的点绕原点按逆时针方向旋转 θ 弧度的变换, η_θ 表示对复平面上的点关于过原点的直线 l_θ 的反射变换, 其中 l_θ 与 x 轴正向 (按逆时针方

向) 的夹角为 θ. 易知, 对复平面上任意一点 (以复数表示)α, 有

$$\tau_\theta(\alpha) = \alpha \mathrm{e}^{\mathrm{i}\theta},$$
$$\eta_\theta(\alpha) = \overline{\alpha}\mathrm{e}^{2\mathrm{i}\theta}.$$

设 $\eta_{\theta_1}, \eta_{\theta_2}$ 为正 n 边形的任意两个反射, 那么

$$\theta_i = \frac{k_i\pi}{n},$$

则对正 n 边形的任一顶点 ω,

$$\begin{aligned}\eta_{\theta_1}(\eta_{\theta_2}(\omega)) &= \eta_{\theta_1}(\overline{\omega}\mathrm{e}^{2\mathrm{i}\theta_2})\\ &= \overline{(\overline{\omega}\mathrm{e}^{2\mathrm{i}\theta_2})}\mathrm{e}^{2\mathrm{i}\theta_1}\\ &= \omega\mathrm{e}^{2\mathrm{i}(\theta_1-\theta_2)}\\ &= \tau_{2(\theta_1-\theta_2)}(\omega).\end{aligned}$$

显然, $\tau_{2(\theta_1-\theta_2)}$ 为正 n 边形的一个旋转变换.

9. 在 D_n 中, 用几何方法说明为何两个旋转的复合是一个旋转.

解 记号同第 8 题. 设 $\tau_{\theta_1}, \tau_{\theta_2}$ 为正 n 边形的任意两个旋转变换, 则对正 n 边形的任一顶点 ω,

$$\begin{aligned}\tau_{\theta_1}\tau_{\theta_2}(\omega) &= \tau_{\theta_1}(\omega\mathrm{e}^{\mathrm{i}\theta_2})\\ &= \omega\mathrm{e}^{\mathrm{i}\theta_2}\mathrm{e}^{\mathrm{i}\theta_1}\\ &= \omega\mathrm{e}^{\mathrm{i}(\theta_1+\theta_2)}\\ &= \tau_{\theta_1+\theta_2}(\omega).\end{aligned}$$

所以正 n 边形的两个旋转的复合是一个旋转.

10. 在 D_n 中, 用几何方法说明为何一个反射与一个旋转的复合是一个反射.

解 记号同第 8 题. 设 $\eta_{\frac{k\pi}{n}}, \tau_{\frac{2l\pi}{n}}$ 分别为正 n 边形的反射与旋转, 则对正 n 边形的任一顶点 ω,

$$\begin{aligned}\eta_{\frac{k\pi}{n}}\tau_{\frac{2l\pi}{n}}(\omega) &= \overline{\omega}\mathrm{e}^{(-\frac{2l\pi}{n}+\frac{2k\pi}{n})\mathrm{i}}\\ &= \eta_{\frac{(k-l)\pi}{n}}(\omega),\\ \tau_{\frac{2l\pi}{n}}\eta_{\frac{k\pi}{n}}(\omega) &= \overline{\omega}\mathrm{e}^{(\frac{2k\pi}{n}+\frac{2l\pi}{n})\mathrm{i}}\\ &= \eta_{\frac{(k+l)\pi}{n}}(\omega),\end{aligned}$$

所以 $\eta_{\frac{k\pi}{n}}\tau_{\frac{2l\pi}{n}}$ 与 $\tau_{\frac{2l\pi}{n}}\eta_{\frac{k\pi}{n}}$ 都是反射.

11. 确定 $D_n(n \geqslant 3)$ 中的元素个数. 问 D_n 中有多少个反射?

解 由第 8, 9, 10 题可知, 当 $n \geqslant 3$ 时, D_n 中有同样多的旋转与反射. 易知, D_n 中有 n 个旋转, 所以 D_n 中也有 n 个反射, 从而 $|D_n| = 2n$.

12. 证明: D_n 与 2 阶正交群 $O_2(\mathbf{R})$ 的子群同构 (见习题 1-2 第 3 题). 在此同构下, 旋转对应于行列式为 1 的矩阵, 反射对应于行列式为 -1 的矩阵 (用此也可解释第 8, 9, 10 题).

证明 设正 n 边形的顶点为平面 $\mathbf{R}^2$ 上的单位圆上的 n 等分点. 其中正 n 边形的中心为坐标原点, 1 号顶点为点 $(1,0)$, 其余的顶点按逆时针方向依次排列. 设 (a,b) 为二号顶点的坐标, 令 $\alpha = (0,1), \beta = (a,b)$, 则 α, β 构成 $\mathbf{R}^2$ 的基. 由于正 n 边形的任意一个对称变换都唯一确定了顶点的一个变换, 因此也就唯一确定了基 α, β 的一个变换, 由此也就唯一确定了 $\mathbf{R}^2$ 的一个线性变换. 由于正 n 边形的任意一个对称变换保持顶点之间的距离及顶点到原点的距离不变, 所以由此得到的 $\mathbf{R}^2$ 的线性变换也保持向量的长度不变, 因此必定是 $\mathbf{R}^2$ 的一个正交变换. 且任意两个对称变换的乘积对应于相应的正交变换的乘积. 而 $\mathbf{R}^2$ 的任一正交变换在基 $e_1 = (1,0), e_2 = (0,1)$ 下的矩阵都是正交阵. 由此得到 D_n 到 $O_2(\mathbf{R})$ 的一个单射, 因此 D_n 同构于 $O_2(\mathbf{R})$ 的一个子群.

设 τ 为绕原点按逆时针方向旋转 $\dfrac{2\pi}{n}$ 的对称变换, η 为关于 x 轴的反射变换, 则

$$D_n = \langle \tau, \eta \rangle = \{\tau^i, \tau^i\eta \mid i = 0, 1, \cdots, n-1\},$$

其中 τ^i 为 D_n 的 n 个旋转, 而 $\tau^i\eta$ 为 D_n 的 n 个反射. 设 (x,y) 为平面 $\mathbf{R}^2$ 上任意一点, 则在旋转 τ 与反射 η 下, (x,y) 分别变为

$$\begin{aligned}&(x', y') = \left(x\cos\frac{2\pi}{n} - y\sin\frac{2\pi}{n}, x\sin\frac{2\pi}{n} + y\cos\frac{2\pi}{n}\right),\\ &(x', y') = (x, -y).\end{aligned}$$

由此知, τ 与 η 所对应的正交变换的矩阵分别是

$$\begin{pmatrix} \cos\dfrac{2\pi}{n} & -\sin\dfrac{2\pi}{n} \\ \sin\dfrac{2\pi}{n} & \cos\dfrac{2\pi}{n} \end{pmatrix}, \quad \begin{pmatrix} 1 & 0 \\ 0 & -1 \end{pmatrix}.$$

从而旋转对应的矩阵的行列式为

$$\begin{vmatrix} \cos\dfrac{2\pi}{n} & -\sin\dfrac{2\pi}{n} \\ \sin\dfrac{2\pi}{n} & \cos\dfrac{2\pi}{n} \end{vmatrix}^i = 1,$$

反射对应的矩阵的行列式为

$$\begin{vmatrix} \cos\dfrac{2\pi}{n} & -\sin\dfrac{2\pi}{n} \\ \sin\dfrac{2\pi}{n} & \cos\dfrac{2\pi}{n} \end{vmatrix}^i \begin{vmatrix} 1 & 0 \\ 0 & -1 \end{vmatrix} = 1\cdot(-1) = -1.$$

13. 试求二面体群 D_n 的中心 $C(D_n)$.

解　设

$$\tau = (1\ 2\ \cdots\ n),$$

$$\eta = \begin{cases} (1)(2\ n)(3\ n-1)\cdots\left(\dfrac{n+1}{2}\ \dfrac{n+3}{2}\right), & n\ \text{为奇数}, \\ (1)(2\ n)(3\ n-1)\cdots\left(\dfrac{n}{2}\ \dfrac{n}{2}+2\right), & n\ \text{为偶数}, \end{cases}$$

则 D_n 可由 τ 与 η 生成. 因为 $\eta\tau\eta = \tau^{-1}$, 所以 $\eta \notin C(D_n)$. 于是, D_n 的任何一个反射都不属于 $C(D_n)$(否则, 由于 D_n 可由该反射与 τ 生成, 可得 D_n 为交换群, 矛盾). 设 $\tau^k \in C(D_n)(0 \leqslant k < n)$, 则 $\tau^k = \eta\tau^k\eta^{-1} = \tau^{-k}$, 于是 $\tau^{2k} = (1)$. 因为 $\operatorname{ord}\tau = n$, 所以 $n \mid 2k$. 由此得, 当 n 为奇数时, $k = 0$, 当 n 为偶数时, $k = 0$ 或 $k = \dfrac{n}{2}$, 从而

$$C(D_n) = \begin{cases} \{(1)\}, & n\ \text{为奇数}, \\ \left\{(1), \left(1\ \dfrac{n}{2}+1\right)\left(2\ \dfrac{n}{2}+2\right)\cdots\left(\dfrac{n}{2}\ n\right)\right\}, & n\ \text{为偶数}. \end{cases}$$

14. 对以下各图标, 确定其对称变换群.

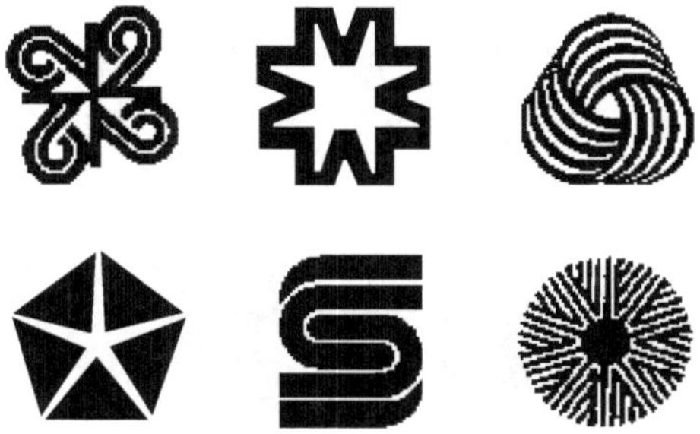

解　(自左至右)

(1) $\langle(1\ 2\ 3\ 4)\rangle$;　　(2) D_4;　　(3) $\langle(1\ 2\ 3)\rangle$;

(4) D_5;　　(5) $\{(1), (1\ 2)\}$;　　(6) $\langle(1\ 2\ 3\ 4\ 5\ 6\ 7\ 8\ 9\ 10)\rangle$.

15. 证明: 正方形的对称变换群与多项式 $(x_1 + x_3)(x_2 + x_4)$ 的对称变换群同构.

证明　显然, 这个多项式的任一对称变换最多只能将 x_1, x_3 互换, 或将 x_2, x_4 互换, 或将 x_1, x_3 与 x_2, x_4 同时互换, 或将 $x_1 + x_3$ 与 $x_2 + x_4$ 互换. 互换 x_1 与 x_3 所对应的置换为 $(1\ 3)$, 互换 x_2 与 x_4 所对应的置换为 $(2\ 4)$, 将 x_1, x_3 与 x_2, x_4 同时互换所对应的置换为 $(1\ 3)(2\ 4)$, 而互换 $x_1 + x_3$ 与 $x_2 + x_4$ 所对应的置换为 $(1\ 2)(3\ 4)$, $(1\ 4)(2\ 3), (1\ 2\ 3\ 4), (1\ 4\ 3\ 2)$. 所以多项式 $(x_1 + x_3)(x_2 + x_4)$ 的对称变换群可用置换表示为

$$G = \{(1), (1\ 3), (2\ 4), (1\ 3)(2\ 4), (1\ 2)(3\ 4), (1\ 4)(2\ 3), (1\ 2\ 3\ 4), (1\ 4\ 3\ 2)\}.$$

这与 D_4 相同. 所以正方形的对称变换群与多项式 $(x_1 + x_3)(x_2 + x_4)$ 的对称变换群同构.

第 2 章　群的进一步讨论

习题 2-1　子群的陪集

1. 设 $H=\{(1),(1\,2)(3\,4),(1\,3)(2\,4),(1\,4)(2\,3)\}$. 分别求 H 在 A_4 和 S_4 中的所有左陪集.

解　H 在 A_4 中的左陪集有

$(1)H=\{(1),(1\ 2)(3\ 4),(1\ 3)(2\ 4),(1\ 4)(2\ 3)\}$;

$(1\ 2\ 3)H=\{(1\ 2\ 3),(1\ 3\ 4),(2\ 4\ 3),(1\ 4\ 2)\}$;

$(1\ 3\ 2)H=\{(1\ 3\ 2),(1\ 4\ 3),(2\ 3\ 4),(1\ 2\ 4)\}$.

H 在 S_4 中的左陪集有

$(1)H=\{(1),(1\ 2)(3\ 4),(1\ 3)(2\ 4),(1\ 4)(2\ 3)\}$;

$(1\ 2)H=\{(1\ 2),(3\ 4),(1\ 3\ 2\ 4),(1\ 4\ 2\ 3)\}$;

$(1\ 3)H=\{(1\ 3),(2\ 4),(1\ 2\ 3\ 4),(1\ 4\ 3\ 2)\}$;

$(2\ 3)H=\{(1\ 4),(2\ 3),(1\ 2\ 4\ 3),(1\ 3\ 4\ 2)\}$;

$(1\ 2\ 3)H=\{(1\ 2\ 3),(1\ 3\ 4),(2\ 4\ 3),(1\ 4\ 2)\}$;

$(1\ 3\ 2)H=\{(1\ 3\ 2),(1\ 4\ 3),(2\ 3\ 4),(1\ 2\ 4)\}$.

2. 在 $\mathbf{Z}_{12}$ 中, 求子群 $H=\langle\overline{4}\rangle$ 的所有左陪集.

解　$H=\langle\overline{4}\rangle$ 的左陪集有

$\overline{0}+H=H=\{\overline{0},\overline{4},\overline{8}\}$;

$\overline{1}+H=\{\overline{1},\overline{5},\overline{9}\}$;

$\overline{2}+H=\{\overline{2},\overline{6},\overline{10}\}$;

$\overline{3}+H=\{\overline{3},\overline{7},\overline{11}\}$.

3. 在 $\mathbf{Z}$ 中, 求子群 $H=\langle 6\rangle$ 的所有左陪集.

解　子群 $H=\langle 6\rangle$ 的左陪集有

$0+H=H=\langle 6\rangle=\{0,\pm 6,\pm 12,\cdots\}$;

$1+H=1+\langle 6\rangle=\{1,1\pm 6,1\pm 12,\cdots\}$;

$2+H=2+\langle 6\rangle=\{2,2\pm 6,2\pm 12,\cdots\}$;

$3+H=3+\langle 6\rangle=\{3,3\pm 6,3\pm 12,\cdots\}$;

$4+H=4+\langle 6\rangle=\{4,4\pm 6,4\pm 12,\cdots\}$;

$5+H=5+\langle 6\rangle=\{5,5\pm 6,5\pm 12,\cdots\}$.

4. 在 $U(30)$ 中, 求子群 $H=\langle\overline{7}\rangle$ 的所有左陪集.

解　子群 $H=\langle\overline{7}\rangle$ 的左陪集有

$\overline{1}\cdot H=\{\overline{1},\overline{7},\overline{13},\overline{19}\}$,　$\overline{11}\cdot H=\{\overline{11},\overline{17},\overline{23},\overline{29}\}$.

5. 设 a 的阶为 15, 求子群 $H=\langle a^6\rangle$ 在群 $G=\langle a\rangle$ 中的所有左陪集.

解　子群 $H=\langle a^6\rangle$ 在群 $G=\langle a\rangle$ 中的左陪集有

$eH=H=\langle a^6\rangle=\langle a^3\rangle=\{e,a^3,a^6,a^9,a^{12}\}$;

$aH=a\langle a^6\rangle=\{a,a^4,a^7,a^{10},a^{13}\}$;

$a^2H=a^2\langle a^6\rangle=\{a^2,a^5,a^8,a^{11},a^{14}\}$.

6. 设 $H=\{0,\pm3,\pm6,\pm9,\cdots\}$. 求子群 H 在 $\mathbf{Z}$ 中的所有左陪集.

解　子群 H 在 $\mathbf{Z}$ 中的左陪集有

$0+H=\{0,\pm3,\pm6,\pm9,\cdots\}$;

$1+H=\{1,1\pm3,1\pm6,1\pm9,\cdots\}$;

$2+H=\{2,2\pm3,2\pm6,2\pm9,\cdots\}$.

7. 设 H 如上题. 判别下列各对陪集是否相同?

(1) $8+H$ 和 $17+H$;

(2) $-1+H$ 和 $8+H$;

(3) $4+H$ 和 $20+H$.

解　(1) 相等 (因为 $17-8=9\in H$);

(2) 相等 (因为 $8-(-1)=9\in H$);

(3) 不相等 (因为 $20-4=16\notin H$).

8. 设 $\operatorname{ord}a=30$. 问 $\langle a^4\rangle$ 在 $\langle a\rangle$ 中有多少个左陪集? 试将它们列出.

解　因为 $\operatorname{ord}a^4=\operatorname{ord}a^2=15$, 所以 $\langle a^4\rangle$ 在 $\langle a\rangle$ 中有 2 个左陪集, 即

$$e\langle a^4\rangle=\langle a^4\rangle=\langle a^2\rangle=\{a^k\mid k=0,2,4,\cdots,28\};\quad a\langle a^4\rangle=\{a^k\mid k=1,3,5,\cdots,29\}.$$

9. 证明定理 2.1.1 的 (1)~(3).

证明　(1) 对任意的 $x\in A(BC)$, 存在 $a\in A$, $b\in B$, $c\in C$, 使 $x=a(bc)$. 而 $x=a(bc)=abc=(ab)c\in(AB)C$, 于是 $A(BC)\subseteq(AB)C$. 同理可证, $(AB)C\subseteq A(BC)$. 所以 $A(BC)=(AB)C$.

(2) 如果 $gA=gB$, 则 $A=g^{-1}gA=g^{-1}gB=B$. 同理可证另一等式.

(3) 如果 H 是群 G 的子群, 则对任意的 $g,h\in H$, $g\cdot h\in H$, 从而 $H\cdot H\subseteq H$. 另一方面, $H=eH\subseteq H\cdot H$. 所以 $H\cdot H=H$.

10. 设 H 是群 G 的子群, $a,b\in G$. 证明: $Ha=Hb$ 的充分必要条件是 $ba^{-1}\in H$.

证明 **必要性** 如果 $Ha=Hb$, 则

$$ba^{-1}=eba^{-1}\in H(ba^{-1})=(Hb)a^{-1}=(Ha)a^{-1}=H.$$

充分性 如果 $ba^{-1}\in H$, 则

$$Hb=Hbe=Hba^{-1}a=(Hba^{-1})a=Ha.$$

所以 $Ha=Hb$ 的充分必要条件是 $ba^{-1}\in H$.

11. 证明：一个子群的左陪集的所有元素的逆元素组成这个子群的一个右陪集.

证明 设 H 为群 G 的一个子群, $a\in G$, 则对任意的 $x=ah\in aH$, $x^{-1}=h^{-1}a^{-1}\in Ha^{-1}$. 所以 aH 中任一元素的逆元素都在 Ha^{-1} 中. 另一方面, 对任意的 $y\in ha^{-1}\in Ha^{-1}$, 如果取 $x=ah^{-1}$, 则 $x\in aH$, 且 $x^{-1}=ha^{-1}=y$. 所以 Ha^{-1} 中任一元素都是 aH 中某个元素的逆元素. 这就证明了结论.

12. 设 H_1, H_2 是群 G 的子群. 证明：

$$a(H_1\cap H_2)=aH_1\cap aH_2.$$

证明 对任意的 $x\in H_1\cap H_2$, 有 $x\in H_1$, $x\in H_2$. 从而 $ax\in aH_1$, $ax\in aH_2$, 所以 $ax\in aH_1\cap aH_2$. 于是 $a(H_1\cap H_2)\subseteq aH_1\cap aH_2$. 另一方面, 对任意的 $x\in aH_1\cap aH_2$, 有 $h_1\in H_1$, $h_2\in H_2$, 使 $x=ah_1=ah_2$. 于是 $a^{-1}x\in H_1\cap H_2$, 所以 $x=a(a^{-1}x)\in a(H_1\cap H_2)$, 因此 $aH_1\cap aH_2\subseteq a(H_1\cap H_2)$. 所以 $a(H_1\cap H_2)=aH_1\cap aH_2$.

13. 设 H 是有限群 G 的子群, K 是 H 的子群. 证明：

$$[G:K]=[G:H][H:K].$$

证明 因为 G 是有限群, 所以 H,K 都是有限群, 从而

$$[G:K]=\frac{|G|}{|K|}=\frac{|G|}{|H|}\cdot\frac{|H|}{|K|}=[G:H][H:K].$$

注 本题的结论对无限群 G 也成立, 但证明却要复杂一些.

14. 设 A,B 为群 G 的有限子群. 证明：$|A|\cdot|B|=|AB|\cdot|A\cap B|$.

证明 易知, $AB=\bigcup\limits_{a\in A}aB$. 记 $\Sigma=\{aB\mid a\in A\}$, 则 $|AB|=|\Sigma|\cdot|B|$. 令

$$\begin{aligned}\phi:\ \ & A/A\cap B\longrightarrow\Sigma\\ & x(A\cap B)\longmapsto xB,\quad \forall x\in A.\end{aligned}$$

(1) 如果 $x(A\cap B)=y(A\cap B)(x,y\in A)$, 则 $y^{-1}x\in A\cap B\subseteq B$, 从而 $xB=yB$, 所以 ϕ 为 $A/A\cap B$ 到 Σ 的映射.

(2) 设 $x(A\cap B),y(A\cap B)\in A/A\cap B$, 有 $\phi(x(A\cap B))=\phi(y(A\cap B))$, 即 $xB=yB$, 则 $y^{-1}x\in B$. 又因为 $x,y\in A$, 而 A 为群, 所以 $y^{-1}x\in A$, 于是 $y^{-1}x\in A\cap B$. 从而 $x(A\cap B)=y(A\cap B)$. 所以 ϕ 为单映射.

(3) 对任意的 $x\in A$, 有 $x(A\cap B)\in A/A\cap B$, 且 $\phi(x(A\cap B))=xB$, 所以 ϕ 为满映射.

由此得 $|A/A\cap B|=|\Sigma|$, 所以

$$|AB|\cdot|A\cap B|=|B|\cdot|\Sigma|\cdot|A\cap B|=|B|\cdot|A/A\cap B|\cdot|A\cap B|=|A|\cdot|B|.$$

15. 将 S_3 自然地看作 S_4 的子群, 并设 $H=\langle(1\,2\,3\,4)\rangle$. 证明: $S_3H=S_4$.

证明　显然 $S_3H\subseteq S_4$, $S_3\cap H=\{(1)\}$, 从而由第 14 题得

$$|S_3H|=\frac{|S_3|\cdot|H|}{|S_3\cap H|}=\frac{6\cdot 4}{1}=24,$$

所以 $S_3H=S_4$.

16. 设 H 与 K 为群 G 的子群. 已知 $|H|=12$, $|K|=35$, 试求 $|H\cap K|$.

解　设 $x\in H\cap K$, $\operatorname{ord}x=r$, 则 $r\,|\,12$ 且 $r\,|\,35$, 所以 $r\,|\,(12,\ 35)=1$, 于是 $x=e$. 所以 $|H\cap K|=1$.

17. 证明: 4 阶群必同构于 U_4 或

$$K=\{(1),(1\,2)(3\,4),(1\,3)(2\,4),(1\,4)(2\,3)\}.$$

证明　设 H 为一个 4 阶群.

(1) 如果 H 有 4 阶元, 则 H 为 4 阶循环群, 从而 H 与 U_4 同构.

(2) 如果 H 不含有 4 阶元, 则除单位元 e 外, H 的其余三个元素 (不妨设为 a,b,c) 的阶都是 2, 因此 H 是交换群 (习题 1-2 第 12 题). 从而 H 的元素与 K 的元素一一对应, 且有完全一致的运算关系. 所以 H 与 K 同构.

18. 证明: 6 阶群必存在一个 3 阶子群.

证明　G 的非单位元的阶只可能为 2 或 3 或 6. 倘若 G 不含有 3 阶和 6 阶的元素, 即 G 除单位元外, 其余元素的阶都是 2, 则 G 为交换群 (习题 1-2 第 12 题). 任取 G 的两个非单位的元素 a,b, 则

$$H=\{e,a,b,ab\}$$

构成 G 的一个 4 阶子群. 由拉格朗日定理, $4\,|\,6$. 这是一个矛盾. 这个矛盾说明, G 必含有 3 阶或 6 阶的元素. 在这两种情况下, G 都有 3 阶的子群.

19. 证明：在 A_4 中, 不存在阶为 6 的子群与元素.

证明 假定 A_4 有一个 6 阶的子群 H, 则 $[A_4 : H] = 2$. 于是，对任意的 $x \in A_4$, 如果 $x \in H$, 则 $x^2 \in H$; 如果 $x \notin H$, 则 $x^{-1}x^2 = x \notin H$, 从而 xH 与 x^2H 为 H 的两个不同的陪集, 因为 $xH \neq H$, 所以 $x^2H = H$, 因此 $x^2 \in H$. 由此知, 对任意的 $x \in A_4$, 有 $x^2 \in H$. 在 A_4 中有 8 个 3 轮换, 对每个 3 轮换 $(a\,b\,c) \in A_4$, 有

$$(a\,b\,c) = (a\,c\,b)^2 \in H.$$

所以 H 至少包含 A_4 的 8 个 3 轮换, 从而 $|H| \geqslant 8$. 这与 H 的阶为 6 矛盾. 所以 A_4 中不存在阶为 6 的子群, 当然也就不存在阶为 6 的元素.

20. 设 $|G| = 33$. 证明：G 必有 3 阶元素.

证明 任取 $a \in G, a \neq e$, 则 $\operatorname{ord} a \in \{3, 11, 33\}$, 如果 $\operatorname{ord} a = 3$ 或 $\operatorname{ord} a = 33$, 则结论成立. 如果 $\operatorname{ord} a = 11$, 令 $H = \langle a \rangle$, 则 $|H| = 11$. 在 G 中任取 $b \notin H$, 令 $K = \langle b \rangle$. 如果 $\operatorname{ord} b = 33$, 则结论成立, 如果 $\operatorname{ord} b \neq 33$, 则 $H \cap K = \{e\}$. 由于 $HK \subseteq G$, 则

$$33 \geqslant |HK| = \frac{|H| \cdot |K|}{|H \cap K|} = \frac{|K| \cdot 11}{|H \cap K|} = |K| \cdot 11.$$

于是 $|K| = 3$, 所以 $\operatorname{ord} b = 3$. 结论成立.

21. 证明：15 阶群至多含有一个 5 阶子群.

证明 如果 G 至少含有 2 个不同的 5 阶子群 H 与 K, 则因 5 为素数, 所以 $H \cap K = \{e\}$, 从而

$$15 \geqslant |HK| = \frac{|H| \cdot |K|}{|H \cap K|} = 5 \cdot 5 = 25.$$

这是一个矛盾.

22. 设 G 是有限交换群, n 是与 $|G|$ 互素的正整数. 证明：映射 $a \mapsto a^n$ 是 G 的自同构.

证明 记 $\phi : a \mapsto a^n$.

(1) 设 $a, b \in G$, 如果 $\phi(a) = \phi(b)$, 即 $a^n = b^n$, 则 $(ab^{-1})^n = e$. 因为 $(n, |G|) = 1$, 所以 $ab^{-1} = e$, 从而 $a = b$, 因此 ϕ 为单映射.

(2) 由于 ϕ 为单映射, 因此 $|G| = |\phi(G)|$, 而 $\phi(G) \subseteq G$, 所以 $\phi(G) = G$, 从而 ϕ 也是满映射.

(3) 对任意的 $a, b \in G$,

$$\phi(ab) = (ab)^n = a^n b^n = \phi(a)\phi(b).$$

所以 $a \mapsto a^n$ 为 G 的自同构.

23. 设 G 是群, H 是 G 的子群, 规定关系 "$\sim$":

$$a \sim b \Longleftrightarrow ab^{-1} \in H, \quad \forall a, b \in G.$$

证明: $\sim$ 是一个等价关系, 且等价类 $\overline{a} = Ha$.

证明　设 $a, b, c \in G$, 则

(a) 因为 $aa^{-1} = e \in H$, 所以 $a \sim a$, 于是 $\sim$ 具有反身性;

(b) 如果 $a \sim b$, 则 $ab^{-1} \in H$, 于是 $ba^{-1} \in H$, 从而 $b \sim a$, 这说明 $\sim$ 具有对称性;

(c) 如果 $a \sim b$, $b \sim c$, 则 $ab^{-1} \in H$, $bc^{-1} \in H$, 从而 $ac^{-1} = ab^{-1}bc^{-1} \in H$, 这说明 $\sim$ 具有传递性.

这就证明了 $\sim$ 是 G 的一个等价关系. 又因为

$$\begin{aligned} a \sim b &\Longleftrightarrow ab^{-1} \in H \\ &\Longleftrightarrow Ha = Hb \\ &\Longleftrightarrow b \in Ha, \end{aligned}$$

所以 $\overline{a} = Ha$.

24. 设 S 是群 G 的非空子集, 在 G 中规定关系 "$\sim$":

$$a \sim b \Longleftrightarrow ab^{-1} \in S.$$

证明: $\sim$ 是等价关系的充要条件为 S 是 G 的子群.

证明　**必要性**　$\sim$ 是 G 等价关系, 则对任意的 $a, b \in S$, 因为 $a \sim a$, 所以 $e = aa^{-1} \in S$, 从而 $ae^{-1} = a \in S$, $be^{-1} = b \in S$. 于是 $a \sim e$, $b \sim e$, 因此 $a \sim b$, 从而 $ab^{-1} \in S$. 所以 S 为 G 的子群.

充分性　如果 S 为 G 的子群, 则由第 23 题所证, $\sim$ 是 G 的等价关系.

习题 2-2　正规子群与商群

1. 证明 $SL_n(\mathbf{R})$ 是 $GL_n(\mathbf{R})$ 的正规子群.

证明　显然 $SL_n(\mathbf{R}) \subseteq GL_n(\mathbf{R})$. 对任意的 $A, B \in SL_n(\mathbf{R})$, 有 $|A| = 1, |B| = 1$, 则 $|AB^{-1}| = 1$, 从而 $AB^{-1} \in SL_n(\mathbf{R})$, 所以 $SL_n(\mathbf{R})$ 是 $GL_n(\mathbf{R})$ 的子群.

对任意的 $A \in SL_n(\mathbf{R})$, $B \in GL_n(\mathbf{R})$, 有 $|BAB^{-1}| = 1$, 于是 $BAB^{-1} \in SL_n(\mathbf{R})$. 所以 $SL_n(\mathbf{R})$ 是 $SL_n(\mathbf{R})$ 的正规子群.

2. 证明: 群 G 的中心 $C(G)$ 是 G 的正规子群.

证明　已经证明, $C(G)$ 为 G 的子群 (参见 1.3 节例 4).

对任意的 $x \in G$,

$$\begin{aligned} xC(G)x^{-1} &= \{xax^{-1} \mid a \in C(G)\} \\ &= \{a \mid a \in C(G)\} = C(G), \end{aligned}$$

所以 $C(G)$ 是 G 的正规子群.

3. 设 H 和 N 分别是群 G 的子群和正规子群. 证明: HN 是 G 的子群.

证明　由于 N 是 G 的正规子群, 因此对任意的 $h \in H$, 有 $hN = Nh$. 由此推出, $HN = NH$, 从而由定理 2.1.1(4) 知, HN 为 G 的子群.

4. 证明: 群的两个正规子群的交或积都是正规子群.

证明　设 G 为群, H 与 K 都是 G 的正规子群. 易知, $H \cap K$ 与 HK 都是 G 的子群 (参见定理 1.3.4 及第 3 题).

(1) 对任意的 $x \in G$, 由于 H 与 K 都是 G 的正规子群, 因此

$$x(H \cap K)x^{-1} \subseteq xHx^{-1} = H,$$
$$x(H \cap K)x^{-1} \subseteq xKx^{-1} = K.$$

于是 $x(H \cap K)x^{-1} \subseteq H \cap K$, 所以 $H \cap K$ 是 G 的正规子群.

(2) 对任意的 $x \in G$, 由于 H 与 K 都是 G 的正规子群, 因此

$$x(HK) = (xH)K = (Hx)K = H(xK) = H(Kx) = (HK)x,$$

所以 HK 是 G 的正规子群.

5. 举例说明, 如果 H 是 K 的正规子群, K 是 G 的正规子群, 则 H 不一定是 G 的正规子群.

解　取 $H = \{(1), (1\ 3)\}$;

$K = \{(1), (1\ 3), (2\ 4), (1\ 3)(2\ 4)\}$;

$G = D_4 = \{(1), (1\ 3), (2\ 4), (1\ 2)(3\ 4), (1\ 3)(2\ 4), (1\ 4)(2\ 3), (1\ 2\ 3\ 4), (1\ 4\ 3\ 2)\}$.

因为 $\dfrac{|K|}{|H|} = \dfrac{|G|}{|K|} = 2$, 所以 H 是 K 的正规子群, K 是 G 的正规子群, 但由于

$$(1\ 2\ 3\ 4)(1\ 3)(1\ 2\ 3\ 4)^{-1} = (2\ 4) \notin H,$$

因此 H 不是 G 的正规子群.

6. 设 G 为群, H 是 G 的子群. 证明: H 是 G 的正规子群的充分必要条件是对任意的 $a, b \in G$, 如果 $ab \in H$, 则 $ba \in H$.

证明　**必要性**　设 H 是 G 的正规子群, 则对任意的 $a, b \in G$, 如果 $ab \in H$, 则

$$ba = b(ab)b^{-1} \in H.$$

充分性　对任意的 $a, b \in G$, 如果由 $ab \in H$, 可推出 $ba \in H$, 则对任意的 $a \in G$, $h \in H$, 由于 $a^{-1}(ah) = h \in H$, 因此

$$aha^{-1} = (ah)a^{-1} \in H,$$

所以 H 是 G 的正规子群.

7. 设 H 是群 G 的子群. 证明: 如果 H 的任一个左陪集也是它的一个右陪集, 则 H 是 G 的正规子群.

证明　对任意的 $a \in G$, 由已知条件知, 存在 $b \in G$, 使 $aH = Hb$, 则 $a \in aH = Hb$, 从而 $Ha \cap Hb$ 非空, 因此 $Ha = Hb$, 于是 $aH = Ha$. 所以 H 是 G 的正规子群.

8. 设 G 为群, H 是 G 的子群. 证明: H 是 G 的正规子群的充分必要条件是对任意的 $a, b \in G$, 子集 aH 和 bH 的乘积 $aH \cdot bH$ 仍是一个左陪集.

证明　**必要性**　如果 H 是 G 的正规子群, 则对任意的 $a, b \in G$, 有

$$(aH)(bH) = a(Hb)H = a(bH)H = (ab)H \cdot H = (ab)H.$$

充分性　如果对任意的 $a, b \in G$, 子集 aH 和 bH 的乘积 $aH \cdot bH$ 仍是一个左陪集, 则对任意的 $a \in G$, $aH \cdot a^{-1}H$ 是 H 的一个左陪集. 由于 $e = (ae)(a^{-1}e) \in aH \cdot a^{-1}H$, 因此 $aH \cdot a^{-1}H = eH = H$, 于是

$$aHa^{-1} \subseteq (aHa^{-1})H = aH \cdot a^{-1}H = H,$$

所以 H 是 G 的正规子群.

9. 设 G 为群, H 是 G 的子群. 定义 H 的**正规化子**(normalizer) 为

$$N(H) = \{g \in G \,|\, gHg^{-1} = H\}.$$

证明: $N(H)$ 是 G 的子群, H 是 $N(H)$ 的正规子群.

证明　(1) 对任意的 $x, y \in N(H)$, 有 $xHx^{-1} = H$, $yHy^{-1} = H$, 则

$$x^{-1}Hx = x^{-1}(xHx^{-1})x = H,$$
$$(xy)H(xy)^{-1} = x(yHy^{-1})x^{-1} = xHx^{-1} = H.$$

从而 $x^{-1}, xy \in N(H)$, 所以 $N(H)$ 是 G 的子群.

(2) 对任意的 $x \in N(H)$, 由 $N(H)$ 的定义知

$$xHx^{-1} = H,$$

所以 H 是 $N(H)$ 的正规子群.

10. 设 G 为群, H 是 G 的子群. 证明: H 是 G 的正规子群的充分必要条件是对 G 的任一内自同构 ϕ, $\phi(H)\subseteq H$.

证明 **必要性** 设 H 是 G 的正规子群, ϕ 为 G 的一个内自同构, 则存在 $a\in G$, 使对任意的 $x\in G$, 有 $\phi(x)=axa^{-1}$. 从而, 对任意的 $h\in H$, 有 $\phi(h)=aha^{-1}\in H$, 因此

$$\phi(H)\subseteq H.$$

充分性 设对 G 的任一内自同构 ϕ, 有 $\phi(H)\subseteq H$, 则对任意的 a, 存在 G 的内自同构 ϕ, 使 $\phi(x)=axa^{-1}(\forall x\in G)$. 从而对任意的 $h\in H$, 有

$$aha^{-1}=\phi(h)\in\phi(H)\subseteq H.$$

所以 H 是 G 的正规子群.

11. 设 G 是群, $H\lhd G$, 且 $[G:H]=m$. 证明: 对每个 $x\in G$, 都有 $x^m\in H$.

证明 由于 H 是 G 的正规子群, 因此有商群 G/H. 又因为 $[G:H]=m$, 所以 $|G/H|=m$. 于是对任意的 $x\in G$, $x^mH=(xH)^m=\overline{e}=eH=H$, 因此 $x^m\in H$.

12. 设 H, K 为群 G 的两个正规子群. 证明: 如果 $H\cap K=\{e\}$, 则对任意的 $h\in H$, $k\in K$, 有 $hk=kh$.

证明 对任意的 $h\in H$, $k\in K$, 有

$$hkh^{-1}k^{-1}=h(kh^{-1}k^{-1})\in H,$$
$$hkh^{-1}k^{-1}=(hkh^{-1})k^{-1}\in K.$$

于是 $hkh^{-1}k^{-1}\in H\cap K$. 而 $H\cap K=\{e\}$, 所以 $hkh^{-1}k^{-1}=e$, 从而得 $hk=kh$.

13. 设 H 是循环群 G 的子群, 证明: G/H 也是循环群.

证明 设 $G=\langle a\rangle$. 由于循环群是交换群, 因此子群 H 是它的正规子群. 对任意的 $\overline{x}=xH\in G/H$, 存在 $k\in\mathbf{Z}$, 使 $x=a^k$, 于是 $xH=a^kH=(aH)^k$, 从而

$$G/H=\{(aH)^k\mid k\in\mathbf{Z}\}=\langle aH\rangle=\langle\overline{a}\rangle$$

为循环群.

14. 设 $C(G)$ 是群 G 的中心, 且商群 $G/C(G)$ 是循环群. 证明: G 是交换群.

证明 设 $G/C(G)=\langle\overline{a}\rangle, a\in G$, 则对任意的 $x,y\in G$, 存在 $k,l\in\mathbf{Z}$, 使 $\overline{x}=\overline{a}^k$, $\overline{y}=\overline{a}^l$, 于是存在 $c_1,c_2\in C(G)$, 使 $x=a^kc_1$, $y=a^lc_2$, 从而

$$xy=a^kc_1a^lc_2=a^ka^lc_1c_2=a^la^kc_2c_1=a^lc_2a^kc_1=yx.$$

所以 G 为交换群.

15. 设 G 是交换群. 证明: G 的所有阶数有限的元素的集合 H 是 G 的正规子群, 且商群 G/H 的元素除单位元外, 其余元素 (如有的话) 的阶数都是无限的.

证明　显然 H 非空. 设 $x, y \in H$, 则存在 $m, n \in \mathbf{N}$, 使 $x^m = e$, $y^n = e$, 则

$$(x^{-1})^n = (x^n)^{-1} = e,$$
$$(xy)^{mn} = (x^m)^n (y^n)^m = e.$$

从而 $x^{-1}, xy \in H$, 所以 H 为 G 的子群. 又因为 G 是交换群, 所以 H 是 G 的正规子群.

设 $\overline{x} \in G/H$, 且存在 $r \in \mathbf{N}$, 使 $\overline{x}^r = \overline{e}$, 则 $x^r \in H$, 从而存在 $t \in \mathbf{N}$, 使 $(x^r)^t = e$, 即 $x^{rt} = e$, 从而 $x \in H$. 由此知 $\overline{x} = \overline{e}$ 为商群 G/H 的单位元.

16. 设 G 为群, $a, b \in G$. 称 $[a, b] = a^{-1}b^{-1}ab$ 为 a, b 的换位子. G 中所有换位子生成的子群叫做 G 的换位子群, 记作 $[G, G]$. 证明:

(1) $[G, G]$ 是 G 的正规子群;

(2) 商群 $G/[G, G]$ 是交换群;

(3) 若 $N \lhd G$, 且 G/N 为交换群, 则 $[G, G] < N$.

证明　(1) 对任意的 $x \in G$, $y \in [G, G]$, 由于 $xyx^{-1}y^{-1} = [x^{-1}, y^{-1}] \in [G, G]$, 因此

$$xyx^{-1} = xyx^{-1}y^{-1} \cdot y \in [G, G],$$

所以 $[G, G]$ 为 G 的正规子群.

(2) 对任意的 $x, y \in G$, 由于 $(yx)^{-1}xy = x^{-1}y^{-1}xy \in [G, G]$, 因此

$$xy[G, G] = yx[G, G].$$

于是

$$\overline{x} \cdot \overline{y} = x[G, G] \cdot y[G, G] = xy[G, G] = yx[G, G] = y[G, G] \cdot x[G, G] = \overline{y} \cdot \overline{x}.$$

所以 $G/[G, G]$ 为交换群.

(3) 对任意的 x, y, 有 $xN \cdot yN = yN \cdot xN$, 即 $xyN = yxN$. 于是 $x^{-1}y^{-1}xy = (yx)^{-1}xy \in N$. 这说明 N 包含所有的换位子, 因此也就包含换位子群, 所以 $[G, G] < N$.

注　由本题可知, 群 G 的换位子群 $[G, G]$ 是使商群G/H 为交换群的最小正规子群 H.

17. 求 S_3 的换位子群.

解　S_3 的正规子群仅有 $H = \{(1)\}$, $A_3 = \{(1), (1\ 2\ 3), (1\ 3\ 2)\}$, S_3. 而 $S_3/H \cong S_3$ 不是交换群, $S_3/A_3 = \{\overline{(1)}, \overline{(1\ 2)}\}$ 为交换群. 从而由第 16(3) 题的注可知, 群 S_3 的换位子群为 $A_3 = \{(1), (1\ 2\ 3), (1\ 3\ 2)\}$.

18. 求 S_4 及 A_4 的换位子群.

解 (1) 由于 S_4 中的换位子都是偶置换, 因此 $[S_4, S_4]$ 为 A_4 的子群. 又因为对任意一个 3 轮换 $(a\,b\,c)$, 有

$$(a\,b\,c) = (a\,c)(b\,c)(a\,c)(b\,c) = (a\,c)^{-1}(b\,c)^{-1}(a\,c)(b\,c) \in [S_4, S_4],$$

所以 $[S_4, S_4]$ 包含所有的 3 轮换, 从而 $|[S_4, S_4]| \geqslant 9$, 而 $[S_4, S_4]$ 为 A_4 的子群, 因此 $[S_4, S_4] = A_4$.

(2) 首先, 因为 A_4 不是交换群, 所以 $[A_4, A_4] \neq \{(1)\}$. 令 $K = \{(1), (1\,2)(3\,4), (1\,4)(2\,3), (1\,3)(2\,4)\}$, 易知 K 为 A_4 的正规子群. 又因为商群 A_4/K 为 3 阶群, 因此是循环群, 从而就是交换群, 所以 $[A_4 : A_4] < K$. 又因为 K 中的子群只有 $\{(1)\}$ 与 K 本身是 G 的正规子群, 而 $[A_4, A_4] \neq \{(1)\}$, 所以 $[A_4, A_4] = K$.

19. 求二面体群 D_n 的换位子群.

解 记 $\theta = (1\,2\,\cdots\,n)$, $\tau = \begin{cases} (1\,n)(2\,n-1)\cdots\left(\dfrac{n}{2}\,\dfrac{n}{2}+1\right), & n \text{ 为偶数}, \\ (2\,n)(3\,n-1)\cdots\left(\dfrac{n+1}{2}\,\dfrac{n+3}{2}\right), & n \text{ 为奇数}, \end{cases}$

则 $D_n = \langle\theta, \tau\rangle = \{\theta^k, \theta^k\tau \mid k = 0, 1, \cdots, n-1\}$. 易知, $\tau\theta\tau^{-1} = \theta^{-1}$, 于是 $\theta^2 = \theta\tau\theta^{-1}\tau^{-1}$ 在换位子群内, 故 $H = \langle\theta^2\rangle < [D_n, D_n]$. 又对任意的 $k \in \mathbf{Z}$, 有

$$\theta^k\theta^2\theta^{-k} = \theta^2 \in H, \quad (\theta^k\tau)\theta^2(\theta^k\tau)^{-1} = \theta^{-2} \in H.$$

由此可知, H 为 D_n 的正规子群.

(1) 当 n 是偶数时, G/H 是 4 阶群, 因此是交换群 (见习题 2-1 第 17 题), 从而 $[D_n, D_n] < H$. 于是

$$[D_n, D_n] = \langle\theta^2\rangle = \langle(1\,3\,5\,\cdots\,n-1)(2\,4\,6\,\cdots\,n)\rangle.$$

(2) 当 n 为奇数时, $H = \langle\theta^2\rangle = \langle\theta\rangle$, 而 G/H 是 2 阶群, 因此是交换群, 从而也有 $[D_n, D_n] < H$. 于是

$$[D_n, D_n] = \langle\theta^2\rangle = \langle\theta\rangle = \langle(1\,2\,3\,\cdots\,n)\rangle.$$

20. 确定 A_4 的所有子群.

解 习题 2-1 第 19 题已证 A_4 不含有 6 阶子群, 因此 A_4 只可能有阶为 1, 2, 3, 4, 12 的子群. 其中阶为 2, 3 的子群都是循环子群 (都由一个元素生成). 由于 A_4 不含有 4 阶元, 因此, 阶为 4 的子群应由两个 2 阶元生成. 由此可得

阶为 1 的子群有: $\{(1)\}$;

阶为 2 的子群有: $\{(1), (1\,2)(3\,4)\}$, $\{(1), (1\,3)(2\,4)\}$, $\{(1), (1\,4)(2\,3)\}$;

阶为 3 的子群有：$\langle(1\,2\,3)\rangle$, $\langle(1\,2\,4)\rangle$, $\langle(1\,3\,4)\rangle$, $\langle(2\,3\,4)\rangle$;

阶为 4 的子群有：$K=\{(1),(1\,2)(3\,4),(1\,3)(2\,4),(1\,4)(2\,3)\}$;

阶为 12 的子群有：A_4.

21. 给出对称群 S_4 的一切非平凡的正规子群及相应的商群.

解 设 H 为 G 的一个正规子群, $H\neq\{(1)\}$, 则对任意的 $g\in H$, $x\in S_4$, 有 $xgx^{-1}\in H$. 这说明, 如果 H 含有某个元素, 则必定包含与这个元素共轭的所有元素.

(1) 如果 H 包含某个对换, 则 H 包含所有的对换. 由于 S_4 可由对换生成, 因此 $H=S_4$.

(2) 设 $H\neq S_4$. 如果 H 包含某个 3 轮换, 则 H 包含所有 8 个 3 轮换. 于是 $|H|\geqslant 9$. 由于 $H\neq S_4$, 所以 $|H|=12$. 从而, H 中除了 3 轮换, 必定还包含某个至多含有 3 个元素的共轭类, 而这唯一的可能就是 $(1\,2)(3\,4),(1\,4)(2\,3),(1\,3)(2\,4)$. 由此得 $H=A_4$. 显然 $A_4\lhd S_4$.

(3) 设 $H\neq S_4,A_4$. 如果 H 包含某个 4 轮换, 则 H 必包含所有 6 个 4 轮换. 由于一个 4 轮换的平方形如 $(a\,b)(c\,d)$, 所以 H 包含 $(1\,2)(3\,4),(1\,4)(2\,3),(1\,3)(2\,4)$. 由于 $H\neq S_4,A_4$, 因此 H 既不包含对换也不包含 3 轮换, 所以 $|H|=10$, 这与 H 为 G 的子群矛盾.

(4) 最后, $H=K=\{(1),(1\,2)(3\,4),(1\,4)(2\,3),(1\,3)(2\,4)\}$, 显然有 $K\lhd S_4$.

所以 S_4 的非平凡正规子群仅有 A_4 与 K.

相应的商群为

$S_4/A_4=\{\overline{(1)},\overline{(1\,2)}\}\cong\mathbf{Z}_2$;

$S_4/K=\{\overline{(1)},\overline{(1\,2)},\overline{(1\,3)},\overline{(2\,3)},\overline{(1\,2\,3)},\overline{(1\,3\,2)}\}\cong S_3$.

22. 设 p,q 是不同的素数. 证明：每一阶数为 pq 的交换群都是循环群.

证明 设 G 为任一 pq 阶群. 任取 $a\in G,a\neq e$.

(1) 如果 $\operatorname{ord}a=pq$, 则 $G=\langle a\rangle$ 为循环群.

(2) 如果 $\operatorname{ord}a=p$, 令 $H=\langle a\rangle$, 则 $H\lhd G$. 而 $|G/H|=q$, 所以 G/H 为循环群. 设 $G/H=\langle\bar b\rangle$, 则 $b^q\in H$. 如果 $b^q=e$, 则 $\operatorname{ord}ab=pq$, 所以 $G=\langle ab\rangle$ 为循环群. 如果 $b^q\neq e$, 则 $\operatorname{ord}b^q=p$, 于是 $\operatorname{ord}b=pq$, 所以 $G=\langle b\rangle$ 为循环群.

(3) 如果 $\operatorname{ord}a=q$, 则类似于 (2), 同样可证 G 为循环群.

23. 设 $|G|=15$. 证明：如果 G 有唯一的 3 阶子群和唯一的 5 阶子群, 则 G 是循环群. 将此结果推广到 $|G|=pq$ 的情况, 这里 p,q 为不同的素数.

证明 设 H 与 K 分别是 G 的 3 阶子群与 5 阶子群. 因为 3 与 5 都是素数, 所以 H 与 K 都是循环群. 不妨设 $H=\langle a\rangle$, $K=\langle b\rangle$. 易知, $(bab^{-1})^3=e$. 由于 G

仅有唯一的 3 阶子群 H, 因此 $bab^{-1} \in H$. 同理, $aba^{-1} \in K$. 于是

$$aba^{-1}b^{-1} = a(ba^{-1}b^{-1}) \in H,$$
$$aba^{-1}b^{-1} = (aba^{-1})b^{-1} \in K.$$

所以 $aba^{-1}b^{-1} \in H \cap K$. 因为 $(3,5)=1$, 所以 $H \cap K = \{e\}$, 从而 $aba^{-1}b^{-1} = e$, 由此得 $ab = ba$, 因此 $\operatorname{ord} ab = 15$, 所以 G 为循环群.

此结论的推广形式为

设 G 为 pq 阶群, 这里 p, q 为不同的素数. 如果群 G 有唯一的 p 阶子群和唯一的 q 阶子群, 则 G 是循环群.

此结论的证明也与上面的证明类似. 读者不妨自己把证明补上.

24. 设 G 是群. 证明 G 的内自同构群 $\mathrm{Inn}(G)$ 是 G 的自同构群的正规子群.

证明 设 $\phi \in \mathrm{Inn}(G)$, 使 $\phi(x) = axa^{-1}(\forall x \in G)$, 则对任意的 $\sigma \in \mathrm{Aut}(G)$ 和任意的 $x \in G$, 有

$$\begin{aligned}(\sigma\phi\sigma^{-1})(x) &= \sigma(\phi(\sigma^{-1}(x))) \\ &= \sigma(a(\sigma^{-1}(x))a^{-1}) \\ &= \sigma(a)x\sigma(a^{-1}) \\ &= \sigma(a)x(\sigma(a))^{-1}.\end{aligned}$$

因此 $\sigma\phi\sigma^{-1} \in \mathrm{Inn}(G)$, 所以 $\mathrm{Inn}(G) \lhd \mathrm{Aut}(G)$.

*25. 设 G 为交换群, $|G| = n$, m 是一个正整数. 证明: 如果 $m \mid n$, 则 G 有 m 阶子群.

证明 对 $|G| = n$ 用数学归纳法.

当 $n = 2$ 时, 结论显然成立.

假定结论对所有阶小于 n 的交换群成立, 考察 $n(n > 2)$ 阶群 G.

(1) 设 m 为素数 p. 任取 G 的一个非单位元素 a, 设 $\operatorname{ord} a = r$. 如果 $p \mid r$, 则 G 有 p 阶子群 $\langle a^{\frac{r}{p}} \rangle$. 如果 $p \nmid r$, 任取 r 的一个素因子 q, 则 $(p,q) = 1$. 令 $H = \langle a^{\frac{r}{q}} \rangle$, 则 $|H| = q$. 作商群 G/H, 则 $|G/H| = n/q < n$, 由于 $(p,q) = 1$, 因此 $p \mid (n/q) < n$. 由归纳假设知, G/H 有 p 阶子群 $\overline{K}$. 令

$$K = \{x \in G \mid \overline{x} \in \overline{K}\},$$

易知, K 为 G 的子群, 且 $H < K$, $K/H = \overline{K}$, 所以 $|K| = pq$. 从而由第 23 题的推广知, K 为循环群. 于是 K 有 p 阶子群, 因此 G 也有 p 阶子群.

(2) 设 m 为合数. 任取 m 的一个素因子 p, 由 (1) 所证, G 有 p 阶子群. 设 H 为 G 的任一个 p 阶子群, 作商群 G/H, 则 $|G/H| = n/p$. 因 $(m/p) \mid (n/p)$, 由归纳

假设知, G/H 有 m/p 阶子群 $\overline{J}$, 令

$$J=\{x\in G\,|\,\overline{x}\in\overline{J}\},$$

易知, J 为 G 的子群, 且 $H<J$, $J/H=\overline{J}$, 所以 $|J|=m$.

从而由数学归纳法原理知, 结论成立.

习题 2-3　群的同态和同态基本定理

1. 设 G 是一切非零实数所构成的乘法群, 下列映射 ϕ 中哪些是 G 到 G 的同态映射?

(1) $x\longmapsto |x|$;　　(2) $x\longmapsto ax$;

(3) $x\longmapsto x^2$;　　(4) $x\longmapsto -\dfrac{1}{x}$.

对于同态映射 ϕ, 找出 $\phi(G)$ 及 $\operatorname{Ker}\phi$.

解　(1) ϕ 是同态映射, $\phi(G)=\mathbf{R}^+$, $\operatorname{Ker}\phi=\{1,-1\}$.

(2) 当 $a\neq 1$ 时, ϕ 不是同态映射; 当 $a=1$ 时, ϕ 是同态映射, $\phi(G)=G$, $\operatorname{Ker}\phi=\{1\}$.

(3) ϕ 是同态映射, $\phi(G)=\mathbf{R}^+$, $\operatorname{Ker}\phi=\{1,-1\}$.

(4) ϕ 不是同态映射.

2. 设 ϕ 是群 G 到 G' 的同态映射, e 是 G 的单位元. 证明:

$$\phi\text{是单同态}\Longleftrightarrow \operatorname{Ker}\phi=\{e\}.$$

证明　**必要性**　设 ϕ 为单同态, 则对任意的 $x\in\operatorname{Ker}\phi$, 有 $\phi(x)=e'=\phi(e)$. 因为 ϕ 为单同态, 所以 $x=e$, 于是 $\operatorname{Ker}\phi=\{e\}$.

充分性　设 $x,y\in G$, 如果 $\phi(x)=\phi(y)$, 则 $\phi(xy^{-1})=\phi(x)(\phi(y))^{-1}=e'$, 从而 $xy^{-1}\in\operatorname{Ker}\phi$. 而 $\operatorname{Ker}\phi=\{e\}$, 所以 $xy^{-1}=e$, 因此 $x=y$, 从而 ϕ 为单同态.

3. 设 ϕ 是群 G 到 G' 的满同态, H 是 G 的正规子群. 证明: $\phi(H)$ 是 G' 的正规子群. 举例说明当同态映射 ϕ 不是满射时 $\phi(H)$ 不一定是 G' 的正规子群.

证明　由定理 2.3.2 知, $\phi(H)$ 为 G' 的子群. 对任意的 $x'\in G'$, 由于 ϕ 是满同态, 因此存在 $x\in G$, 使 $\phi(x)=x'$, 则

$$\begin{aligned}x'\phi(H)(x')^{-1}&=\phi(x)\phi(H)\phi(x^{-1})\\&=\phi(xHx^{-1})=\phi(H),\end{aligned}$$

所以 $\phi(H)$ 为 $\phi(G)$ 的正规子群.

例　取 $G = S_3$, $H = A_3$, $G' = S_4$, $\phi(x) = x \in S_4(\forall x \in S_3)$. A_3 为 S_3 的正规子群, 但 $\phi(A_3) = A_3$ 却不是 S_4 的正规子群.

4. 设 C 为 $\mathbf{R}$ 上全体连续实函数关于函数的加法所构成的群. 对 $f(x) \in C$, 令

$$\phi(f(x)) = \int_0^x f(t)\,\mathrm{d}t.$$

(1) 证明: ϕ 是 C 到它自身的同态映射;

(2) 试求 ϕ 的象与核.

证明　设 $f(x) \in C$, 则 $f(x)$ 在 $\mathbf{R}$ 上连续, 从而 $\int_0^x f(t)\,\mathrm{d}t$ 也在 $\mathbf{R}$ 上连续, 所以 ϕ 是 C 到它自身的一个映射.

对任意的 $f(x), g(x) \in C$, 有

$$\begin{aligned}\phi(f(x)+g(x)) &= \int_0^x (f(t)+g(x))\,\mathrm{d}t \\ &= \int_0^x f(t)\,\mathrm{d}t + \int_0^x g(t)\,\mathrm{d}t \\ &= \phi(f(x)) + \phi(g(x)),\end{aligned}$$

所以 ϕ 是 C 到它自身的同态映射.

$\phi(C) = \{f(x)\,|\,f'(x) \in C, 且\ f(0) = 0\}$, $\operatorname{Ker}\phi = \{0\}$.

5. 设 G 是一个置换群. 对每个 $\sigma \in G$, 定义 $\operatorname{sgn}(\sigma) = \mathcal{N}(\sigma)$(见定理 1.6.6 的证明).

(1) 证明: sgn 是 G 到乘法群 $\{1, -1\}$ 的同态映射;

(2) 求 $\operatorname{Ker}\operatorname{sgn}$.

(1)**证明**　显然 sgn 是 G 到 $\{1, -1\}$ 的映射. 对任意的 $x, y \in G$, 设 x 与 y 分别表示为 k 个对换与 l 个对换的乘积, 则 xy 为 $k + l$ 个对换的乘积, 从而由定理 1.6.6 的证明可知

$$\operatorname{sgn}(xy) = (-1)^{k+l} = (-1)^k \cdot (-1)^l = \operatorname{sgn}(x)\operatorname{sgn}(y),$$

所以 sgn 是 G 到乘法群 $\{1, -1\}$ 的同态映射.

(2)**解**　设 $G < S_n$, 则 $\operatorname{Ker}\operatorname{sgn} = A_n \cap G$.

6. 证明映射 $x \mapsto x^6$ 是 $\mathbf{C}^*$ 到 $\mathbf{C}^*$ 的同态映射, 并求此同态映射的核.

证明　记 $\phi: x \mapsto x^6$, 则对任意的 $x, y \in C^*$, 有

$$\phi(xy) = (xy)^6 = x^6 y^6 = \phi(x)\phi(y),$$

所以映射 $x \mapsto x^6$ 是 $\mathbf{C}^*$ 到 $\mathbf{C}^*$ 的同态映射.

$\operatorname{Ker}\phi = U_6$.

以下, $\operatorname{Hom}(G, G')$ 表示群 G 到 G' 的所有同态映射组成的集合.

7. 求 $\mathbf{Z}$ 到 $\mathbf{Z}_m$ 的所有同态映射.

解　设 $\phi \in \operatorname{Hom}(\mathbf{Z}, \mathbf{Z}_m)$, 则对任意的 $z \in \mathbf{Z}$, 有

$$\phi(z) = \phi(z \cdot 1) = z\phi(1), \quad \phi(1) \in \mathbf{Z}_m.$$

另一方面, 对任意的 $\overline{a} \in \mathbf{Z}_m$, 如果规定

$$\begin{aligned} \phi_{\overline{a}}: \quad & \mathbf{Z} \longrightarrow \mathbf{Z}_m \\ & z \longmapsto z\overline{a}, \quad \forall z \in \mathbf{Z}, \end{aligned}$$

则显然 $\phi_{\overline{a}}$ 为 $\mathbf{Z}$ 到 $\mathbf{Z}_m$ 的一个同态映射. 所以

$$\operatorname{Hom}(\mathbf{Z}, \mathbf{Z}_m) = \{\phi_{\overline{a}} \,|\, a = 0, 1, \cdots, m-1\}.$$

8. 求 $\mathbf{Z}_m$ 到 $\mathbf{Z}$ 的所有同态映射.

解　对任意的 $\phi \in \operatorname{Hom}(\mathbf{Z}_m, \mathbf{Z})$, 由于

$$m\phi(\overline{1}) = \phi(m\overline{1}) = \phi(\overline{m}) = \phi(\overline{0}) = 0 \in \mathbf{Z},$$

而 $m \neq 0$, 所以 $\phi(\overline{1}) = 0$. 由此推出, 对任意的 $\overline{x} \in \mathbf{Z}_m$, 有 $\phi(\overline{x}) = 0$. 所以 $\mathbf{Z}_m$ 到 $\mathbf{Z}$ 的同态映射只有零同态.

9. 求 $\mathbf{Z}_4$ 到 $\mathbf{Z}_6$ 的所有同态映射.

解　$\operatorname{Hom}(\mathbf{Z}_4, \mathbf{Z}_6) = \{\phi_a : \overline{x} \mapsto a\overline{x} \,|\, a = 0, 3\}$.

注　上式中的两个 $\overline{x}$, 我们虽然使用了同一个记号, 但它们代表的意义是不同的. 前一个 $\overline{x}$ 表示的是 $\mathbf{Z}_4$ 中的剩余类 $\{x + 4z \,|\, z \in \mathbf{Z}\}$, 而后一个 $\overline{x}$ 表示的是 $\mathbf{Z}_6$ 中的剩余类 $\{x + 6z \,|\, z \in \mathbf{Z}\}$. 今后, 在遇到此类情况时, 我们都采用这样的记号, 不再一一说明. 读者应根据上下文, 了解两个 $\overline{x}$ 的不同含义, 以免混淆.

10. 求 $\mathbf{Z}_{12}$ 到 $\mathbf{Z}_{30}$ 的所有同态映射.

解　$\operatorname{Hom}(\mathbf{Z}_{12}, \mathbf{Z}_{30}) = \{\phi_a : \overline{x} \mapsto a\overline{x} \,|\, a = 0, 5, 10, 15, 20, 25\}$.

11. 求 $\mathbf{Z}_{20}$ 到 $\mathbf{Z}_8$ 的所有同态映射.

解　$\operatorname{Hom}(\mathbf{Z}_{20}, \mathbf{Z}_8) = \{\phi_a : \overline{x} \mapsto a\overline{x} \,|\, a = 0, 2, 4, 6\}$.

12. 设 ϕ 是 $\mathbf{Z}_{30}$ 到 U_5 的满同态, 试求 $\operatorname{Ker}\phi$.

解　$\operatorname{Ker}\phi = \{\overline{0}, \overline{5}, \overline{10}, \overline{15}, \overline{20}, \overline{25}\}$.

13. 设 ϕ 是 $U(30)$ 到 $U(30)$ 的同态, 且 $\operatorname{Ker}\phi = \{1, 11\}$. 已知 $\phi(7) = 7$, 试求 $\phi^{-1}(7)$.

解　$\phi^{-1}(7) = \{7, 17\}$.

14. 试求 $U(30)$ 的所有自同态 ϕ, 使 $\operatorname{Ker}\phi=\{1,11\}$ 且 $\phi(7)=7$.

解　直接验证可知

$$U(30)=\{1,7,11,13,17,19,23,29\}=\langle 7,11\rangle.$$

由于群的自同态由其在生成元上的象唯一确定, 而题设中已经确定了生成元的象, 所以 G 仅有唯一的满足条件的自同态. 容易算出, 这唯一的自同态为

$$\begin{aligned}\phi(1)&=\phi(11)=1,\\ \phi(7)&=\phi(17)=7\quad(17=7\cdot 11),\\ \phi(13)&=\phi(23)=13\quad(13=7^3,23=13\cdot 11),\\ \phi(19)&=\phi(29)=19\quad(19=7^2,29=19\cdot 11).\end{aligned}$$

注　群 G 到它自身的同态映射称为 G 的自同态.

15. 试求 $U(40)$ 的所有自同态 ϕ, 使 $\operatorname{Ker}\phi=\{1,9,17,33\}$ 且 $\phi(11)=11$.

解　直接验证可知

$$\begin{aligned}U(40)&=\{1,3,7,9,11,13,17,19,21,23,27,29,31,33,37,39\}\\ &=\langle 39,11,17\rangle.\end{aligned}$$

由于群的自同态由其在生成元上的象唯一确定, 而题设中已经确定了生成元 11 与 17 的象, 所以只要确定 -1 的象即可. 由于

$$\phi(U(40))=\langle\phi(-1),11\rangle\cong U(40)/K=\langle\overline{-1},\overline{11}\rangle,$$

所以 $\operatorname{ord}(-1)=2$, 且 $\phi(-1)\neq 11$, 从而 $\phi(-1)$ 可能的取值为

$$-1,9,19,21,29,31.\tag{$*$}$$

直接验证可知, 对 $U(40)$ 中的每一个元素 x, 存在唯一的一组整数 $j,k,l(0\leqslant j,k\leqslant 1,0\leqslant l\leqslant 3)$, 使 $x=(-1)^j\cdot 11^k\cdot 17^l$. 所以如果令

$$\begin{aligned}\phi_a:\qquad U(40)&\longrightarrow U(40)\\ (-1)^j\cdot 11^k\cdot 17^l&\longmapsto a^j\cdot 11^k,\end{aligned}$$

其中 a 为 $(*)$ 中的任何一个数, 则 ϕ 为 $U(40)$ 的自同态, 使 $\phi(11)=11$, 且

$$\{1,9,17,33\}=\langle 17\rangle\subseteq\operatorname{Ker}\phi_a.$$

又因为 $\phi(U(40))=\langle a,11\rangle$ 为 4 元群, 所以

$$\{1,9,17,33\}=\langle 17\rangle=\operatorname{Ker}\phi_a.$$

故 ϕ_a 为满足条件的 $U(40)$ 的自同态. 因此 $U(40)$ 共有上述 6 个满足条件的自同态.

16. 设 ϕ 是群 G 到 G' 的同态映射, $a,b\in G$. 证明: $\phi(a)=\phi(b)$ 当且仅当 $a\operatorname{Ker}\phi=b\operatorname{Ker}\phi$.

证明　必要性　设 $\phi(a)=\phi(b)$, 则 $\phi(b^{-1}a)=e'$, 所以 $b^{-1}a\in\operatorname{Ker}\phi$, 因此 $a\operatorname{Ker}\phi=b\operatorname{Ker}\phi$.

充分性　如果 $a\operatorname{Ker}\phi=b\operatorname{Ker}\phi$, 则 $b^{-1}a\in\operatorname{Ker}\phi$, 从而

$$\phi(a)=\phi(bb^{-1}a)=\phi(b)\phi(b^{-1}a)=\phi(b).$$

17. 设 $G\overset{\phi}{\sim}G'$, $a\in G$, $K=\operatorname{Ker}\phi$. 证明: $\phi^{-1}(\phi(a))=\{x\in G\mid\phi(x)=\phi(a)\}=aK$.

证明　设 $x\in\phi^{-1}(\phi(a))$, 则 $\phi(x)=\phi(a)$, 于是 $\phi(a^{-1}x)=e'$, 从而 $a^{-1}x\in K$, 所以 $x\in aK$. 由此得 $\phi^{-1}(\phi(a))\subseteq aK$.

对任意的 $ax\in aK, x\in K$, 有 $\phi(ax)=\phi(a)\phi(x)=\phi(a)$, 所以 $ax\in\phi^{-1}(\phi(a))$. 由此得 $aK\subseteq\phi^{-1}(\phi(a))$.

所以 $\phi^{-1}(\phi(a))=\{x\in G\mid\phi(x)=\phi(a)\}=aK$.

18. 设 ϕ 是群 G 到 G' 的同态映射, $K=\operatorname{Ker}\phi$, $H<G$. 证明: $\phi^{-1}(\phi(H))=HK$.

证明　设 $x\in\phi^{-1}(\phi(H))$, 则 $\phi(x)\in\phi(H)$, 于是存在 $h\in H$, 使 $\phi(x)=\phi(h)$, 从而 $\phi(h^{-1}x)=e'$, 于是 $h^{-1}x\in K$, 所以 $x\in hK\subseteq HK$. 由此得 $\phi^{-1}(\phi(H))\subseteq HK$.

对任意的 $hx\in HK, h\in H, x\in K$, 有 $\phi(hx)=\phi(h)\phi(x)=\phi(h)$, 所以 $hx\in\phi^{-1}(\phi(H))$. 由此得 $HK\subseteq\phi^{-1}(\phi(H))$.

所以 $\phi^{-1}(\phi(H))=HK$.

19. 设 G_1, G_2 分别为 n_1, n_2 阶循环群. 证明: $G_1\sim G_2\Longleftrightarrow n_2\,|\,n_1$.

证明　设 $G_1=\langle a_1\rangle$, $G_2=\langle a_2\rangle$. $\operatorname{ord}a_1=n_1$, $\operatorname{ord}a_2=n_2$.

必要性　如果 $\phi:G_1\sim G_2$, 则由同态基本定理, $G_1/\operatorname{Ker}\phi\cong G_2$, 于是 $|G_1/\mathrm{Ker}\phi|=|G_2|$, 所以 $n_2\,|\,n_1$.

充分性　设 $n_2\,|\,n_1$. 令

$$\begin{aligned}\phi:\ \ &G_1\longrightarrow G_2\\ &a_1^k\longmapsto a_2^k.\end{aligned}$$

(1) 如果 $a_1^k=a_1^l\in G_1$, 则 $n_1\,|\,k-l$, 从而 $n_2\,|\,k-l$, 所以 $a_2^k=a_2^l$, 即 $\phi(a_1^k)=\phi(a_1^l)$. 因此 ϕ 是 G_1 到 G_2 的映射.

(2) 对任意的 $a_2^k\in G_2$, 有 $a_1^k\in G_1$, 使 $\phi(a_1^k)=a_2^k$. 所以 ϕ 是 G_1 到 G_2 的满映射.

(3) 对任意的 $a_1^k, a_1^l \in G_1$, 有

$$\begin{aligned}\phi(a_1^k a_1^l) &= \phi(a_1^{k+l}) = a_2^{k+l} \\ &= a_2^k a_2^l = \phi(a_1^k)\phi(a_1^l).\end{aligned}$$

所以 ϕ 是 G_1 到 G_2 的满同态.

20. 设 k 是 m 的正因子. 证明: $\mathbf{Z}_m/\langle\overline{k}\rangle \cong \mathbf{Z}_k$.

证明　令

$$\begin{aligned}\phi:\quad \mathbf{Z}_m &\longrightarrow \mathbf{Z}_k \\ k\overline{1} &\longmapsto k[1],\end{aligned}$$

则由第 19 题知, ϕ 为 $\mathbf{Z}_m$ 到 $\mathbf{Z}_k$ 的满同态. 而

$$\begin{aligned}\operatorname{Ker}\phi &= \{\overline{x} \in \mathbf{Z}_m \mid [x] = [0] \in \mathbf{Z}_k\} \\ &= \{\overline{x} \in \mathbf{Z}_m \mid x \equiv 0 \pmod k\} \\ &= k\mathbf{Z}_m = \langle\overline{k}\rangle,\end{aligned}$$

从而由群同态基本定理得

$$\mathbf{Z}_m/\langle\overline{k}\rangle \cong \mathbf{Z}_k.$$

21. 设 $G = GL_n(\mathbf{R})$, $H = SL_n(\mathbf{R})$. 证明: $G/H \cong \mathbf{R}^*$.

证明　令

$$\begin{aligned}\phi:\quad GL_n(\mathbf{R}) &\longrightarrow \mathbf{R}^* \\ A &\longmapsto |A|.\end{aligned}$$

(1) 显然 ϕ 是 $GL_n(\mathbf{R})$ 到 $\mathbf{R}^*$ 的映射.

(2) 对任意的 $a \in \mathbf{R}^*$, 有对角矩阵

$$D = \begin{pmatrix} a & 0 & \cdots & 0 \\ 0 & 1 & \cdots & 0 \\ \vdots & \vdots & & \vdots \\ 0 & 0 & \cdots & 1 \end{pmatrix} \in GL_n(\mathbf{R}),$$

使 $\phi(D) = |D| = a$, 所以 ϕ 是 $GL_n(\mathbf{R})$ 到 $\mathbf{R}^*$ 的满映射.

(3) 对任意的 $A, B \in GL_n(\mathbf{R})$, 有 $\phi(AB) = |AB| = |A| \cdot |B| = \phi(A)\phi(B)$, 所以 ϕ 是 $GL_n(\mathbf{R})$ 到 $\mathbf{R}^*$ 的满同态.

(4) 同态的核

$$\begin{aligned}\operatorname{Ker}\phi &= \{A \in GL_n(\mathbf{R}) \mid \phi(A) = 1\} \\ &= \{A \in GL_n(\mathbf{R}) \mid |A| = 1\} \\ &= SL_n(\mathbf{R}) = H.\end{aligned}$$

从而由同态基本定理得

$$G/H \cong \mathbf{R}^*.$$

22. 证明第一同构定理 (若尔当, 1870): 设 ϕ 是群 G 到 G' 的同态, 则 $G/\operatorname{Ker}\phi \cong \phi(G)$.

证明　如果 ϕ 是群 G 到 G' 的同态, 令

$$\begin{aligned}\phi:\quad G &\longrightarrow \phi(G)\\ a &\longmapsto \phi(a),\end{aligned}$$

则显然 ϕ 为 G 到 $\phi(G)$ 的满同态, 从而, 由同态基本定理得

$$G/\operatorname{Ker}\phi \cong \phi(G).$$

*23. 设 ϕ 是群 G 到 G' 的满同态, $H' \lhd G'$, $H=\phi^{-1}(H')$. 证明: $G/H \cong G'/H'$.

证明　令

$$\begin{aligned}\overline{\phi}:\quad G &\longrightarrow G'/H'\\ a &\longmapsto \phi(a)H'.\end{aligned}$$

(1) 显然 $\overline{\phi}$ 是 G 到 G'/H' 的映射.

(2) 对任意的 $a'H' \in G'/H'$, 由于 ϕ 是满同态, 因此存在 $a \in G$, 使 $\phi(a)=a'$, 于是 $\overline{\phi}(a)=\phi(a)H'=a'H'$, 所以 $\overline{\phi}$ 是 G 到 G'/H' 的满映射.

(3) 设 $a, b \in G$,

$$\begin{aligned}\overline{\phi}(ab) &= \phi(ab)H' = \phi(a)\phi(b)H'\\ &= \phi(a)H'\phi(b)H'\\ &= \overline{\phi}(a)\overline{\phi}(b),\end{aligned}$$

所以 $\overline{\phi}$ 是 G 到 G'/H' 的满同态.

(4) 同态的核

$$\begin{aligned}\operatorname{Ker}\overline{\phi} &= \{a \in G \mid \overline{\phi}(a) = H'\}\\ &= \{a \in G \mid \phi(a)H' = H'\}\\ &= \{a \in G \mid \phi(a) \in H'\}\\ &= \phi^{-1}(H') = H.\end{aligned}$$

从而由同态基本定理得

$$G/H \cong G'/H'.$$

*24. 设 $\mathrm{Inn}(G)$ 是群 G 的内自同构群, $C(G)$ 是 G 的中心. 证明: $\mathrm{Inn}(G) \cong G/C(G)$.

证明　令

$$\begin{aligned} \phi:\quad & G \longrightarrow \mathrm{Inn}(G) \\ & a \longmapsto \phi_a : x \mapsto axa^{-1}, \quad \forall x \in G. \end{aligned}$$

(1) 显然 ϕ 是 G 到 $\mathrm{Inn}(G)$ 的映射.

(2) 对任意的 $\phi_a \in \mathrm{Inn}(G)$, 有 $a \in G$, 使 $\phi(a) = \phi_a$, 所以 ϕ 是 G 到 $\mathrm{Inn}(G)$ 的满映射.

(3) 设 $a, b \in G$, 因为对任意的 $x \in G$, 有

$$\begin{aligned} \phi(ab)(x) = \phi_{ab}(x) &= (ab)x(ab)^{-1} \\ &= a(bxb^{-1})a^{-1} \\ &= \phi_a(bxb^{-1}) = \phi_a(\phi_b(x)) \\ &= \phi_a\phi_b(x) \\ &= (\phi(a)\phi(b))(x). \end{aligned}$$

由此得 $\phi(ab) = \phi(a)\phi(b)$, 所以 ϕ 是 G 到 $\mathrm{Inn}(G)$ 的满同态.

(4) 同态的核

$$\begin{aligned} \mathrm{Ker}\,\phi &= \{a \in G \mid \phi(a) = \text{恒等映射}\} \\ &= \{a \in G \mid axa^{-1} = x, \forall\, x \in G\} \\ &= \{a \in G \mid ax = xa, \forall\, x \in G\} \\ &= C(G). \end{aligned}$$

从而由同态基本定理得

$$G/C(G) \cong \mathrm{Inn}(G).$$

*25. 设 H, K 都是群 G 的正规子群. 证明: $G/HK \cong (G/H) \,/\, (HK/H)$.

证明　由于 H, K 都是 G 的正规子群, 因此 HK 也是 G 的正规子群. 令

$$\begin{aligned} \phi:\quad & G/H \longrightarrow G/HK \\ & aH \longmapsto a(HK). \end{aligned}$$

(1) 如果 $aH = bH$, 则 $b^{-1}a \in H$, 从而 $b^{-1}a \in HK$, 因此 $aHK = bHK$. 这说明 ϕ 是 G/H 到 G/HK 的映射.

(2) 对任意的 $aHK \in G/HK$, 有 $aH \in G/H$, 使 $\phi(aH) = aHK$. 所以 ϕ 是 G/H 到 G/HK 的满映射.

(3) 对任意的 $aH, bH \in G/H$, 有

$$\begin{aligned}\phi(aH \cdot bH) &= \phi(abH)\\ &= abHK = (aHK)(bHK)\\ &= \phi(aH)\phi(bH).\end{aligned}$$

所以 ϕ 是 G/H 到 G/HK 的满同态.

(4) 同态的核

$$\begin{aligned}\operatorname{Ker}\phi &= \{aH \in G/H \mid \phi(aH) = HK\}\\ &= \{aH \in G/H \mid aHK = HK\}\\ &= \{aH \in G/H \mid a \in HK\}\\ &= HK/H.\end{aligned}$$

从而由同态基本定理得

$$(G/H) \,/\, (HK/H) \cong G/HK.$$

*26. 证明第三同构定理：设 $H \lhd G$, $K \lhd G$, 且 $K \subseteq H$, 则

$$G/H \cong (G/K) \,/\, (H/K).$$

证明　由于 H, K 都是 G 的正规子群, 且 $K \subseteq H$, 因此 K 也是 H 的正规子群. 令

$$\begin{aligned}\phi:\ \ G/K &\longrightarrow G/H\\ aK &\longmapsto aH.\end{aligned}$$

(1) 如果 $aK = bK$, 则 $b^{-1}a \in K$, 从而 $b^{-1}a \in H$, 因此 $aH = bH$. 这说明 ϕ 是 G/K 到 G/H 的映射.

(2) 对任意的 $aH \in G/H$, 有 $aK \in G/K$, 使 $\phi(aK) = aH$. 所以 ϕ 是 G/K 到 G/H 的满映射.

(3) 对任意的 $aK, bK \in G/K$, 有

$$\begin{aligned}\phi(aK \cdot bK) &= \phi(abK)\\ &= abH = (aH)(bH)\\ &= \phi(aK)\phi(bK).\end{aligned}$$

所以 ϕ 是 G/K 到 G/H 的满同态.

(4) 同态的核

$$\begin{aligned}\operatorname{Ker}\phi &= \{aK \in G/K \mid \phi(aK) = H\} \\ &= \{aK \in G/K \mid aH = H\} \\ &= \{aK \in G/K \mid a \in H\} \\ &= H/K.\end{aligned}$$

从而由同态基本定理得

$$(G/K)\ /\ (H/K) \cong G/H.$$

习题 2-4 群的直积

1. $\mathbf{Z}_9 \oplus \mathbf{Z}_6$ 中有多少个 9 阶元素?

解 $\mathbf{Z}_9 \oplus \mathbf{Z}_6$ 中有下列 18 个 9 阶元素:

$(1, 0), (2, 0), (4, 0), (5, 0), (7, 0), (8, 0), (1, 2), (2, 2), (4, 2), (5, 2), (7, 2), (8, 2), (1, 4), (2, 4), (4, 4), (5, 4), (7, 4), (8, 4)$.

2. $\mathbf{Z}_4 \oplus \mathbf{Z}_8$ 中有多少个 4 阶元素?

解 $\mathbf{Z}_4 \oplus \mathbf{Z}_8$ 中有下列 12 个 4 阶元素:

$(0, 2), (0, 6), (1, 0), (1, 2), (1, 4), (1, 6), (2, 2), (2, 6), (3, 0), (3, 2), (3, 4), (3, 6)$.

3. 证明或否定 $\mathbf{Z} \oplus \mathbf{Z}$ 是循环群.

解 $\mathbf{Z} \oplus \mathbf{Z}$ 不是循环群. 证明如下:

倘若 $\mathbf{Z} \oplus \mathbf{Z}$ 是循环群, 设 $\mathbf{Z} \oplus \mathbf{Z} = \langle (a, b) \rangle, a, b \in \mathbf{Z}$, 则存在非零整数 $r_1, r_2 \in \mathbf{Z}$, 使 $(1, 0) = r_1(a, b)$, $(0, 1) = r_2(a, b)$, 于是 $0 = r_1 b, 0 = r_2 a$. 因为 $r_1, r_2 \neq 0$, 所以 $a = b = 0$. 由此得 $\mathbf{Z} \oplus \mathbf{Z} = \langle (a, b) \rangle = \langle (0, 0) \rangle = \{(0, 0)\}$, 这不可能.

4. 假设 $G_1 \cong H_1$, $G_2 \cong H_2$. 证明: $G_1 \times G_2 \cong H_1 \times H_2$.

证明 设 $\phi_1: G_1 \cong H_1$, $\phi_2: G_2 \cong H_2$. 令

$$\begin{aligned}\phi:\ G_1 \times G_2 &\longrightarrow H_1 \times H_2 \\ (a, b) &\longmapsto (\phi_1(a), \phi_2(b)), \quad \forall a \in G_1, b \in G_2.\end{aligned}$$

(1) 显然 ϕ 是 $G_1 \times G_2$ 到 $H_1 \times H_2$ 的映射.

(2) 设 $(a, b), (a', b') \in G_1 \times G_2$, $\phi(a, b) = \phi(a', b')$, 即 $(\phi_1(a), \phi_2(b)) = (\phi_1(a'), \phi_2(b'))$. 由于 ϕ_1, ϕ_2 都是单映射, 因此 $a = a', b = b'$, 于是 $(a, b) = (a', b')$, 所以 ϕ 为单映射.

(3) 对任意的 $(h, k) \in H_1 \times H_2$, 由于 ϕ_1, ϕ_2 都是满映射, 因此存在 $a \in G_1, b \in G_2$, 使 $\phi_1(a) = h, \phi_2(b) = k$, 于是

$$\phi(a, b) = (\phi_1(a), \phi_2(b)) = (h, k),$$

所以 ϕ 为满映射.

(4) 对任意的 $(a,\ b),(c,\ d)\in G_1\times G_2$, 有

$$\begin{aligned}\phi((a,\ b)(c,\ d)) &= \phi(ac,\ bd) = (\phi_1(ac),\ \phi_2(bd))\\ &= (\phi_1(a)\phi_1(c),\ \phi_2(b)\phi_2(d))\\ &= (\phi_1(a),\ \phi_2(b))(\phi_2(c),\ \phi(d))\\ &= \phi(a,\ b)\phi(c,\ d).\end{aligned}$$

所以 ϕ 为 $G_1\times G_2$ 到 $H_1\times H_2$ 的同构映射, 即

$$\phi:\quad G_1\times G_2\cong H_1\times H_2.$$

5. 通过比较元素的阶证明: $\mathbf{Z}_8\oplus\mathbf{Z}_2$ 不同构于 $\mathbf{Z}_4\oplus\mathbf{Z}_4$.

证明 在 $\mathbf{Z}_8\oplus\mathbf{Z}_2$ 中有 8 阶元素 $(1,\ 0)$, 而 $\mathbf{Z}_4\oplus\mathbf{Z}_4$ 中每个元素的阶都不超过 4, 所以 $\mathbf{Z}_8\oplus\mathbf{Z}_2$ 与 $\mathbf{Z}_4\oplus\mathbf{Z}_4$ 不同构.

6. 在 $\mathbf{Z}$ 中, 设 $H=\langle 3\rangle$, $K=\langle 5\rangle$. 证明: $\mathbf{Z}=H+K$. 问 $\mathbf{Z}$ 与 $H\oplus K$ 同构吗?

证明 由于 $(3,\ 5)=1$, 因此存在 $u,v\in\mathbf{Z}$, 使 $3u+5v=1$. 于是对任意的 $z\in\mathbf{Z}$, 有

$$z=z\cdot 1=3uz+5vz\in H+K,$$

所以 $\mathbf{Z}=H+K$.

但 $\mathbf{Z}$ 却不与 $H\oplus K$ 同构, 证明如下:

由于 $\mathbf{Z}$, $\langle 3\rangle$ 与 $\langle 5\rangle$ 都是无限循环群, 所以

$$\mathbf{Z}\cong\langle 3\rangle,\quad \mathbf{Z}\cong\langle 5\rangle.$$

从而由第 4 题得 $H\oplus K\cong\mathbf{Z}\oplus\mathbf{Z}$. 又由第 3 题的结论知, $\mathbf{Z}$ 不与 $\mathbf{Z}\oplus\mathbf{Z}$ 同构, 所以 $\mathbf{Z}$ 不与 $H\oplus K$ 同构.

7. 设 $\mathbf{R}^*$ 是所有非零实数构成的乘法群, $\mathbf{R}^+$ 是所有正实数构成的乘法群. 证明: $\mathbf{R}^*$ 是 $\mathbf{R}^+$ 与子群 $\{-1,1\}$ 的内直积.

证明 由于 $\mathbf{R}^*$ 是交换群, 所以 $\mathbf{R}^+$ 与 $\{-1,1\}$ 都是 $\mathbf{R}^*$ 的正规子群. 显然 $\mathbf{R}^+\cap\{-1,1\}=\{1\}$. 又对任意的 $x\in\mathbf{R}^*$, 有

$$x=|x|\cdot\mathrm{sgn}(x)\in\mathbf{R}^+\cdot\{-1,1\},$$

所以 $\mathbf{R}^*=\mathbf{R}^+\cdot\{-1,1\}$. 于是由内直积的定义知, $\mathbf{R}^*$ 是 $\mathbf{R}^+$ 与 $\{-1,1\}$ 的内直积.

8. 设 $G=\mathbf{Z}_4\oplus\mathbf{Z}_4$, $H=\{(0,0),(2,0),(0,2),(2,2)\}$, $K=\langle(1,2)\rangle$. 问 G/H 是同构于 $\mathbf{Z}_4$ 还是 $\mathbf{Z}_2\oplus\mathbf{Z}_2$? G/K 同构于 $\mathbf{Z}_4$ 还是 $\mathbf{Z}_2\oplus\mathbf{Z}_2$?

解　易知, 商群 G/H 与 G/K 都是 4 阶群.

(1) 因为对任意的 $(a,b)\in G$, $2(a,b)=(2a,2b)\in H$, 所以 G/H 中除单位元外, 其余 3 个元素的阶都是 2, 所以 G/H 与 $\mathbf{Z}_2\oplus\mathbf{Z}_2$ 同构.

(2) $K=\langle(1,2)\rangle=\{(0,0),(1,2),(2,0),(3,2)\}$. 对 $(0,1)\in G$, 由于

$$(0,1),2(0,1),3(0,1)\notin K,$$

所以 $\overline{(0,1)}$ 在 G/K 中的阶为 4, 即 G/K 有 4 阶元素, 所以 G/K 为 4 阶循环群, 因此 G/K 与 $\mathbf{Z}_4$ 同构.

9. 设 $G=G_1\times G_2$. 证明: 存在 G 到 G_2 的同态映射 ϕ, 使 $\operatorname{Ker}\phi\cong G_1$, $\operatorname{Im}\phi=G_2$.

证明　令

$$\begin{aligned}\phi:\quad G&\longrightarrow G_2\\(a,\,b)&\longmapsto b,\quad\forall a\in G_1,b\in G_2.\end{aligned}$$

显然 ϕ 为 G 到 G_2 的映射.

对任意的 $(a,\,b),(c,\,d)\in G$, 有

$$\begin{aligned}\phi((a,\,b)(c,\,d))&=\phi(ac,\,bd)=bd\\&=\phi(a,\,b)\phi(c,\,d),\end{aligned}$$

所以 ϕ 为 G 到 G_2 的同态映射, 且

$$\operatorname{Im}\phi=\{b\,|\,(a,b)\in G\}=\{b\,|\,b\in G_2\}=G_2,$$
$$\operatorname{Ker}\phi=\{(a,b)\,|\,a\in G_1,b=e_2\}=\{(a,e_2)\,|\,a\in G_1\}\cong G_1.$$

10. 证明: 复数加群 $\mathbf{C}$ 同构于 $\mathbf{R}\oplus\mathbf{R}$.

证明　显然, $\mathbf{R}$ 与 $\mathbf{R}\mathrm{i}$ 都是 $\mathbf{C}$ 的子加群, 且 $\mathbf{R}\cap\mathbf{R}\mathrm{i}=\{0\}$. 又对任意的 $\alpha\in\mathbf{C}$, 存在 $a,b\in\mathbf{R}$, 使

$$\alpha=a+b\mathrm{i}\in\mathbf{R}+\mathbf{R}\mathrm{i}.$$

所以 $\mathbf{C}=\mathbf{R}+\mathbf{R}\mathrm{i}$, 因此 $\mathbf{C}$ 为 $\mathbf{R}$ 与 $\mathbf{R}\mathrm{i}$ 的内直积 (通常称为内直和). 又显然有 $\mathbf{R}\cong\mathbf{R}\mathrm{i}$, 从而由定理 2.4.5 知

$$\mathbf{C}\cong\mathbf{R}\oplus\mathbf{R}.$$

11. 证明 $U(8)$ 同构于 $\mathbf{Z}_2\oplus\mathbf{Z}_2$.

证明　$U(8)=\{1,3,5,7\}$. 令 $H=\langle 3\rangle$, $K=\langle 5\rangle$, 则

$$U(8)=HK,\quad 且\ H\cap K=\{1\},$$

所以 $U(8)$ 为 H 与 K 的内直积. 又显然有

$$H \cong \mathbf{Z}_2, \quad K \cong \mathbf{Z}_2,$$

所以

$$U(8) \cong \mathbf{Z}_2 \oplus \mathbf{Z}_2.$$

12. 证明 $U(15)$ 同构于 $U(3) \times U(5)$.

证明　$U(15) = \{1, 2, 4, 7, 8, 11, 13, 14\}$. 令 $H = \langle 11 \rangle$, $K = \langle 2 \rangle$, 则

$$U(15) = HK, \quad \text{且 } H \cap K = \{1\},$$

所以 $U(15)$ 为 H 与 K 的内直积. 又因为 H 与 $U(3)$ 都是阶为 2 的循环群, K 与 $U(5)$ 都是阶为 4 的循环群, 则有

$$H \cong U(3), \quad K \cong U(5),$$

所以

$$U(15) \cong U(3) \times U(5).$$

13. 证明定理 2.4.6.

证明　对 n 用数学归纳法.

(1) 当 $n = 2$ 时, 由定理 2.4.5 知结论成立.

(2) 假定结论对 $n-1$ 成立. 考察 G 是 n 个正规子群 $H_1, H_2, \cdots, H_n$ 的内直积的情形. 令 $K = H_1 H_2 \cdots H_{n-1}$, 则 K 为 G 的正规子群, $H_i (i = 1, 2, \cdots, n-1)$ 为 K 的正规子群. 从而由内直积的定义可得, G 为 K 与 H_n 的内直积, K 为正规子群 $H_1, H_2, \cdots, H_{n-1}$ 的内直积. 于是由定理 2.4.5 及归纳假设得

$$G \cong K \times H_n,$$
$$K \cong H_1 \times H_2 \times \cdots \times H_{n-1}.$$

因此

$$G \cong H_1 \times H_2 \times \cdots \times H_n.$$

14. 设 $G = G_1 \times G_2 \times \cdots \times G_n$, 每个 a_i 是 G_i 中的有限阶元素. 证明:

$$\operatorname{ord}(a_1, a_2, \cdots, a_n) = [\operatorname{ord} a_1, \operatorname{ord} a_2, \cdots, \operatorname{ord} a_n].$$

证明　记 $r = [\operatorname{ord} a_1, \operatorname{ord} a_2, \cdots, \operatorname{ord} a_n]$.

(1) $(a_1, a_2, \cdots, a_n)^r = (a_1^r, a_2^r, \cdots, a_n^r) = (e_1, e_2, \cdots, e_n)$.

(2) 设 $m \in \mathbf{Z}$, 使

$$(a_1, a_2, \cdots, a_n)^m = (e_1, e_2, \cdots, e_n),$$

则 $a_i^m = e_i (i = 1, 2, \cdots, n)$. 于是 $\operatorname{ord} a_i \mid m$, 所以 $r \mid m$. 由此得

$$\operatorname{ord}(a_1, a_2, \cdots, a_n) = [\operatorname{ord} a_1, \operatorname{ord} a_2, \cdots, \operatorname{ord} a_n].$$

15. 设 $G = H_1 H_2 \cdots H_n$ 是子群 H_1, $H_2, \cdots, H_n$ 的内直积. 证明:

(1) 对任意 $i \neq j$, H_i 中的元与 H_j 中的元可交换;

(2) 如果 $h_1 h_2 \cdots h_n = h_1' h_2' \cdots h_n'$, 其中 $h_i, h_i' \in H_i$ $(i = 1, 2, \cdots, n)$, 则对每个 i, 有 $h_i = h_i'$.

证明 (1) 设 $h_i \in H_i, h_j \in H_j$, 不妨设 $i < j$, 则

$$h_i h_j h_i^{-1} h_j^{-1} = h_i (h_j h_i^{-1} h_j^{-1}) \in H_i \subseteq H_1 H_2 \cdots H_{j-1},$$
$$h_i h_j h_i^{-1} h_j^{-1} = (h_i h_j h_i^{-1}) h_j^{-1} \in H_j,$$

所以

$$h_i h_j h_i^{-1} h_j^{-1} \in (H_1 H_2 \cdots H_{j-1}) \cap H_j = \{e\},$$

从而 $h_i h_j h_i^{-1} h_j^{-1} = e$, 由此得 $h_i h_j = h_j h_i$.

(2) 设 $h_1 h_2 \cdots h_n = h_1' h_2' \cdots h_n'$, 则

$$h_n' h_n^{-1} = h_1 (h_1')^{-1} h_2 (h_2')^{-1} \cdots h_{n-1} (h_{n-1}')^{-1} \in (H_1 H_2 \cdots H_{n-1}) \cap H_n = \{e\}.$$

从而 $h_n' h_n^{-1} = e$, 所以

$$h_n = h_n', \quad 且 h_1 h_2 \cdots h_{n-1} = h_1' h_2' \cdots h_{n-1}'.$$

对等式 $h_1 h_2 \cdots h_{n-1} = h_1' h_2' \cdots h_{n-1}'$ 进行同样的讨论, 又可得

$$h_{n-1} = h_{n-1}', \quad 且 h_1 h_2 \cdots h_{n-2} = h_1' h_2' \cdots h_{n-2}'.$$

以此类推, 最后可得 $h_i = h_i' (i = 1, 2, \cdots, n)$.

16. 假设 $G = G_1 \times G_2 \times \cdots \times G_n$. 证明: $C(G) = C(G_1) \times C(G_2) \times \cdots \times C(G_n)$.

证明 设 $a = (a_1, a_2, \cdots, a_n) \in C(G)$, 则对任意的 $x = (x_1, x_2, \cdots, x_n) \in G$, 由 $ax = xa$ 得 $a_i \in C(G_i), i = 1, 2, \cdots, n$, 因此

$$a = (a_1, a_2, \cdots, a_n) \in C(G_1) \times C(G_2) \times \cdots \times C(G_n).$$

另一方面, 设 $a=(a_1,a_2,\cdots,a_n)\in C(G_1)\times C(G_2)\times\cdots\times C(G_n)$, 则对任意的 $x=(x_1,x_2,\cdots,x_n)\in G$, 有

$$\begin{aligned}ax&=(a_1x_1,a_2x_2,\cdots,a_nx_2)\\&=(x_1a_1,x_2a_2,\cdots,x_na_n)\\&=xa.\end{aligned}$$

所以 $a=(a_1,a_2,\cdots,a_n)\in C(G)$. 因此

$$C(G)=C(G_1)\times C(G_2)\times\cdots\times C(G_n).$$

17. 在 $\mathbf{Z}_{12}\oplus\mathbf{Z}_4\oplus\mathbf{Z}_{15}$ 中求一个 9 阶子群.

解 $H=\langle 4\rangle\oplus\langle 0\rangle\oplus\langle 5\rangle$.

18. 证明：$D_6\cong D_3\times\mathbf{Z}_2$.

证明 将正六边形的顶点依次编号为 $1,2,3,4,5,6$, 此正六边形的对称变换群即为 D_6. 易知, D_6 的中心 $C(D_6)=\langle(1\ 4)(2\ 5)(3\ 6)\rangle\cong\mathbf{Z}_2$. 由此正六边形的标号为 $1,3,5$ 的三个顶点组成一个正三角形, 直接计算可得, 此正三角形的对称变换群 (作为 D_6 的子群) 为

$$H=\{(1),(1\ 3)(4\ 6),(1\ 5)(2\ 4),(2\ 6)(3\ 5),(1\ 3\ 5)(2\ 4\ 6),(1\ 5\ 3)(2\ 6\ 4)\}.$$

因此有

$$S_3=D_3\cong H.$$

因为 $|H|=6$, 所以 H 是 D_6 的正规子群, 而 $(1\ 4)(2\ 5)(3\ 6)\notin H$, 所以 $D_6=H\cdot C(D_6)$. 又显然有 $H\cap C(D_6)=\{(1)\}$, 所以 D_6 为 H 与 $C(D_6)$ 的内直积. 从而

$$D_6\cong H\times C(D_6)\cong D_3\times\mathbf{Z}_2.$$

19. 设 V 是 $\mathbf{R}$ 上的 n 维线性空间的加法群. 证明：

$$V\cong\underbrace{\mathbf{R}\oplus\mathbf{R}\oplus\cdots\oplus\mathbf{R}}_{n个}.$$

证明 设 V 是 $\mathbf{R}$ 上的 n 维线性空间, 则存在线性空间的同构

$$\phi:\quad V\cong\mathbf{R}^n.$$

由于线性空间的同构也保持加法运算, 所以 ϕ 也是加群之间的同构, 因此

$$\phi:\quad V\cong\mathbf{R}^n=\underbrace{\mathbf{R}\oplus\mathbf{R}\oplus\cdots\oplus\mathbf{R}}_{n个}.$$

20. 设 G_1, G_2, G_3 是群. 证明:

$$G_1 \times (G_2 \times G_3) \cong G_1 \times G_2 \times G_3 \cong (G_1 \times G_2) \times G_3.$$

证明　定义映射

$$\begin{aligned} \phi:\quad & G_1 \times (G_2 \times G_3) \longrightarrow G_1 \times G_2 \times G_3 \\ & (a_1, (a_2, a_3)) \quad \longmapsto \quad (a_1, a_2, a_3), \quad \forall a_i \in G_i, i = 1, 2, 3. \end{aligned}$$

(1) 显然 ϕ 是 $G_1 \times (G_2 \times G_3)$ 到 $G_1 \times G_2 \times G_3$ 的一一对应.

(2) 对任意的 $(a_1, (a_2, a_3)), (b_1, (b_2, b_3)) \in G_1 \times (G_2 \times G_3)$, 有

$$\begin{aligned} \phi((a_1, (a_2, a_3))(b_1, (b_2, b_3))) &= \phi(a_1 b_1, (a_2 b_2, a_3 b_3)) \\ &= (a_1 b_1, a_2 b_2, a_3 b_3) \\ &= (a_1, a_2, a_3)(b_1, b_2, b_3) \\ &= \phi(a_1, (a_2, a_3))\phi(b_1, (b_2, b_3)). \end{aligned}$$

所以 ϕ 为 $G_1 \times (G_2 \times G_3)$ 到 $G_1 \times G_2 \times G_3$ 的同构映射, 即

$$\phi : G_1 \times (G_2 \times G_3) \cong G_1 \times G_2 \times G_3.$$

类似地, 可证另一式.

习题 2-5　群在集合上的作用

1. 设 $X = \{1, 2, 3, 4, 5, 6, 7, 8\}$, G 是由 X 的六个置换

$$\begin{array}{ccc} (1), & (1\ 2\ 3)(4\ 5\ 6), & (1\ 3\ 2)(4\ 6\ 5), \\ (7\ 8), & (1\ 2\ 3)(4\ 5\ 6)(7\ 8), & (1\ 3\ 2)(4\ 6\ 5)(7\ 8) \end{array}$$

所组成的群.

(1) 写出 X 的各元素的稳定子和轨道;

(2) 写出 G 的各元素的不动元素.

解　X 的各元素的稳定子是

$S_1 = S_2 = S_3 = S_4 = S_5 = S_6 = \{(1), (7\ 8)\}$;

$S_7 = S_8 = \{(1), (1\ 2\ 3)(4\ 5\ 6), (1\ 3\ 2)(4\ 6\ 5)\}$.

X 的各元素的轨道是

$O_1 = O_2 = O_3 = \{1,\ 2,\ 3\}$;　$O_4 = O_5 = O_6 = \{4,\ 5,\ 6\}$;　$O_7 = O_8 = \{7,\ 8\}$.

G 的各元素的不动元素是

$F_{(1)} = X$;　$F_{(1\,2\,3)(4\,5\,6)} = F_{(1\,3\,2)(4\,6\,5)} = \{7, 8\}$;
$F_{(7\,8)} = \{1, 2, 3, 4, 5, 6\}$;　$F_{(1\,2\,3)(4\,5\,6)(7\,8)} = F_{(1\,3\,2)(4\,6\,5)(7\,8)} = \varnothing$.

2. 证明定理 2.5.2.

证明　对任意的 $g, h \in S_x$, $gx = x, hx = x$, 则

$$g^{-1}x = g^{-1}(gx) = (g^{-1}g)x = ex = x;$$
$$(gh)x = g(hx) = gx = x.$$

从而 $g^{-1}, gh \in S_x$, 所以 S_x 为 G 的子群.

3. 设群 G 在集合 X 上的作用是传递的. 证明: 如果 N 是 G 的正规子群, 则 X 在 N 作用下的每个轨道有同样多的元素.

证明　对任意的 $x, y \in X$, 设 O_x, O_y 分别表示 x, y 在 N 下的轨道. 由于 G 在集合 X 上的作用是传递的, 因此存在 $g \in G$, 使 $gx = y$. 令

$$\begin{aligned} \phi:\ & O_x \longrightarrow O_y \\ & hx \longmapsto ghg^{-1}y, \quad \forall\, h \in N. \end{aligned}$$

(1) 因为 N 是 G 的正规子群, 所以对任意的 $h \in N$, $ghg^{-1} \in N$, 因此 $ghg^{-1}y \in O_y$. 又如果 $h_1x = h_2x$, 则

$$gh_1g^{-1}y = gh_1g^{-1}(gx) = gh_1x = gh_2x = gh_2g^{-1}(gx) = gh_2g^{-1}y.$$

所以 ϕ 是 O_x 到 O_y 的映射.

(2) 设 $h_1x, h_2x \in O_x$. 如果 $\phi(h_1x) = \phi(h_2x)$, 即 $gh_1g^{-1}y = gh_2g^{-1}y$, 则 $gh_1x = gh_2x$, 于是 $h_1x = h_2x$. 所以 ϕ 是 O_x 到 O_y 的单映射.

(3) 对任意的 $hy \in O_y$, 其中 $h \in N$, 则 $g^{-1}hg \in N$, 从而 $g^{-1}hgx \in O_x$, 且

$$\phi(g^{-1}hgx) = g(g^{-1}hg)g^{-1}y = hy.$$

所以 ϕ 是 O_x 到 O_y 的满映射.

因此, ϕ 是 O_x 到 O_y 的一一对应, 从而 O_x 与 O_y 具有同样多的元素.

4. 设群 G 作用在集合 X 上, $x, y \in X$. 证明: 如果存在 $g \in G$, 使 $y = gx$, 则 $S_y = gS_xg^{-1}$.

证明　(1) 设 $a \in S_y$, 即 $ay = y$, 则

$$(g^{-1}ag)x = (g^{-1}ag)(g^{-1}y) = g^{-1}ay = g^{-1}y = x,$$

从而 $g^{-1}ag \in S_x$, 所以 $a = g(g^{-1}ag)g^{-1} \in gS_xg^{-1}$. 因此

$$S_y \subseteq gS_xg^{-1}.$$

(2) 设 $a \in S_x$, 即 $ax = x$, 则

$$(gag^{-1})y = (gag^{-1})(gx) = gax = gx = y,$$

从而 $gag^{-1} \in S_y$, 所以

$$gS_xg^{-1} \subseteq S_y.$$

由 (1), (2) 得 $S_y = gS_xg^{-1}$.

5. 计算正八面体的旋转变换群的元素的个数.

解　将正八面体的 6 个顶点记为 $1,2,3,4,5,6$, 则正八面体的每一个旋转变换都导致了集合

$$X = \{1,2,3,4,5,6\}$$

的一个变换. 这就定义了正八面体的旋转变换群 G 在 X 上的一个作用. 易知, $O_1 = X$, $|S_1| = 4$. 所以

$$|G| = |O_1||S_1| = 24.$$

6. 计算正十二面体的旋转变换群的元素的个数.

解　将正十二面体的 12 个面 (每个面都是正五边形) 依次记为 $1,2,3,\cdots,12$, 则正十二面体的每一个旋转变换都导致了集合

$$X = \{1,2,3,\cdots,12\}$$

的一个变换. 这就定义了正十二面体的旋转变换群 G 在 X 上的一个作用. 易知, $O_1 = X$, $|S_1| = 5$. 所以

$$|G| = |O_1||S_1| = 60.$$

7. 计算正二十面体的旋转变换群的元素的个数.

解　将正二十面体的 20 个面 (每个面都是正三角形) 依次记为 $1,2,3,\cdots,20$, 则正二十面体的每一个旋转变换都导致了集合

$$X = \{1,2,3,\cdots,20\}$$

的一个变换. 这就定义了正二十面体的旋转变换群 G 在 X 上的一个作用. 易知, $O_1 = X$, $|S_1| = 3$. 所以

$$|G| = |O_1||S_1| = 60.$$

8. 设 G 为群, H 是 G 的 m 阶子群, a 是 G 中一个取定的元素. 证明: G 中所有形如 $hah^{-1}(h \in H)$ 的元素的个数是 m 的因子.

证明　设 $X=G$. 对任意的 $h\in H, x\in G$, 规定

$$h(x)=hxh^{-1}.$$

易知, 此规定定义了子群 H 在 $X=G$ 上的 (共轭) 作用. 在此作用之下, G 中所有形如 $hah^{-1}(h\in H)$ 的元素组成 a 在 H 下的轨道 O_a, 因此有 $|O_a|\,\big|\,|H|$, 即得证.

如果有限群 G 的阶是某个素数 p 的方幂 $p^r(r\geqslant 1)$, 则称 G 是一个 p 群.

9. 证明: p 群 G 的非正规子群的个数一定是 p 的倍数. (提示: 考虑 G 在 G 的全体非正规子群所组成的集合上的共轭作用.)

证明　设 X 为 G 的全体非正规子群所组成的集合, 设 G 共轭作用于 X 上, 则

$$|X|=\sum_H|O_H|,$$

其中 H 取遍非正规子群的共轭类的代表元素. 由于 $|O_H|\,\big|\,|G|$, 而 G 为 p 群, 所以 $|O_H|$ 等于 p^r. 又因为 H 不是 G 的正规子群, 所以 $|O_H|>1$, 因此 $|O_H|=p^r(r>0)$. 由此得 $p\,\big|\,|X|$.

10. 证明 p 群基本定理 (西罗, 1872): p 群的中心 $C(G)$ 仍为 p 群.

证明　考察群方程

$$|G|=|C(G)|+\sum_x[G:C(x)],$$

其中 x 取遍非中心的元素的共轭类的代表元. 当 $x\notin C(G)$ 时, $|[G:C(x)]|>1$. 由于 G 是 p 群, 且 $[G:C(x)]\,\big|\,|G|$, 所以 $p\,\big|\,|[G:C(x)]|$. 由此得

$$p\big||C(G)|=|G|-\sum_x[G:C(x)].$$

11. 设 p 为素数. 证明: 任一 p^2 阶的群必为阿贝尔群.

证明　设 G 为 p^2 阶群, 则由上题所证, $|C(G)|=p$ 或 p^2. 倘若 G 不是阿贝尔群, 则 $|C(G)|=p$, 于是商群 $G/C(G)$ 为 p 阶群, 因此是循环群. 从而由习题 2-2 第 14 题知, G 为阿贝尔群, 与假设矛盾. 因此 G 必是阿贝尔群.

12. 设 G 是 $2n$ 阶的群, $2\nmid n$. 证明: G 有指数为 2 的正规子群. (提示: 将 G 左乘作用于集合 G 上, 并应用习题 1-6 第 24 题.)

证明　将 G 左乘作用于集合 G 上, 则 G 可以看成是 S_{2n} 的一个子群. 由于 $|G|=2n$, 因此 G 有 2 阶元 (习题 1-5 第 23 题). 设 a 是 G 的任何一个 2 阶元, 则 a 必可表示为一些互不相交的对换之积. 又因为 $a\neq e$, 所以对任意的 $x\in G$, 有 $ax\neq x$, 因此 a 一定是 n 个对换之积. 由于 n 为奇数, 所以 a 为奇置换. 从而由习

题 1-6 第 24 题与第 25 题知, G 有 n 个偶置换, 且此 n 个偶置换组成 G 的一个子群. 由于这个子群的阶为 n, 因此是 G 的指数为 2 的正规子群.

13. 用两种颜色给正方形的四个顶点着色, 如果允许四个顶点用同一种颜色, 则共有多少种不同的着色方法?

解　易知 $G = D_4$, $|X| = 2^4$, 则得下表:

群 G 的元素	不动元素数
(1)	16
(1 2 3 4)	2
(1 4 3 2)	2
(1 3)(2 4)	4
(1 2)(3 4)	4
(1 4)(2 3)	4
(1 3)	8
(2 4)	8

从而由公式 (2.5.3) 得

$$\begin{aligned} n &= \frac{1}{|G|}\sum_{g\in G}|F_g| \\ &= \frac{1}{8}(16+2\times 2+4\times 3+8\times 2) \\ &= 48\div 8 = 6. \end{aligned}$$

因此共有 6 种不同的着色方法.

14. 用 13 颗白色的珠子和 5 颗黑色的珠子可串成多少种不同的项链?

解　易知 $|X| = \mathrm{C}_{18}^5 = 8568$, 而

$$G = D_{18} = \{(1), \tau_i(i=1,2,\cdots,17), \eta_i, \sigma_i(i=1,2,\cdots,9)\},$$

其中 τ_i 为绕正十八边形的中心按逆时针方向旋转 $\dfrac{i\pi}{9}$ 的旋转, η_i 为关于正十八边形的对边中线的反射, σ_i 为关于正十八边形的过中心的对角线的反射. 由此可得下表:

群 G 的元素	不动元素数
(1)	C_{18}^5
τ_i	0
η_i	0
σ_i	$2\mathrm{C}_8^2$

从而由公式 (2.5.3) 得

$$
\begin{aligned}
n &= \frac{1}{|G|}\sum_{g\in G}|F_g| \\
&= \frac{1}{36}(\mathrm{C}_{18}^5 + 2\mathrm{C}_8^2 \times 9) \\
&= 9072 \div 36 = 252.
\end{aligned}
$$

所以可串成 252 种不同的手链.

15. 设有红、黄两种颜色的小珠子各 3 颗. 问：用它们可串成多少种不同的手链?

解 易知 $|X| = \mathrm{C}_6^3 = 20$,

$$G = D_6 = \{(1), \tau_i(i = 1, 2, \cdots, 5), \eta_i, \sigma_i(i = 1, 2, 3)\},$$

其中 τ_i 为绕正六边形的中心按逆时针方向旋转 $\dfrac{i\pi}{3}$ 的旋转, η_i 为关于正六边形的对边中线的反射, σ_i 为关于正六边形的过中心的对角线的反射. 由此可得下表:

群 G 的元素	不动元素数
(1)	20
τ_1, τ_5	0
τ_2, τ_4	2
τ_3	0
η_i	0
σ_i	4

从而由公式 (2.5.3) 得

$$
\begin{aligned}
n &= \frac{1}{|G|}\sum_{g\in G}|F_g| \\
&= \frac{1}{12}(20 + 2 \times 2 + 4 \times 3) \\
&= 36 \div 12 = 3.
\end{aligned}
$$

所以可串成 3 种不同的手链.

16. 如果红、黄、蓝三种颜色的小珠子各有 6 颗, 且每个手链由 6 颗珠子串成, 则可串成多少种不同的手链?

解 易知 $|X| = 3^6$,

$$G = D_6 = \{(1), \tau_i(i = 1, 2, \cdots, 5), \eta_i, \sigma_i(i = 1, 2, 3)\},$$

其中 τ_i 为绕正六边形的中心按逆时针方向旋转 $\dfrac{i\pi}{3}$ 的旋转, η_i 为关于正六边形的

对边中线的反射, σ_i 为关于正六边形的过中心的对角线的反射. 由此可得下表:

群 G 的元素	不动元素数
(1)	3^6
τ_1, τ_5	3
τ_2, τ_4	3^2
τ_3	3^3
η_i	3^3
σ_i	3^4

从而由公式 (2.5.3) 得

$$\begin{aligned} n &= \frac{1}{|G|}\sum_{g\in G}|F_g| \\ &= \frac{1}{12}(3^6+3\times 2+3^2\times 2+3^3+3^3\times 3+3^4\times 3) \\ &= 1104 \div 12 = 92. \end{aligned}$$

所以可串成 92 种不同的手链.

17. 如果红、黄、蓝三种颜色的小珠子分别有 3、4、5 颗, 且每个手链由 6 颗珠子串成, 则可串成多少种不同的手链?

解　只要在第 16 题的 92 种类型中, 去掉不属于本题要求的类型即可. 可能的情况有

红	6	5	5	4	4	4	1	0	0	0
黄	0	1	0	2	0	1	5	5	6	0
蓝	0	0	1	0	2	1	0	1	0	6
种数	1	1	1	3	3	3	1	1	1	1

所以可串成 76 种不同的手链.

18. 用红、黄两种颜色的同样大小正方形塑料板各 8 块, 可铺成多少种不同的大正方形塑料板? 假定小正方形塑料板两面颜色相同.

解　易知 $|X| = \mathrm{C}_{16}^8$, $G = D_4$. 由此可得下表:

群 G 的元素	不动元素数
(1)	C_{16}^8
(1 2 3 4)	C_4^2
(1 4 2 3)	C_4^2
(1 3)(2 4)	C_8^4
(1 2)(3 4)	C_8^4
(1 4)(2 3)	C_8^4
(1 3)	$\mathrm{C}_6^3\cdot\mathrm{C}_4^2+2\mathrm{C}_6^2$
(2 4)	$\mathrm{C}_6^3\cdot\mathrm{C}_4^2+2\mathrm{C}_6^2$

从而由公式 (2.5.3) 得

$$
\begin{aligned}
n &= \frac{1}{|G|}\sum_{g\in G}|F_g| \\
&= \frac{1}{8}(\mathrm{C}_{16}^{8} + \mathrm{C}_{4}^{2}\times 2 + \mathrm{C}_{8}^{4}\times 3 + (\mathrm{C}_{6}^{3}\cdot \mathrm{C}_{4}^{2} + 2\mathrm{C}_{6}^{2})\times 2) \\
&= 13392 \div 8 = 1674.
\end{aligned}
$$

因此可铺成 1674 种不同的大正方形塑料板.

下面的习题描述了群在集合上的作用与群同态之间的关系.

19. 设群 G 作用在集合 X 上. 证明：映射

$$
\begin{aligned}
\sigma:\ & G \longrightarrow S_X \\
& g \longmapsto \sigma_g, \quad 使\ \sigma_g(x) = g(x), \quad \forall x \in X
\end{aligned}
$$

为群 G 到 S_X 的同态映射. 称此同态映射为由群 G 在集合 X 上的作用所诱导出的同态.

证明　(1) 由于 G 是群, G 的每个元素 g 都是可逆的, 因此每个 σ_g 也都是可逆的 (σ_g 的逆就是 $\sigma_{g^{-1}}$), 所以 σ 是 G 到 S_X 的映射.

(2) 设 $g_1, g_2 \in G$, 则对任意的 $x \in X$, 有

$$
\begin{aligned}
\sigma(g_1g_2)(x) &= \sigma_{g_1g_2}(x) \\
&= (g_1g_2)(x) = g_1(g_2(x)) \\
&= \sigma_{g_1}(g_2(x)) = \sigma_{g_1}(\sigma_{g_2}(x)) \\
&= \sigma_{g_1}\sigma_{g_2}(x) \\
&= \sigma(g_1)\sigma(g_2)(x).
\end{aligned}
$$

因此 $\sigma(g_1g_2) = \sigma(g_1)\sigma(g_2)$, 所以 σ 是群 G 到 S_X 的同态映射.

20. 设 G 为群, X 是一个非空集合, σ 是群 G 到 S_X 的任一同态映射. 证明：对任意的 $g \in G$, $x \in X$,

$$g * x = \sigma(g)(x)$$

定义了群 G 在集合 X 上的一个作用.

证明　(1) 因为 σ 为 G 到 S_X 的同态映射, 所以对 G 中的单位元 e, $\sigma(e)$ 是 S_X 中的单位元, 于是对任意的 $x \in X$, 有

$$e * x = \sigma(e)(x) = x.$$

(2) 对任意的 $g_1, g_2 \in G$, 有

$$\begin{aligned}(g_1g_2) * x &= \sigma(g_1g_2)(x)\\ &= (\sigma(g_1)\sigma(g_2))(x)\\ &= \sigma(g_1)(\sigma(g_2)(x))\\ &= g_1 * (g_2 * x).\end{aligned}$$

所以 G 到 S_X 的同态映射 σ 定义了 G 在 X 上的一个作用.

习题 2-6　西 罗 定 理

1. 证明: 有限群 G 有唯一的 Sylow p 子群 P 的充分必要条件是 P 是 G 的正规子群.

证明　必要性　设 P 为群 G 的 Sylow p 子群, 则对任意的 $g \in G$, gPg^{-1} 仍是 G 的 Sylow p 子群. 由已知条件得 $gPg^{-1} = P$, 所以 P 为 G 的正规子群.

充分性　设 P 为 G 的正规子群, 则对 G 的任一 Sylow p 子群 P', 由西罗第二定理, 存在 g, 使

$$P' = gPg^{-1} = P,$$

所以 G 有唯一的 Sylow p 子群 P.

2. 设 P 是有限群 G 的 Sylow p 子群. 证明: P 是 $N(P)$ 中唯一的 Sylow p 子群, 且 $N(N(P)) = N(P)$.

证明　(1) 设 P 是 G 的 Sylow p 子群, 显然 P 也是 $N(P)$ 的 Sylow p 子群, 又因为 P 是 $N(P)$ 的正规子群, 所以由第 1 题知 P 是 $N(P)$ 中唯一的 Sylow p 子群.

(2) 对任意的 $g \in N(N(P))$, 有 $gN(P)g^{-1} = N(P)$, 于是

$$gPg^{-1} \subseteq gN(P)g^{-1} = N(P),$$

因此 gPg^{-1} 也是 $N(P)$ 的 Sylow p 子群, 由 (1) 所证得 $gPg^{-1} = P$, 所以 $g \in N(P)$. 由此即得 $N(N(P)) \subseteq N(P)$. 另一方面, 显然有 $N(P) \subseteq N(N(P))$, 所以 $N(P) = N(N(P))$.

以下, n_p 表示群 G 的 Sylow p 子群的个数.

3. 试求 S_4 的 Sylow 2 子群.

解　S_4 的 Sylow 2 子群为 S_4 的 8 阶子群. 由 $n_2 \mid 3$ 知, $n_2 = 1$ 或 3. 又因为 S_4 无 8 阶正规子群, 所以 $n_2 = 3$. 已知 D_4 为 S_4 的 8 阶子群, 因此 D_4 是 S_4 的一个 Sylow 2 子群, S_4 的另两个 Sylow 2 子群都与 D_4 共轭. 由此得 S_4 的 Sylow 2 子群为

(1) $D_4=\{(1),(1\ \ 3),(2\ \ 4),(1\ \ 2)(3\ \ 4),(1\ \ 3)(2\ \ 4),(1\ \ 4)(2\ \ 3),(1\ \ 2\ \ 3\ \ 4),(1\,4\,3\,2)\}$;

(2) $(1\ 2)D_4(1\ 2)=\{(1),(1\ 4),(2\ 3),(1\ 2)(3\ 4),(1\ 3)(2\ 4),(1\ 4)(2\ 3),(1\ 2\ 4\ 3),(1\,3\,4\,2)\}$;

(3) $(2\ 3)D_4(2\ 3)=\{(1),(1\ 2),(3\ 4),(1\ 2)(3\ 4),(1\ 3)(2\ 4),(1\ 4)(2\ 3),(1\ 3\ 2\ 4),(1\,4\,2\,3)\}$.

4. 试求 A_4 的 Sylow 2 子群.

解 A_4 的 Sylow 2 子群为 A_4 的 4 阶子群, 又因为 A_4 的 4 阶子群

$$K=\{(1),(1\,2)(3\,4),(1\,3)(2\,4),(1\,4)(2\,3)\}$$

为 A_4 的正规子群, 所以 A_4 有唯一的 Sylow 2 子群 K.

5. 设 G 是一个 21 阶的非循环群, 试问 G 有多少个 Sylow 3 子群?

解 由 $n_7\mid 3$, $n_3\mid 7$ 知, $n_7=1$, $n_3=1$ 或 7. 如果 $n_3=1$, 则由习题 2-2 第 23 题的推广知, G 为循环群, 与题设矛盾. 因此 $n_3=7$, 即 G 有 7 个 Sylow 3 子群.

6. S_5 有多少个 Sylow 5 子群? 试举出两个这样的子群.

解 $120=5\cdot 24$, 所以 S_5 的 Sylow 5 子群是 5 阶循环群. 又因为 $n_5=5t+1\mid 24$, 所以 $n_5=1$ 或 6. 易知

$$H=\langle(1\,2\,3\,4\,5)\rangle,\quad K=\langle(1\,2\,3\,5\,4)\rangle$$

为 S_5 的两个不同的 Sylow 5 子群, 所以 $n_5=6$.

7. 设 p 是素数. 证明: 如果有限群 G 的每一个元素的阶都是 p 的方幂, 则 G 是 p 群.

证明 倘若 G 不是 p 群, 则存在 $|G|$ 的素因子 $q\neq p$, 于是 G 有 Sylow q 子群 Q, 任取 $x\in Q, x\neq e$, 则 x 的阶为 $|Q|$ 的因子, 从而是 q 的方幂. 与题设矛盾. 因此 G 为 p 群.

8. 证明: 阶为 15 的群一定是循环群.

证明 由 $n_3=3t+1\mid 5$, $n_5=5s+1\mid 3$ 得, $n_3=1, n_5=1$. 从而 G 有唯一的 3 阶子群与 5 阶子群, 因此 G 是循环群 (习题 2-2 第 23 题).

9. 证明: 85 阶的群是循环群.

证明 $85=5\cdot 17$. 由 $n_5=5t+1\mid 17$, $n_{17}=17s+1\mid 5$ 得, $n_5=1, n_{17}=1$. 从而 G 有唯一的 5 阶子群与 17 阶子群, 因此 G 是循环群 (习题 2-2 第 23 题).

10. 证明: 175 阶的群一定是交换群. (提示: 利用习题 2-5 第 11 题的结论.)

证明 $175=5^2\cdot 7$. 由 $n_5=5t+1\mid 7$, $n_7=7s+1\mid 5^2$ 得, $n_5=n_7=1$. 从而 G 有唯一的 Sylow 5 子群 H 与 Sylow 7 子群 K, 因此 H, K 都是 G 的正规子群. 又

因为 $(5^2,7)=1$, 所以 $H\cap K=\{e\}$, 则对任意的 $h\in H, k\in K$, 有 $hk=kh$(见习题 2-2 第 12 题). 另一方面, $|H|=5^2$, $|K|=7$, 所以 H,K 都是交换群 (习题 2-5 第 11 题与习题 1-5 第 22 题), 而 $G=HK$, 因此 G 为交换群.

11. 设有限群 G 的阶数为 np, p 是素数, $n<p$. 证明: G 含有阶数为 p 的正规子群.

证明 因为 $n_p=pt+1\mid n$, 而 $p>n$, 所以 $n_p=1$, 于是 G 有唯一的 Sylow p 子群 P, 而 $|P|=p$. 从而 P 是 G 的阶数为 p 的正规子群.

12. 证明: 148 阶的群不是单群.

证明 $148=4\cdot 37$. 因为 37 为素数且 $37>4$, 从而由第 11 题知, G 含有阶数为 37 的正规子群. 所以 G 不是单群.

13. 证明: 56 阶群不是单群.

证明 $56=2^3\cdot 7$. 因为 $n_7=7t+1\mid 2^3$, $n_2=2s+1\mid 7$, 所以 $n_2=1$ 或 7, $n_7=1$ 或 8. 倘若 G 是单群, 则 $n_7=8$, $n_2=7$. 设 $P_1,P_2,\cdots,P_8$ 与 $Q_1,Q_2,\cdots,Q_7$ 分别是 G 的全体 Sylow 7 子群和 Sylow 2 子群. 由于 7 是素数, 因此 G 的任意两个 Sylow 7 子群仅有一个公共元素 e, 而

$$\left(\bigcup_{i=1}^{8}P_i\right)\bigcap\left(\bigcup_{i=1}^{7}Q_i\right)=\{e\},\quad \left|\bigcup_{i=1}^{7}Q_i\right|>8,$$

所以

$$\begin{aligned}56=|G|&\geqslant\left|\bigcup_{i=1}^{8}P_i\right|+\left|\bigcup_{i=1}^{7}Q_i\right|-1\\&>(6\cdot 8+1)+8-1=56.\end{aligned}$$

这是一个矛盾. 这个矛盾说明 56 阶群不是单群.

14. 证明: 255 阶群不是单群.

证明 $255=15\cdot 17$. 因为 17 为素数且 $17>15$, 从而由第 11 题知, G 含有阶数为 17 的正规子群. 所以 G 不是单群.

15. 试求所有阶为 99 的群.

证明 $99=3^2\cdot 11$. 由于 $n_{11}=11t+1\mid 9$, $n_3=3s+1\mid 11$, 所以 $n_{11}=n_3=1$, 从而 G 有唯一的 Sylow 3 子群 H 与唯一的 Sylow 11 子群 K, 因而 H,K 都是 G 的正规子群. 显然 $H\cap K=\{e\}$, 而

$$|HK|=\frac{|H|\cdot|K|}{|H\cap K|}=|H|\cdot|K|=99,$$

所以 G 为 H 与 K 的内直积, 因此

$$G\cong H\times K\cong H\times \mathbf{Z}_{11}.$$

另一方面, 由于 $|H| = 3^2$, 所以 H 为交换群. 如果 H 含有 9 阶元素, 则 $H \cong \mathbf{Z}_9$ 为循环群. 如果 H 不含有 9 阶元素, 则 H 中除单位元外, 其余元素的阶都是 3. 任取 H 中的一个非单位元 a, 令 $H_1 = \langle a \rangle$, 再取 $b \in H, b \notin H_1$, 令 $H_2 = \langle b \rangle$, 则 $H_1 \cap H_2 = \{e\}$, 从而 $H = H_1 H_2$, 所以 H 为 H_1 与 H_2 的内直积. 因此

$$H = H_1 \times H_2 \cong \mathbf{Z}_3 \times \mathbf{Z}_3.$$

综上所述, 可得

$$G \cong \mathbf{Z}_9 \times \mathbf{Z}_{11} \cong \mathbf{Z}_{99},$$

或

$$G \cong \mathbf{Z}_3 \times \mathbf{Z}_3 \times \mathbf{Z}_{11} \cong \mathbf{Z}_3 \times \mathbf{Z}_{33}.$$

因此, 从同构的观点看, 99 阶群只有两类, 即 $\mathbf{Z}_{99}$ 与 $\mathbf{Z}_3 \times \mathbf{Z}_{33}$.

16. 设 p, q 是两个素数. 证明: 任一 pq 阶群都不是单群.

证明 (1) 如果 $p = q$, 则 G 为交换群 (习题 2-5 第 11 题), 所以 G 有 p 阶子群 (习题 2-2 第 25 题), 因此 G 不是单群.

(2) 如果 $p \neq q$, 不妨设 $p > q$, 则由 $n_p = pt + 1 \mid q$, 得 $n_p = 1$, 所以 G 有唯一的 Sylow p 子群 P, 从而 P 为 G 的非平凡正规子群. 因此 G 也不是单群.

17. 设 p, q 是素数, 证明: 任一 $p^2 q$ 阶群都不是单群.

证明 (1) 如果 $p = q$, 则 G 为 p 群, 从而 G 有非平凡的中心 $C(G)$. 如果 $C(G) = G$, 则 G 为交换群, 从而 G 有 p 阶子群 (习题 2-2 第 25 题), 因此 G 不是单群. 如果 $C(G) \neq G$, 则 $C(G)$ 为 G 的非平凡正规子群, 因此 G 也不是单群.

(2) 如果 $p > q$, 则由 $n_p = pt + 1 \mid q$, 得 $n_p = 1$, 所以 G 有唯一的 Sylow p 子群 P, 从而 P 为 G 的非平凡正规子群. 因此 G 也不是单群.

(3) 如果 $q > p$, 则由 $n_q = qt + 1 \mid p^2$, 得 $n_q = 1$ 或 $n_q = qt + 1 = p^2$.

(a) 如果 $n_q = 1$ 或 $n_p = 1$, 则 G 有唯一的 Sylow q 子群或唯一的 Sylow p 子群, 从而 G 也不是单群.

(b) 如果 $n_q = p^2$ 且 $n_p = q$, 则 $q \mid (p-1)(p+1)$, 因此 $q \mid p + 1$. 由于 p, q 都是素数, 所以 $p = 2, q = 3$. 于是 $|G| = 12$, 且 $n_2 = 3$. 设 P_1, P_2, P_3 为 G 的三个 Sylow 2 子群, 则 G 在 $X = \{P_1, P_2, P_3\}$ 上的共轭作用给出了 G 到 S_X 的一个同态映射 ϕ. 因为 G 的三个 Sylow 2 子群互相共轭, 所以 $\operatorname{Ker}\phi \neq G$, 又因为 $|G| > |S_X|$, 所以 $\operatorname{Ker}\phi \neq \{e\}$, 因此 $\operatorname{Ker}\phi$ 为 G 的非平凡正规子群.

综上所述, 知 G 不是单群, 即得证.

18. 设 G 是 pq 阶群, 其中 p, q 是素数, $p < q$ 且 $p \nmid q - 1$. 证明: G 是循环群.

证明　$n_p = pt+1 \mid q$, $n_q = qs+1 \mid p$. 因为 $q > p$, 所以 $n_q = 1$, 又因为 $p \nmid q-1$, 所以 $n_p = 1$. 从而 G 有唯一的 Sylow p 子群与唯一的 Sylow q 子群, 因此 G 是循环群 (习题 2-2 第 23 题).

19. 设 p 为素数. 证明: 从同构的观点看, p^2 阶群只有两类: $\mathbf{Z}_{p^2}$ 或 $\mathbf{Z}_p \oplus \mathbf{Z}_p$.

证明　设 $|G| = p^2$, 则 G 为交换群. 如果 G 含有 p^2 阶元素, 则 G 为循环群, 因此 $G \cong \mathbf{Z}_{p^2}$. 如果 G 不含有 p^2 阶元素, 即 G 除单位元外, 其余元素的阶都是 p. 任取 G 中的一个非单位元 a, 令 $H = \langle a \rangle$, 再取 $b \in G, b \notin H$, 令 $K = \langle b \rangle$, 则 $H \cong \mathbf{Z}_p$, $K \cong \mathbf{Z}_p$. 易知 $H \cap K = \{e\}$, 从而

$$|HK| = \frac{|H| \cdot |K|}{|H \cap K|} = |H| \cdot |K| = pq = |G|.$$

所以 $G = HK$, 从而 G 为 H 与 K 的内直积. 因此

$$G = H \times K \cong \mathbf{Z}_p \oplus \mathbf{Z}_p.$$

这就证明了结论.

20. 设群 G 的阶数等于 $2n$, 其中 n 是奇素数. 证明: G 同构于 $\mathbf{Z}_{2n}$ 或 D_n.

证明　设 H, K 分别是 G 的一个 Sylow 2 子群和一个 Sylow n 子群, 则 $|H| = 2$, $|K| = n$, 因此 H 与 K 分别是 2 阶与 n 阶循环群 (习题 1-5 第 22 题). 设 $H = \langle b \rangle$, $K = \langle a \rangle$. 又因为 $[G : K] = 2$, 所以 K 为 G 的正规子群 (2.2 节例 5), 因此 K 是 G 的唯一 n 阶子群. 易知 $G = HK = \langle a, b \rangle$.

考察 $\operatorname{ord} ab$. 因为 $ab \notin K$, 所以 $\operatorname{ord} ab \neq n$, 从而 $\operatorname{ord} ab = 2n$ 或 $\operatorname{ord} ab = 2$.

(1) 如果 $\operatorname{ord} ab = 2n$, 则 $G = \langle ab \rangle \cong \mathbf{Z}_{2n}$.

(2) 如果 $\operatorname{ord} ab = 2$, 则 $(ba)^2 = e$, 从而 $bab = a^{-1}$. 于是 G 由元素 a, b 及关系式

$$a^n = b^2 = e, \quad bab = a^{-1}$$

所确定.

另一方面, 对于 D_n, 如果取 $\sigma = (1\ 2\ 3\ \cdots\ n)$, $\tau = (2\ n)(3\ n-1)\cdots\left(\frac{n+1}{2}\ \frac{n+3}{2}\right)$, 则

$$D_n = \langle \sigma, \tau \rangle,$$

且满足关系

$$\sigma^n = \tau^2 = (1), \quad \tau\sigma\tau = \sigma^{-1}.$$

所以 G 与 D_n 有一一对应的生成元及完全相同的定义关系, 因此有 $G \cong D_n$.

21. 证明: 如果有限群 G 的每一个 Sylow 子群都是 G 的正规子群, 则 G 是它的 Sylow 子群的直积.

证明　设 $|G| = p_1^{n_1} p_2^{n_2} \cdots p_s^{n_s}$ 是标准分解式. 由于 G 的每一个 Sylow 子群都是 G 的正规子群, 所以对每一个 p_i, G 有唯一的 Sylow p_i 子群 P_i, 且对任意的 $x \in P_i, y \in P_j, i \neq j$, 有

$$xy = yx.$$

(1) 设 $x \in (P_1 P_2 \cdots P_i) \cap P_{i+1}$, $1 \leqslant i \leqslant s-1$, 则

$$x^{p_1^{n_1} p_2^{n_2} \cdots p_i^{n_i}} = x^{p_{i+1}^{n_{i+1}}} = e.$$

由于 $(p_1^{n_1} p_2^{n_2} \cdots p_i^{n_i},\ p_{i+1}^{n_{i+1}}) = 1$, 所以 $x = e$. 因此得

$$(P_1 P_2 \cdots P_i) \cap P_{i+1} = \{e\}, \quad i = 1, 2, \cdots, s-1.$$

(2) 由于

$$\begin{aligned} |P_1 P_2 \cdots P_s| &= \frac{|P_1 P_2 \cdots P_{s-1}| \cdot |P_s|}{|(P_1 P_2 \cdots P_{s-1}) \cap P_s|} \\ &= |P_1 P_2 \cdots P_{s-1}| \cdot |P_s| \\ &= |P_1 P_2 \cdots P_{s-2}| \cdot |P_{s-1}| \cdot |P_s| = \cdots \\ &= |P_1| \cdot |P_2| \cdots |P_s| \\ &= p_1^{n_1} p_2^{n_2} \cdots p_s^{n_s} = |G|, \end{aligned}$$

所以

$$G = P_1 P_2 \cdots P_s.$$

由 (1),(2) 知, G 为 P_1, P_2, $\cdots$, P_s 的内直积.

第 3 章　环

习题 3-1　环的定义与基本性质

1. 判别下列集合 S 关于所给运算是否构成环:

(1) $r \oplus s = 2(r+s)$, $r * s = rs$, $S = \mathbf{R}$;

(2) $r \oplus s = 2rs$, $r * s = rs$, $S = \mathbf{R} - \{0\}$;

(3) $r \oplus s = rs$, $r * s = rs$, $S = \mathbf{R}^+$.

解　(1) 否 (加法结合律不成立);

(2) 否 (乘法对加法的分配律不成立);

(3) 否 (乘法对加法的分配律不成立).

2. 证明：由所有形如

$$\begin{pmatrix} 0 & 0 \\ x & y \end{pmatrix}, \quad x, y \in \mathbf{R}$$

的矩阵组成的集合关于矩阵的加法与乘法构成一个无单位元的环.

证明　用 R 表示这一集合.

(1) 对任意的 $A = \begin{pmatrix} 0 & 0 \\ a & b \end{pmatrix}, B = \begin{pmatrix} 0 & 0 \\ c & d \end{pmatrix} \in R$, 有

$$A + B = \begin{pmatrix} 0 & 0 \\ a+c & b+d \end{pmatrix}, \quad AB = \begin{pmatrix} 0 & 0 \\ bc & bd \end{pmatrix} \in R,$$

所以矩阵的加法与乘法是 R 的代数运算.

(2) 加法结合律与交换律成立 (因为矩阵的加法满足结合律与交换律).

(3) 零矩阵 $0 \in R$, 且对任意的 $A \in R$, 有

$$A + 0 = 0 + A = A,$$

所以零矩阵 0 为加法的零元.

(4) 对任意的 $A \in R$, 有 $-A \in R$, 且

$$A + (-A) = (-A) + A = 0,$$

所以 R 中的每个元素在 R 中都有负元.

(5) 乘法结合律成立 (因为矩阵的乘法满足结合律).

(6) 乘法对加法的两个分配律成立 (因为矩阵的乘法对加法的两个分配律成立).

所以 R 关于矩阵的加法与乘法构成一个环.

(7) 由于对任意的 $x, y \in \mathbf{R}$, 有

$$\begin{pmatrix} 0 & 0 \\ 1 & 0 \end{pmatrix}\begin{pmatrix} 0 & 0 \\ x & y \end{pmatrix} = \begin{pmatrix} 0 & 0 \\ 0 & 0 \end{pmatrix} \neq \begin{pmatrix} 0 & 0 \\ 1 & 0 \end{pmatrix},$$

因此 R 中无单位元.

所以 R 关于矩阵的加法与乘法构成一个无单位元的环.

3. 设 F 为数域, V 为数域 F 上的 $n(n \geqslant 2)$ 维线性空间. V 上全体线性变换组成的集合记为 $\mathrm{End}_F(V)$. 证明: $\mathrm{End}_F(V)$ 关于线性变换的加法与乘法构成一个有单位元的非交换环.

证明　由线性代数可知

(1) 由于 V 的两个线性变换的和与积仍是 V 的线性变换, 因此线性变换的加法与乘法是 $\mathrm{End}_F(V)$ 的代数运算.

(2) 线性变换的加法满足结合律与交换律.

(3) 零变换 $\mathcal{O}$ 是加法的零元.

(4) 对线性变换 $\mathcal{A}$, $-\mathcal{A}$ 是 V 的线性变换, 且

$$\mathcal{A} + (-\mathcal{A}) = (-\mathcal{A}) + \mathcal{A} = \mathcal{O},$$

所以 $\mathrm{End}_F(V)$ 中每个元素都有负元.

(5) 恒等变换 $\mathcal{E}$ 是线性变换, 且对任一线性变换 $\mathcal{A}$, 有

$$\mathcal{E}\mathcal{A} = \mathcal{A}\mathcal{E} = \mathcal{A},$$

所以恒等变换是线性变换的乘法单位元.

(6) 线性变换的乘法满足结合律.

(7) 当 $n \geqslant 2$ 时, 线性变换的乘法不满足交换律.

(8) 线性变换的乘法对加法满足两个分配律.

所以 $\mathrm{End}_F(V)$ 关于线性变换的加法与乘法构成一个有单位元的非交换环.

4. 证明: 集合

$$\mathbf{Z}[\sqrt{3}\,] = \{a + b\sqrt{3} \mid a, b \in \mathbf{Z}\}$$

关于通常数的加法与乘法构成一个有单位元的交换环.

证明　(1) 对任意的 $\alpha = a + b\sqrt{3}, \beta = c + d\sqrt{3} \in \mathbf{Z}[\sqrt{3}\,]$, 有

$$\alpha + \beta = (a + c) + (b + d)\sqrt{3} \in \mathbf{Z}[\sqrt{3}\,],$$
$$\alpha \cdot \beta = (ac + 3bd) + (ad + bc)\sqrt{3} \in \mathbf{Z}[\sqrt{3}\,],$$

所以数的加法与乘法是 $\mathbf{Z}[\sqrt{3}\,]$ 的代数运算.

(2) 加法满足结合律与交换律 (因为数的加法满足结合律与交换律).

(3) $0=0+0\sqrt{3}\in\mathbf{Z}[\sqrt{3}]$, 显然 0 是 $\mathbf{Z}[\sqrt{3}]$ 的加法零元.

(4) 对任意的 $\alpha=a+b\sqrt{3}\in\mathbf{Z}[\sqrt{3}]$, $-\alpha=-a-b\sqrt{3}\in\mathbf{Z}[\sqrt{3}]$, 显然 $-\alpha$ 是 α 在 $\mathbf{Z}[\sqrt{3}]$ 中的负元.

(5) 乘法满足结合律与交换律 (因为数的乘法满足结合律与交换律).

(6) $1=1+0\sqrt{3}\in\mathbf{Z}[\sqrt{3}]$, 显然 1 是 $\mathbf{Z}[\sqrt{3}]$ 的单位元.

(7) 乘法对加法满足分配律 (因为数的乘法对加法满足分配律).

所以 $\mathbf{Z}[\sqrt{3}]$ 关于通常数的加法与乘法构成一个有单位元的交换环.

5. 设 $(R,+)$ 是一个加群. 定义 R 上的乘法运算为

$$a\cdot b=0,\quad \forall a,b\in R.$$

证明: R 关于加法和乘法构成一个环.

证明　(1) $(R,+)$ 是一个加群.

(2) 显然, 如此定义的乘法是 R 的代数运算.

(3) 对任意的 $x,y,z\in R$, 有

$$(xy)\cdot z=0=x\cdot(yz),$$

所以乘法满足结合律.

(4) 对任意的 $x,y,z\in R$, 有

$$x(y+z)=0=xy+xz,$$

$$(y+z)x=0=yx+yz,$$

所以乘法对加法的两个分配律成立.

因此 R 关于加法和乘法构成一个环 (这显然是一个交换环).

6. 证明: 全体实函数的集合 $\mathcal{F}(\mathbf{R})$ 关于函数的加法与乘法构成一个有单位元的交换环.

证明　(1) 由于两个实函数的和与积仍是一个实函数, 所以实函数的加法与乘法是 $\mathcal{F}(\mathbf{R})$ 的代数运算.

(2) 实函数的加法满足结合律与交换律.

(3) 零函数 $f_0: x\mapsto 0(x\in\mathbf{R})$ 是实函数, 且对任意的实函数 h, 有

$$(h+f_0)(x)=h(x)+f_0(x)+=h(x)+0=h(x),\quad x\in\mathbf{R},$$

所以 $h+f_0=h$. 因此零函数 f_0 是 $\mathcal{F}(\mathbf{R})$ 的加法零元.

(4) 对任意的实函数 f, 令 $-f: x\mapsto -f(x)(x\in\mathbf{R})$, 则 $-f$ 也是实函数, 且

$$(f+(-f))(x)=f(x)+(-f(x))=0=f_0(x),\quad x\in\mathbf{R},$$

所以 $f+(-f)=f_0$. 因此 $\mathcal{F}(\mathbf{R})$ 中每个元素都有负元.

(5) 实函数的乘法满足结合律与交换律.

(6) 幺函数 $f_1: x \mapsto 1(x \in \mathbf{R})$ 是实函数, 且对任意的实函数 h, 有

$$(hf_1)(x)=(f_1h)(x)=f_1(x)h(x)=1\cdot h(x)=h(x), \quad x\in\mathbf{R},$$

所以 $hf_1=h$. 因此 f_1 是 $\mathcal{F}(\mathbf{R})$ 的单位元.

(7) 实函数的乘法对加法满足分配律.

所以 $\mathcal{F}(\mathbf{R})$ 关于函数的加法与乘法构成一个有单位元的交换环.

注　这里的实函数是指定义在全体实数上的函数, 这里讲的实函数的乘法不是函数的复合.

7. 设 R 是一个交换环. $M_n(R)$ 表示 R 上的全体 n 阶方阵的集合. 与数域的情况一样可定义 $M_n(R)$ 中的矩阵的加法和乘法运算. 证明: $M_n(R)$ 关于这两种运算构成一个环.

证明　(1) 对任意的

$$A=\begin{pmatrix} a_{11} & a_{12} & \cdots & a_{1n} \\ a_{21} & a_{22} & \cdots & a_{2n} \\ \vdots & \vdots & & \vdots \\ a_{n1} & a_{n2} & \cdots & a_{nn} \end{pmatrix}, \quad B=\begin{pmatrix} b_{11} & b_{12} & \cdots & b_{1n} \\ b_{21} & b_{22} & \cdots & b_{2n} \\ \vdots & \vdots & & \vdots \\ b_{n1} & b_{n2} & \cdots & b_{nn} \end{pmatrix} \in M_n(R),$$

规定

$$A+B=\begin{pmatrix} a_{11}+b_{11} & a_{12}+b_{12} & \cdots & a_{1n}+b_{1n} \\ a_{21}+b_{21} & a_{22}+b_{22} & \cdots & a_{2n}+b_{2n} \\ \vdots & \vdots & & \vdots \\ a_{n1}+b_{n1} & a_{n2}+b_{n2} & \cdots & a_{nn}+b_{nn} \end{pmatrix},$$

$$AB=\begin{pmatrix} c_{11} & c_{12} & \cdots & c_{1n} \\ c_{21} & c_{22} & \cdots & c_{2n} \\ \vdots & \vdots & & \vdots \\ c_{n1} & c_{n2} & \cdots & c_{nn} \end{pmatrix}, \quad c_{ij}=\sum_{k=1}^{n} a_{ik}b_{kj}.$$

显然, 如此规定的加法与乘法是 $M_n(R)$ 的代数运算.

以下, $(A)_{ij}$ 表示矩阵 A 的第 i 行 j 列位置上的元素.

(2) 对任意的

$$A=\begin{pmatrix} a_{11} & a_{12} & \cdots & a_{1n} \\ a_{21} & a_{22} & \cdots & a_{2n} \\ \vdots & \vdots & & \vdots \\ a_{n1} & a_{n2} & \cdots & a_{nn} \end{pmatrix}, \quad B=\begin{pmatrix} b_{11} & b_{12} & \cdots & b_{1n} \\ b_{21} & b_{22} & \cdots & b_{2n} \\ \vdots & \vdots & & \vdots \\ b_{n1} & b_{n2} & \cdots & b_{nn} \end{pmatrix} \in M_n(R),$$

$$(A+B)_{ij}=a_{ij}+b_{ij}=b_{ij}+a_{ij}=(B+A)_{ij},$$

于是 $A+B=B+A$, 所以加法交换律成立.

(3) 对任意的

$$A=\begin{pmatrix} a_{11} & a_{12} & \cdots & a_{1n} \\ a_{21} & a_{22} & \cdots & a_{2n} \\ \vdots & \vdots & & \vdots \\ a_{n1} & a_{n2} & \cdots & a_{nn} \end{pmatrix}, \quad B=\begin{pmatrix} b_{11} & b_{12} & \cdots & b_{1n} \\ b_{21} & b_{22} & \cdots & b_{2n} \\ \vdots & \vdots & & \vdots \\ b_{n1} & b_{n2} & \cdots & b_{nn} \end{pmatrix},$$

$$C=\begin{pmatrix} c_{11} & c_{12} & \cdots & c_{1n} \\ c_{21} & c_{22} & \cdots & c_{2n} \\ \vdots & \vdots & & \vdots \\ c_{n1} & c_{n2} & \cdots & c_{nn} \end{pmatrix}\in M_n(R),$$

$$\begin{aligned}((A+B)+C)_{ij}&=(a_{ij}+b_{ij})+c_{ij}\\&=a_{ij}+(b_{ij}+c_{ij})\\&=(A+(B+C))_{ij},\end{aligned}$$

于是 $(A+B)+C=A+(B+C)$, 所以加法结合律成立.

(4) 零矩阵 $0=\begin{pmatrix} 0 & 0 & \cdots & 0 \\ 0 & 0 & \cdots & 0 \\ \vdots & \vdots & & \vdots \\ 0 & 0 & \cdots & 0 \end{pmatrix}\in M_n(R)$, 对任意的 $A\in M_n(R)$, 有

$$(A+0)_{ij}=(0+A)_{ij}=0+a_{ij}=a_{ij}=(A)_{ij},$$

于是 $A+0=0+A=A$, 所以零矩阵为加法的零元.

(5) 对任意的 $A=\begin{pmatrix} a_{11} & a_{12} & \cdots & a_{1n} \\ a_{21} & a_{22} & \cdots & a_{2n} \\ \vdots & \vdots & & \vdots \\ a_{n1} & a_{n2} & \cdots & a_{nn} \end{pmatrix}\in M_n(R)$, 有

$$-A=\begin{pmatrix} -a_{11} & -a_{12} & \cdots & -a_{1n} \\ -a_{21} & -a_{22} & \cdots & -a_{2n} \\ \vdots & \vdots & & \vdots \\ -a_{n1} & -a_{n2} & \cdots & -a_{nn} \end{pmatrix}\in M_n(R),$$

且显然有

$$(A+(-A))_{ij}=((-A)+A)_{ij}=-a_{ij}+a_{ij}=0=(0)_{ij},$$

于是 $A+(-A)=(-A)+A=0$. 所以 $M_n(R)$ 中每个元素都有负元.

(6) 对任意的

$$A=\begin{pmatrix} a_{11} & a_{12} & \cdots & a_{1n} \\ a_{21} & a_{22} & \cdots & a_{2n} \\ \vdots & \vdots & & \vdots \\ a_{n1} & a_{n2} & \cdots & a_{nn} \end{pmatrix}, \quad B=\begin{pmatrix} b_{11} & b_{12} & \cdots & b_{1n} \\ b_{21} & b_{22} & \cdots & b_{2n} \\ \vdots & \vdots & & \vdots \\ b_{n1} & b_{n2} & \cdots & b_{nn} \end{pmatrix},$$

$$C=\begin{pmatrix} c_{11} & c_{12} & \cdots & c_{1n} \\ c_{21} & c_{22} & \cdots & c_{2n} \\ \vdots & \vdots & & \vdots \\ c_{n1} & c_{n2} & \cdots & c_{nn} \end{pmatrix} \in M_n(R),$$

$$\begin{aligned} ((AB)C)_{ij} &= \sum_{l=1}^{n}\left(\sum_{k=1}^{n} a_{ik}b_{kl}\right)c_{lj} \\ &= \sum_{k=1}^{n} a_{ik}\left(\sum_{l=1}^{n} b_{kl}c_{lj}\right) \\ &= (A(BC))_{ij}, \end{aligned}$$

于是 $(AB)C=A(BC)$, 所以乘法结合律成立.

(7) 对任意的

$$A=\begin{pmatrix} a_{11} & a_{12} & \cdots & a_{1n} \\ a_{21} & a_{22} & \cdots & a_{2n} \\ \vdots & \vdots & & \vdots \\ a_{n1} & a_{n2} & \cdots & a_{nn} \end{pmatrix}, \quad B=\begin{pmatrix} b_{11} & b_{12} & \cdots & b_{1n} \\ b_{21} & b_{22} & \cdots & b_{2n} \\ \vdots & \vdots & & \vdots \\ b_{n1} & b_{n2} & \cdots & b_{nn} \end{pmatrix},$$

$$C=\begin{pmatrix} c_{11} & c_{12} & \cdots & c_{1n} \\ c_{21} & c_{22} & \cdots & c_{2n} \\ \vdots & \vdots & & \vdots \\ c_{n1} & c_{n2} & \cdots & c_{nn} \end{pmatrix} \in M_n(R),$$

$$\begin{aligned} ((A+B)C)_{ij} &= \sum_{k=1}^{n}(a_{ik}+b_{ik})c_{kj} \\ &= \sum_{k=1}^{n} a_{ik}c_{kj} + \sum_{k=1}^{n} b_{ik}c_{kj} \\ &= (AC)_{ij} + (BC)_{ij}, \end{aligned}$$

$$\begin{aligned}(C(A+B))_{ij}&=\sum_{k=1}^{n}c_{ik}(a_{kj}+b_{kj})\\&=\sum_{k=1}^{n}c_{ik}a_{kj}+\sum_{k=1}^{n}c_{ik}b_{kj}\\&=(CA)_{ij}+(CB)_{ij},\end{aligned}$$

于是 $(A+B)C=AC+BC, C(A+B)=CA+CB$, 所以乘法对加法的两个分配律成立.

因此 $M_n(R)$ 关于矩阵的这两种运算构成一个环.

注　如果 R 有单位元 e, 则单位矩阵

$$E_n=\begin{pmatrix}e&0&\cdots&0\\0&e&\cdots&0\\\vdots&\vdots&&\vdots\\0&0&\cdots&e\end{pmatrix}$$

是 $M_n(R)$ 的单位元.

8. 设 R 是一个交换环. 令 $R[x]=\{a_0+a_1x+\cdots+a_nx^n\mid a_0,a_1,a_2,\cdots,a_n\in R\}$ 是系数在 R 上的一元多项式的集合. 按通常多项式的加法和乘法定义 $R[x]$ 中的加法和乘法. 证明: $R[x]$ 按这样规定的运算构成一个交换环.

证明　(1) 显然, 多项式的加法与乘法是 $R[x]$ 的代数运算.

(2) 对任意的 $f(x)=a_0+a_1x+\cdots+a_nx^n$, $g(x)=b_0+b_1x+\cdots+b_nx^n\in R[x]$, 有

$$f(x)+g(x)=(a_0+b_0)+(a_1+b_1)x+\cdots+(a_n+b_n)x^n=g(x)+f(x),$$

所以加法交换律成立.

(3) 对任意的 $f(x)=a_0+a_1x+\cdots+a_nx^n$, $g(x)=b_0+b_1x+\cdots+b_nx^n$, $h(x)=c_0+c_1x+\cdots+c_nx^n\in R[x]$, 有

$$\begin{aligned}(f(x)+g(x))+h(x)&=(a_0+b_0+c_0)+(a_1+b_1+c_1)x+\cdots+(a_n+b_n+c_n)x^n\\&=f(x)+(g(x)+h(x)),\end{aligned}$$

所以加法结合律成立.

(4) 零多项式 $0=0+0x+\cdots+0x^n\in R[x]$, 且任意的 $f(x)=a_0+a_1x+\cdots+a_nx^n\in R[x]$, 有

$$f(x)+0=a_0+a_1x+\cdots+a_nx^n=f(x),$$

所以零多项式为加法的零元.

(5) 对任意的 $f(x)=a_0+a_1x+\cdots+a_nx^n\in R[x]$, 令 $-f(x)=(-a_0)+(-a_1)x+\cdots+(-a_n)x^n\in R[x]$, 则

$$f(x)+(-f(x))=(-a_0+a_0)+(-a_1+a_1)x+\cdots+(-a_n+a_n)x^n=0,$$

所以 $R[x]$ 中每个元素都有负元.

(6) 对任意的 $f(x)=a_0+a_1x+\cdots+a_nx^n$, $g(x)=b_0+b_1x+\cdots+b_mx^m\in R[x]$, 有

$$\begin{aligned}f(x)g(x)&=\sum_{l=0}^{m+n}\left(\sum_{i+j=l}a_ib_j\right)x^l\\&=\sum_{l=0}^{m+n}\left(\sum_{i+j=l}b_ja_i\right)x^l=g(x)f(x),\end{aligned}$$

所以乘法交换律成立.

(7) 对任意的 $f(x)=a_0+a_1x+\cdots+a_nx^n$, $g(x)=b_0+b_1x+\cdots+b_mx^m$, $h(x)=c_0+c_1x+\cdots+c_rx^r\in R[x]$, 有

$$\begin{aligned}(f(x)g(x))h(x)&=\sum_{s=0}^{n+m}\sum_{i+j=s}a_ib_jx^s\sum_{k=0}^{r}c_kx^k\\&=\sum_{l=0}^{n+m+r}\left(\sum_{s+k=l}\left(\sum_{i+j=s}a_ib_j\right)c_k\right)x^l\\&=\sum_{l=0}^{n+m+r}\left(\sum_{i+j+k=l}a_ib_jc_k\right)x^l,\\f(x)(g(x)h(x))&=\sum_{i=0}^{n}a_ix^i\sum_{s=0}^{m+r}\left(\sum_{j+k=s}b_jc_k\right)x^s\\&=\sum_{l=0}^{n+m+r}\left(\sum_{i+s=l}\left(a_i\sum_{j+k=s}b_jc_k\right)\right)x^l\\&=\sum_{l=0}^{n+m+r}\left(\sum_{i+j+k=l}a_ib_jc_k\right)x^l,\end{aligned}$$

于是 $(f(x)g(x))h(x)=f(x)(g(x)h(x))$, 所以乘法结合律成立.

(8) 对任意的 $f(x)=a_0+a_1x+\cdots+a_nx^n$, $g(x)=b_0+b_1x+\cdots+b_nx^n$,

$h(x) = c_0 + c_1 x + \cdots + c_m x^m \in R[x]$, 有

$$\begin{aligned}(f(x)+g(x))h(x) &= \sum_{i=0}^{n}(a_i+b_i)x^i \sum_{j=0}^{m} c_j x^j \\ &= \sum_{l=0}^{n+m}\left(\sum_{i+j=l}(a_i+b_i)c_j\right)x^l \\ &= \sum_{l=0}^{n+m}\left(\sum_{i+j=l}(a_ic_j+b_ic_j)\right)x^l \\ &= \sum_{l=0}^{n+m}\left(\sum_{i+j=l}a_ic_j\right)x^l + \sum_{l=0}^{n+m}\left(\sum_{i+j=l}b_ic_j\right)x^l \\ &= f(x)h(x)+g(x)h(x),\end{aligned}$$

同理可证 $h(x)(f(x)+g(x)) = h(x)f(x) + h(x)g(x)$, 所以乘法对加法的两个结合律成立.

因此 $R[x]$ 关于多项式的这两种运算构成一个交换环.

注 如果 R 有单位元 e, 则 e 也是 $R[x]$ 的单位元.

9. 证明: 如果环 R 有单位元, 则 R 的单位元是唯一的.

证明 设 e_1 与 e_2 都是 R 的单位元, 则

$$\begin{aligned}e_1 &= e_1e_2 \qquad (\text{将 } e_2 \text{ 看作单位元}) \\ &= e_2, \qquad (\text{将 } e_1 \text{ 看作单位元})\end{aligned}$$

所以 R 的单位元是唯一的.

10. 设 R 是有单位元的环, $a \in R$. 证明: 如果 a 可逆, 则 a 的逆元是唯一的.

证明 设 a_1 与 a_2 都是 a 的逆元, e 是 R 的单位元, 则

$$\begin{aligned}a_1 &= ea_1 = (a_2a)a_1 \qquad (\text{将 } a_2 \text{ 看作 } a \text{ 的逆元}) \\ &= a_2(aa_1) = a_2e \qquad (\text{将 } a_1 \text{ 看作 } a \text{ 的逆元}) \\ &= a_2,\end{aligned}$$

所以 a 的逆元是唯一的.

11. 设 R 是有单位元的环. 证明: 环 R 的可逆元全体 $U(R)$ 关于环 R 的乘法构成群.

证明 (1) 设 e 是 R 的单位元, 则 $e \in U(R)$, 所以 $U(R)$ 非空.

(2) 显然 e 是 $U(R)$ 的单位元.

(3) 对任意的 $u \in U(R)$, 它的逆元 u^{-1} 也是可逆的, 所以 $u^{-1} \in U(R)$, 因此 $U(R)$ 中的每个元素在 R 中都可逆.

(4) 设 $u, v \in U(R)$, 则 $u^{-1}, v^{-1} \in U(R)$, 于是

$$uv(v^{-1}u^{-1}) = e = (v^{-1}u^{-1})uv.$$

所以 $uv \in U(R)$, 因此 $U(R)$ 关于环 R 的乘法封闭.

(5) 因为环 R 的乘法满足结合律, 所以 $U(R)$ 关于乘法也满足结合律.

因此 $U(R)$ 关于环的乘法构成群.

12. 设 R 是有单位元 e 的环. 证明: 对任何的 $a \in R$, 有 $(-e) \cdot a = -a$.

证明　因为

$$(-e)a + a = (-e)a + ea = (-e+e)a = 0a = 0,$$

所以 $(-e)a$ 为 a 的负元, 即 $(-e)a = -a$.

13. 证明环 R 中乘法对于减法的分配律, 即对任意的 $a, b, c \in R$,

(1) $a(b-c) = ab - ac$; (2) $(b-c)a = ba - ca$.

证明　(1) $a(b-c) = a(b-c)+(ac-ac) = (a(b-c)+ac)-ac = a(b-c+c)-ac = ab - ac$.

(2) $(b-c)a = (b-c)a+(ca-ca) = ((b-c)a+ca)-ca = (b-c+c)a-ca = ba-ca$.

14. 证明环 R 的移项法则, 即对任意的 $a, b, c \in R$, 有

$$a + b = c \Longleftrightarrow a = c - b.$$

证明　$\Longrightarrow$　如果 $a + b = c$, 则 $a = (a+b) - b = c - b$.

$\Longleftarrow$　如果 $a = c - b$, 则 $a + b = (c-b) + b = c$.

15. 证明: 在交换环中牛顿二项式公式成立, 即对任意的 $a, b \in R, n \in \mathbf{N}$,

$$(a+b)^n = \sum_{k=0}^{n} \mathrm{C}_n^k a^{n-k} b^k.$$

上式中, 我们约定 $a^n b^0 = a^n$, $a^0 b^n = b^n$.

证明　对 n 用数学归纳法.

(1) 当 $n = 1$ 时, 结论显然成立.

(2) 假定结论对 $n-1$ 成立, 则

$$\begin{aligned}(a+b)^n &= (a+b)(a+b)^{n-1} \\ &= (a+b)\left(\sum_{k=0}^{n-1} \mathrm{C}_{n-1}^k a^{n-1-k} b^k\right)\end{aligned}$$

$$
\begin{aligned}
&= \sum_{k=0}^{n-1} \mathrm{C}_{n-1}^{k} a^{n-k} b^{k} + \sum_{k=0}^{n-1} \mathrm{C}_{n-1}^{k} a^{n-1-k} b^{k+1} \\
&= \sum_{k=0}^{n-1} \mathrm{C}_{n-1}^{k} a^{n-k} b^{k} + \sum_{k=1}^{n} \mathrm{C}_{n-1}^{k-1} a^{n-k} b^{k} \\
&= a^{n} + \sum_{k=1}^{n-1} \mathrm{C}_{n-1}^{k} a^{n-k} b^{k} + \sum_{k=1}^{n-1} \mathrm{C}_{n-1}^{k-1} a^{n-k} b^{k} + b^{n} \\
&= a^{n} + \sum_{k=1}^{n-1} (\mathrm{C}_{n-1}^{k} + \mathrm{C}_{n-1}^{k-1}) a^{n-k} b^{k} + b^{n} \\
&= a^{n} + \sum_{k=1}^{n-1} \mathrm{C}_{n}^{k} a^{n-k} b^{k} + b^{n} \\
&= \sum_{k=0}^{n} \mathrm{C}_{n}^{k} a^{n-k} b^{k}.
\end{aligned}
$$

从而由数学归纳法原理知结论成立.

16. 试举出一个有限的非交换环的例子; 举一个没有单位元的无限的非交换环的例子.

解　(1) $M_2(\mathbf{Z}_2)$ 是一个有限的非交换环.

(2) $M_2(2\mathbf{Z})$ 是一个没有单位元的无限的非交换环.

17. 指出下列集合中哪些是 $M_2(\mathbf{R})$ 的子环?

(1) $S = \left\{ \begin{pmatrix} 0 & b \\ c & d \end{pmatrix} \middle| \, b, c, d \in \mathbf{R} \right\}$;

(2) $S = \left\{ \begin{pmatrix} a & 0 \\ c & d \end{pmatrix} \middle| \, a, c, d \in \mathbf{R} \right\}$;

(3) $S = GL_2(\mathbf{R})$;

(4) $S = \left\{ \begin{pmatrix} a & b \\ b & a \end{pmatrix} \middle| \, a, b \in \mathbf{R} \right\}$.

解　(1) 不是子环 (S 关于乘法不封闭).

(2) 是子环 (S 关于减法与乘法封闭).

(3) 不是子环 (S 关于加法不封闭).

(4) 是子环 (S 关于减法与乘法封闭).

18. 设 $\mathcal{F}(\mathbf{R})$ 为全体实函数关于函数的加法与乘法所构成的环. 问下列子集中哪些是 $\mathcal{F}(\mathbf{R})$ 的子环?

(1) $S = \{f \in \mathcal{F}(\mathbf{R}) \mid f(1) = 0\}$;

(2) $S = \{f \in \mathcal{F}(\mathbf{R}) \mid f(1) = 0$ 或 $f(0) = 0\}$;

(3) $S = \{f \in \mathcal{F}(\mathbf{R}) \mid f(2) \neq 0\}$;

(4) $S=\{f\in\mathcal{F}(\mathbf{R})\,|\,f(3)=f(4)\}$.

解 (1) 是子环 (S 关于减法与乘法封闭).

(2) 不是子环 (S 关于加法不封闭).

(3) 不是子环 (S 关于加法不封闭).

(4) 是子环 (S 关于减法与乘法封闭).

19. 设 $R=\{2^n\cdot m\mid m,n\in\mathbf{Z}\}$.

(1) 证明 R 是有理数域 $\mathbf{Q}$ 的子环;

(2) 求 R 的单位群.

(1) **证明** 显然 $R\subseteq\mathbf{Q}$. 对任意的 $2^{n_1}m_1, 2^{n_2}m_2\in R$, 令 $n=\min\{n_1,n_2\}$, 则 $2^{n_1-n}, 2^{n_2-n}\in\mathbf{Z}$, 于是

$$2^{n_1}m_1-2^{n_2}m_2=2^n(2^{n_1-n}m_1-2^{n_2-n}m_2)\in R,$$
$$2^{n_1}m_1\cdot 2^{n_2}m_2=2^{n_1+n_2}m_1m_2\in R,$$

所以 R 是有理数域 $\mathbf{Q}$ 的子环.

(2) **解** 易知, $U(R)=\{\pm 2^n\mid n\in\mathbf{Z}\}$.

20. 设

$$R=\left\{\begin{pmatrix}a & b\\ 0 & 0\end{pmatrix}\,\middle|\,a,b\in\mathbf{R}\right\},\quad S=\left\{\begin{pmatrix}a & 0\\ 0 & 0\end{pmatrix}\,\middle|\,a\in\mathbf{R}\right\}.$$

(1) 证明: R 关于矩阵的加法和乘法构成环且 S 为 R 的子环.

(2) 问: R 有单位元吗? S 有单位元吗?

(1) **证明** 对任意的 $A=\begin{pmatrix}a & b\\ 0 & 0\end{pmatrix}, B=\begin{pmatrix}c & d\\ 0 & 0\end{pmatrix}\in R$, 有

$$A-B=\begin{pmatrix}a-c & b-d\\ 0 & 0\end{pmatrix}\in R,$$
$$A\cdot B=\begin{pmatrix}ac & ad\\ 0 & 0\end{pmatrix}\in R,$$

所以 R 为 $M_2(\mathbf{R})$ 的子环, 因此是一个环.

显然 $S\subseteq R$. 对任意的 $A=\begin{pmatrix}a & 0\\ 0 & 0\end{pmatrix}, B\begin{pmatrix}b & 0\\ 0 & 0\end{pmatrix}\in S$, 有

$$A-B=\begin{pmatrix}a-b & 0\\ 0 & 0\end{pmatrix}\in S,$$
$$A\cdot B=\begin{pmatrix}ab & 0\\ 0 & 0\end{pmatrix}\in S,$$

所以 S 为 R 的子环.

(2) **解** 因为对任意的 $\begin{pmatrix} a & b \\ 0 & 0 \end{pmatrix} \in R$, 有

$$\begin{pmatrix} 0 & 1 \\ 0 & 0 \end{pmatrix} \cdot \begin{pmatrix} a & b \\ 0 & 0 \end{pmatrix} = \begin{pmatrix} 0 & 0 \\ 0 & 0 \end{pmatrix} \neq \begin{pmatrix} 0 & 1 \\ 0 & 0 \end{pmatrix},$$

所以 R 中无单位元.

直接验证可知, $\begin{pmatrix} 1 & 0 \\ 0 & 0 \end{pmatrix}$ 是 S 的单位元. 所以 S 是有单位元的环.

21. 证明：环 R 的任意多个子环的交还是子环.

证明 设 $\{R_i \mid i \in I\}$ 为环 R 的一簇子环, 对任意的 $x, y \in \bigcap\limits_{i\in I} R_i$, 有 $x, y \in R_i (i \in I)$, 于是

$$x - y,\ xy \in R_i, \quad \forall i \in I.$$

因此

$$x - y,\ xy \in \bigcap_{i\in I} R_i.$$

所以 $\bigcap\limits_{i\in I} R_i$ 是 R 的子环.

22. 证明：一个具有素数个元素的环是交换环.

证明 设 $|R| = p$(p 为素数), 则 $(R,\ +)$ 为循环群. 于是存在 $a \in R$, 使

$$R = \{na \mid n \in \mathbf{Z}\}.$$

从而对任意的 $x = na, y = ma \in R$, $m, n \in \mathbf{Z}$, 有

$$xy = (na)(ma) = (nm)a^2 = (ma)(na) = yx,$$

所以 R 是交换群.

23. 设 X 是一个非空集合, $\mathcal{P}(X)$ 是 X 的幂集. 规定

$$A + B = (A - B) \cup (B - A), \quad A \cdot B = A \cap B, \quad A, B \in \mathcal{P}(X).$$

证明：$\mathcal{P}(X)$ 关于所定义的运算构成有单位元的交换环.

证明 (1) 题中所规定的运算显然都是 $\mathcal{P}(X)$ 的代数运算.

(2) 对任意的 $A, B \in \mathcal{P}(X)$, 有

$$A + B = (A - B) \cup (B - A) = (B - A) \cup (A - B) = B + A,$$
$$A \cdot B = A \cap B = B \cap A = B \cdot A,$$

所以加法与乘法都满足交换律.

(3) 对任意的 $A, B, C \in \mathcal{P}(X)$, 有

$$\begin{aligned}(A+B)+C &= (A-B\cup C)\cup(B-A\cup C)\cup(C-A\cup B)\cup(A\cap B\cap C)\\ &= A+(B+C),\\ (A\cdot B)\cdot C &= (A\cap B)\cap C = A\cap(B\cap C)\\ &= A\cdot(B\cdot C),\end{aligned}$$

所以加法与乘法都满足结合律.

(4) 对任意的 $A \in \mathcal{P}(X)$, 有

$$\varnothing + A = (\varnothing - A)\cup(A-\varnothing) = \varnothing\cup A = A,$$

所以空集 $\varnothing$ 为加法的零元.

(5) 对任意的 $A \in \mathcal{P}(X)$, 有

$$A + A = (A-A)\cup(A-A) = \varnothing,$$

即 A 的负元为 A, 所以 $\mathcal{P}(X)$ 的每个元素都有负元.

(6) 对任意的 $A \in \mathcal{P}(X)$, 有

$$\begin{aligned}X\cdot A &= X\cap A = A,\\ A\cdot X &= A\cap X = A,\end{aligned}$$

所以 X 为 $\mathcal{P}(X)$ 的单位元.

(7) 对任意的 $A, B, C \in \mathcal{P}(X)$, 有

$$\begin{aligned}(A+B)\cdot C &= (A\cap C)\cup(B\cap C)-(A\cap B\cap C)\\ &= (A\cdot C)+(B\cdot C).\end{aligned}$$

因为乘法交换律成立, 所以也有 $C\cdot(A+B) = C\cdot A + C\cdot B$, 因此乘法对加法满足结合律.

所以 $\mathcal{P}(X)$ 关于所定义的运算构成有单位元的交换环.

24. 求环 $M_2(\mathbf{Z}_2)$ 中的所有可逆元.

解 $M_2(\mathbf{Z}_2)$ 中的可逆元有如下 6 个:

$$\begin{pmatrix}1&0\\1&1\end{pmatrix},\quad \begin{pmatrix}1&0\\0&1\end{pmatrix},\quad \begin{pmatrix}1&1\\0&1\end{pmatrix},$$
$$\begin{pmatrix}1&1\\1&0\end{pmatrix},\quad \begin{pmatrix}0&1\\1&1\end{pmatrix},\quad \begin{pmatrix}0&1\\1&0\end{pmatrix}.$$

25. 求环 $M_2(\mathbf{Z}_4)$ 中的所有可逆元.

解　令

$$\begin{aligned}\phi:\ U(M_2(\mathbf{Z}_4)) &\longrightarrow U(M_2(\mathbf{Z}_2))\\ \begin{pmatrix} a & b\\ c & d\end{pmatrix} &\longmapsto \begin{pmatrix} a & b\\ c & d\end{pmatrix}.\end{aligned}$$

可以证明, ϕ 为 $U(M_2(\mathbf{Z}_4))$ 到 $U(M_2(\mathbf{Z}_2))$ 满同态. 于是由群同态基本定理得

$$\overline{\phi}: U(M_2(\mathbf{Z}_4))/\operatorname{Ker}\phi \cong U(M_2(\mathbf{Z}_2)).$$

容易算出, $\operatorname{Ker}\phi$ 由下列 16 个矩阵组成:

$$\begin{pmatrix} 1 & 0\\ 0 & 1\end{pmatrix},\ \begin{pmatrix} -1 & 0\\ 0 & 1\end{pmatrix},\ \begin{pmatrix} 1 & 0\\ 0 & -1\end{pmatrix},\ \begin{pmatrix} -1 & 0\\ 0 & -1\end{pmatrix},$$

$$\begin{pmatrix} 1 & 2\\ 0 & 1\end{pmatrix},\ \begin{pmatrix} -1 & 2\\ 0 & 1\end{pmatrix},\ \begin{pmatrix} 1 & 2\\ 0 & -1\end{pmatrix},\ \begin{pmatrix} -1 & 2\\ 0 & -1\end{pmatrix},$$

$$\begin{pmatrix} 1 & 0\\ 2 & 1\end{pmatrix},\ \begin{pmatrix} -1 & 0\\ 2 & 1\end{pmatrix},\ \begin{pmatrix} 1 & 0\\ 2 & -1\end{pmatrix},\ \begin{pmatrix} -1 & 0\\ 2 & -1\end{pmatrix},$$

$$\begin{pmatrix} 1 & 2\\ 2 & 1\end{pmatrix},\ \begin{pmatrix} -1 & 2\\ 2 & 1\end{pmatrix},\ \begin{pmatrix} 1 & 2\\ 2 & -1\end{pmatrix},\ \begin{pmatrix} -1 & 2\\ 2 & -1\end{pmatrix}.$$

所以环 $M_2(\mathbf{Z}_4)$ 共有 $16\cdot 6=96$ 个可逆矩阵. 如果令 S 为由下列 6 个矩阵 (它们在 ϕ 下的象就是 $M_2(\mathbf{Z}_2)$ 中的 6 个可逆矩阵) 所组成的集合:

$$\begin{pmatrix} 1 & 0\\ 1 & 1\end{pmatrix},\ \begin{pmatrix} 1 & 0\\ 0 & 1\end{pmatrix},\ \begin{pmatrix} 1 & 1\\ 0 & 1\end{pmatrix},$$
$$\begin{pmatrix} 1 & 1\\ 1 & 0\end{pmatrix},\ \begin{pmatrix} 0 & 1\\ 1 & 1\end{pmatrix},\ \begin{pmatrix} 0 & 1\\ 1 & 0\end{pmatrix},$$

则将 S 中的 6 个矩阵与 $\operatorname{Ker}\phi$ 中的 16 个矩阵一一相乘, 就得到 $M_2(\mathbf{Z}_4)$ 的所有 96 个可逆矩阵, 即

$$U(M_2(\mathbf{Z}_4))=\{AB \mid A\in S, B\in \operatorname{Ker}\phi\}.$$

26. 求全矩阵环 $M_n(\mathbf{R})$ 的中心.

解　因为与所有 n 阶矩阵可交换的矩阵只能是 n 阶数量矩阵, 所以

$$C(M_n(\mathbf{R}))=\{aE \mid a\in \mathbf{R}\},$$

其中 E 为单位矩阵.

27. 假设 $R_1,R_2,\cdots,R_n$ 都是包含非零元的环. 证明: 直和 $R=R_1\oplus R_2\oplus\cdots\oplus R_n$ 有单位元的充要条件是每个 R_i 都有单位元.

证明 必要性 设 $e=(u_1,u_2,\cdots,u_n)$ 为 R 的单位元, 则对任意 $x_i\in R_i(i=1,2,\cdots,n)$, 由

$$e(x_1,x_2,\cdots,x_n)=(x_1,x_2,\cdots,x_n)=(x_1,x_2,\cdots,x_n)e,$$

得 $u_ix_i=x_iu_i=x_i(i=1,2,\cdots,n)$, 所以 u_i 为 R_i 的单位元 $(i=1,2,\cdots,n)$.

充分性 设 e_i 为 R_i 的单位元 $(i=1,2,\cdots,n)$. 由于每个 R_i 都是非零环, 所以 $e_i\neq 0_i$. 直接验证可知, $e=(e_1,e_2,\cdots,e_n)$ 就是 R 的单位元.

28. 设 R 为有 n 个元素的有限环, S 为 R 的子环, $|S|=m$. 证明: $m\,|\,n$.

证明 由于 S 为 R 的子环, 所以 $(S,+)$ 为 $(R,+)$ 的子群, 因此 $m\mid n$.

*29. 设 R 是有单位元 e 的环, $a\in R$. 证明: 如果存在唯一的 $b\in R$, 使 $ab=e$, 则 a 为 R 的单位.

证明 只要证 $ba=e$. 令 $b'=ba-e+b\in R$, 则

$$ab'=a(ba-e+b)=aba-a+ab=a-a+e=e.$$

由题设得 $ba-e+b=b$, 所以 $ba=e$, 因此 a 可逆, 即 a 为 R 的单位.

*30. 设 R 是有单位元 e 的环, $a,b\in R$. 证明: 如果 $e-ab$ 可逆, 则 $e-ba$ 也可逆.

证明 设 $c=(e-ab)^{-1}$, 则

$$\begin{aligned}e-ba&=e-bc(e-ab)a\\&=e-bca+bcaba\\&=e-bca(e-ba).\end{aligned}$$

从而

$$(e+bca)(e-ba)=e.$$

又因为

$$\begin{aligned}(e-ba)(e+bca)&=e-ba+bca-babca\\&=e-ba+b(e-ab)ca\\&=e-ba+ba=e,\end{aligned}$$

所以 $e-ba$ 可逆, 且

$$(e-ba)^{-1}=e+bca=e+b(e-ab)^{-1}a.$$

*31. 设 R 是有单位元 e 的环, $a,b\in R$.

(1) 证明: 如果 a, b, $a+b$ 都可逆, 则 $a^{-1}+b^{-1}$ 也可逆;

(2) 求 $(a^{-1}+b^{-1})^{-1}$.

(1) **证明**　因为

$$a^{-1}+b^{-1}=a^{-1}(b+a)b^{-1}=a^{-1}(a+b)b^{-1},$$

所以 $a^{-1}+b^{-1}$ 可逆.

(2) **解**　$(a^{-1}+b^{-1})^{-1}=b(a+b)^{-1}a$.

*32. (华罗庚恒等式) 设 R 是有单位元 e 的环, $a,b\in R$ 且 a, b, $ab-e$ 都可逆. 证明: $a-b^{-1}$, $(a-b^{-1})^{-1}-a^{-1}$ 都可逆, 且 $((a-b^{-1})^{-1}-a^{-1})^{-1}=aba-a$.

证明　由于

$$a-b^{-1}=(ab-e)b^{-1},$$

所以 $a-b^{-1}$ 可逆, 且

$$(a-b^{-1})^{-1}=b(ab-e)^{-1}.$$

从而

$$\begin{aligned}(a-b^{-1})^{-1}-a^{-1}&=b(ab-e)^{-1}-a^{-1}\\&=a^{-1}(ab-(ab-e))(ab-e)^{-1}\\&=a^{-1}(ab-e)^{-1}.\end{aligned}$$

因此

$$((a-b^{-1})^{-1}-a^{-1})^{-1}=(ab-e)a=aba-a.$$

习题 3-2　整环、域与除环

1. 举例说明, 一个环的左零因子不一定是右零因子.

解　考察集合

$$S=\left\{\begin{pmatrix}a&0\\b&0\end{pmatrix}\ \middle|\ a,b\in\mathbf{R}\right\}.$$

对任意的 $A=\begin{pmatrix}a&0\\b&0\end{pmatrix},B=\begin{pmatrix}c&0\\d&0\end{pmatrix}\in S$, 有

$$A-B=\begin{pmatrix}a-c&0\\b-d&0\end{pmatrix}\in S,\quad AB=\begin{pmatrix}ac&0\\bc&0\end{pmatrix}\in S,$$

所以 S 为矩阵环 $M_2(\mathbf{R})$ 的子环, 从而 S 为一个环. 又因为对 $\begin{pmatrix}1&0\\0&0\end{pmatrix},\begin{pmatrix}0&0\\1&0\end{pmatrix}\in S$, 有

$$\begin{pmatrix}1&0\\0&0\end{pmatrix}\begin{pmatrix}0&0\\1&0\end{pmatrix}=0,$$

且对任意的 $\begin{pmatrix} a & 0 \\ b & 0 \end{pmatrix} \neq 0$, 有

$$\begin{pmatrix} a & 0 \\ b & 0 \end{pmatrix}\begin{pmatrix} 1 & 0 \\ 0 & 0 \end{pmatrix} = \begin{pmatrix} a & 0 \\ b & 0 \end{pmatrix} \neq 0,$$

所以 $\begin{pmatrix} 1 & 0 \\ 0 & 0 \end{pmatrix}$ 是 S 的左零因子而非右零因子.

2. 证明集合

$$\mathbf{Z}[\theta] = \{a + b\theta \mid a, b \in \mathbf{Z}\}, \quad \theta = \frac{1}{2} + \frac{1}{2}\sqrt{-3}$$

关于通常的数的运算构成一个整环, 并求出 $\mathbf{Z}[\theta]$ 的所有单位.

证明 对任意的 $\alpha = a + b\theta, \beta = c + d\theta \in \mathbf{Z}[\theta]$(其中 $a, b, c, d \in \mathbf{Z}$), 有

$$\begin{aligned} \alpha - \beta &= (a - c) + (b - d)\theta \in \mathbf{Z}[\theta], \\ \alpha\beta &= (ac - bd) + (ad + bc + bd)\theta \in \mathbf{Z}[\theta], \end{aligned}$$

所以 $\mathbf{Z}[\theta]$ 为 $\mathbf{C}$ 的一个子环. 又因为 $\mathbf{C}$ 中无零因子, 从而 $\mathbf{Z}[\theta]$ 也无零因子, 又 $\mathbf{Z}[\theta]$ 有单位元 $1 = 1 + 0 \cdot \theta$, 因此 $\mathbf{Z}[\theta]$ 是一个整环.

容易算出, $\mathbf{Z}[\theta]$ 有下列 6 个单位:

$$1, \quad \theta = \frac{1}{2} + \frac{1}{2}\sqrt{-3}, \quad \theta^2 = -\frac{1}{2} + \frac{1}{2}\sqrt{-3}, \quad \theta^3 = -1, \quad \theta^4 = -\frac{1}{2} - \frac{1}{2}\sqrt{-3}, \quad \theta^5 = \frac{1}{2} - \frac{1}{2}\sqrt{-3}.$$

3. 证明集合

$$\mathbf{Z}[\sqrt{5}\,] = \{a + b\sqrt{5} \mid a, b \in \mathbf{Z}\}$$

关于通常数的加法与乘法构成整环, 并找出 $\mathbf{Z}[\sqrt{5}]$ 的两个不等于 ± 1 的单位.

证明 对任意的 $\alpha = a + b\sqrt{5}, \beta = c + d\sqrt{5} \in \mathbf{Z}[\sqrt{5}]$(其中 $a, b, c, d \in \mathbf{Z}$), 有

$$\begin{aligned} \alpha - \beta &= (a - c) + (b - d)\sqrt{5} \in \mathbf{Z}[\sqrt{5}], \\ \alpha\beta &= (ac + 5bd) + (ad + bc)\sqrt{5} \in \mathbf{Z}[\sqrt{5}], \end{aligned}$$

所以 $\mathbf{Z}[\sqrt{5}]$ 为 $\mathbf{C}$ 的一个子环. 又因为 $\mathbf{C}$ 中无零因子, 从而 $\mathbf{Z}[\sqrt{5}]$ 也无零因子, 又 $1 \in \mathbf{Z}[\sqrt{5}\,]$, 因此 $\mathbf{Z}[\sqrt{5}]$ 是一个整环.

直接验证可知, 对任意的整数 n, $\pm(2 \pm \sqrt{5})^n$ 都是 $\mathbf{Z}[\sqrt{5}]$ 的单位.

4. 证明集合

$$\mathbf{Q}[\sqrt[3]{2}\,] = \{a + b\sqrt[3]{2} + c\sqrt[3]{4} \mid a, b, c \in \mathbf{Q}\}$$

关于通常数的加法与乘法构成域.

证明　对任意的 $\alpha = x + y\sqrt[3]{2} + z\sqrt[3]{4}, \beta = u + v\sqrt[3]{2} + w\sqrt[3]{4} \in \mathbf{Q}[\sqrt[3]{2}]$(其中 $x, y, z, u, v, w \in \mathbf{Z}$), 有

$$\alpha - \beta = (x-u) + (y-v)\sqrt[3]{2} + (z-w)\sqrt[3]{4} \in \mathbf{Q}[\sqrt[3]{2}],$$
$$\alpha\beta = (xu + 2yw + 2zv) + (xv + yu + 2zw)\sqrt[3]{2} + (xw + yv + zu)\sqrt[3]{4} \in \mathbf{Q}[\sqrt[3]{2}],$$

所以 $\mathbf{Q}[\sqrt[3]{2}]$ 为 $\mathbf{C}$ 的一个子环. 又对任意的 $a + b\sqrt[3]{2} + c\sqrt[3]{4} \in \mathbf{Q}[\sqrt[3]{2}]$(其中 a, b, c 是不全为零的有理数), 有

$$\left(a + b\sqrt[3]{2} + c\sqrt[3]{4}\right)^{-1} = \frac{(a^2 - 2bc) + (2c^2 - ab)\sqrt[3]{2} + (b^2 - ac)\sqrt[3]{4}}{a^3 + 2b^3 + 4c^3 - 6abc} \in \mathbf{Q}[\sqrt[3]{2}],$$

即 $\mathbf{Q}[\sqrt[3]{2}]$ 中每个非零元在 $\mathbf{Q}[\sqrt[3]{2}]$ 中都可逆, 所以 $\mathbf{Q}[\sqrt[3]{2}]$ 关于通常数的加法与乘法构成一个域.

注　参见 5.3 节例 5, 这个例子介绍了求 $\left(a + b\sqrt[3]{2} + c\sqrt[3]{4}\right)^{-1}$ 的几种方法.

5. 有理数集 $\mathbf{Q}$ 关于下列运算:

$$a \oplus b = a + b - 1,$$
$$a * b = a + b - ab,$$

是否构成域?

解　是. 证明如下:

(1) 对任意的 $a, b \in \mathbf{Q}$, 有

$$a \oplus b = a + b - 1 = b + a - 1 = b \oplus a,$$
$$a * b = a + b - ab = b + a - ba = b * a,$$

所以 $\mathbf{Q}$ 关于运算 $\oplus$ 与 $*$ 满足交换律.

(2) 对任意的 $a, b, c \in \mathbf{Q}$, 有

$$\begin{aligned}(a \oplus b) \oplus c &= (a + b - 1) \oplus c \\ &= (a + b - 1) + c - 1 \\ &= a + (b + c - 1) - 1 \\ &= a \oplus (b \oplus c),\end{aligned}$$

$$\begin{aligned}(a * b) * c &= (a + b - ab) * c \\ &= a + b - ab + c - ac - bc + abc \\ &= a * (b + c - bc) \\ &= a * (b * c),\end{aligned}$$

所以 $\mathbf{Q}$ 关于运算 $\oplus$ 与 $*$ 满足结合律.

(3) 对任意的 $a \in \mathbf{Q}$, 有

$$1 \oplus a = 1 + a - 1 = a,$$

所以 1 为 $\mathbf{Q}$ 关于运算 $\oplus$ 的零元.

(4) 对任意的 $a \in \mathbf{Q}$, 有

$$a \oplus (-a+2) = a + (-a+2) - 1 = 1,$$

所以 $-a+2$ 为 a 关于运算 $\oplus$ 的负元.

(5) 对任意的 $a \in \mathbf{Q}$, 有

$$0 * a = 0 + a - 0 \cdot a = a,$$

所以 0 为 $\mathbf{Q}$ 关于运算 $*$ 的单位元.

(6) 对任意的 $a \in \mathbf{Q}, a \neq 1$, 有

$$a * \frac{a}{a-1} = a + \frac{a}{a-1} - a \cdot \frac{a}{a-1} = 0,$$

所以 $\dfrac{a}{a-1}$ 为 a 关于运算 $*$ 的逆元.

(7) 对任意的 $a, b, c \in \mathbf{Q}$, 有

$$\begin{aligned}(a \oplus b) * c &= (a+b-1) * c \\ &= a + b - 1 + c - ac - bc + c, \\ (a * c) \oplus (b * c) &= (a + c - ac) \oplus (b + c - bc) \\ &= a + c - ac + b + c - bc - 1,\end{aligned}$$

由此得 $(a \oplus b) * c = (a * c) \oplus (b * c)$, 所以 $*$ 对于 $\oplus$ 满足分配律.

这就证明了 $\mathbf{Q}$ 关于运算 $\oplus$ 与 $*$ 构成一个域.

注　考虑映射 $\phi: \mathbf{Q} \to \mathbf{Q}$, 使 $\phi(a) = -a+1$, 则 ϕ 为双射. 在 $\phi(\mathbf{Q})$ 上定义加法与乘法如下:

$$\left.\begin{aligned}\phi(a) \oplus \phi(b) &= \phi(a+b), \\ \phi(a)\phi(b) &= \phi(ab),\end{aligned}\right. \qquad \forall\, a, b \in \mathbf{Q},$$

则 ϕ 是域 $\mathbf{Q}$ 到 $\phi(\mathbf{Q})$ 的同构 (同构的概念见 3.5 节). 而 $\phi(\mathbf{Q})$ 的加法与乘法运算与本题中所定义的运算相同.

6. 设 R 是无零因子的环, S 是 R 的子环, 且 $|S| > 1$. 证明: 当 S 有单位元时, S 的单位元就是 R 的单位元.

证明　设 e 为 S 的单位元. 因为 $|S|>1$, 所以 $S\neq\{0\}$. 任取 S 中的一个非零元 s, 则对任意的 $r\in R$, 有

$$(re-r)s=res-rs=rs-rs=0,$$

$$s(er-r)=ser-sr=sr-sr=0,$$

由于 R 是无零因子环且 $s\neq 0$, 因此 $re-r=er-r=0$. 由此知 e 为 R 的单位元.

7. 设 R 是有单位元 e 的无零因子环. 证明：如 $ab=e$, 则 $ba=e$.

证明　由于 $(ba-e)b=bab-b=b-b=0$, 而 R 无零因子且 $b\neq 0$, 由此 $ba-e=0$, 即 $ba=e$.

8. 设 R_1, R_2 都是包含非零元的环. 证明：$R_1\oplus R_2$ 不是无零因子环.

证明　设 a,b 分别是 R_1 与 R_2 的非零元, 则 $(a,0)$ 与 $(0,b)$ 都是 $R_1\oplus R_2$ 的非零元. 但是 $(a,0)(0,b)=(0,0)$, 所以 $(a,0)$ 是 $R_1\oplus R_2$ 的零因子. 因此, $R_1\oplus R_2$ 不是无零因子环.

9. 求环 $\mathbf{Z}\oplus\mathbf{Q}\oplus\mathbf{Z}$ 的所有零因子和所有单位.

解　(1) $\mathbf{Z}\oplus\mathbf{Q}\oplus\mathbf{Z}$ 的所有零因子为

$$\{(a,r,c)\,|\,a,c\in\mathbf{Z},r\in\mathbf{Q},\ a,\ r,\ c\ \text{不全为零, 但至少有一个是零}\}.$$

(2) $\mathbf{Z}\oplus\mathbf{Q}\oplus\mathbf{Z}$ 的所有单位为

$$\{(a,r,c)\,|\,a,c=\pm 1,r\in\mathbf{Q}\ \text{且}\ r\neq 0\}.$$

10. 证明：如果环 R 中两个消去律中有一个成立, 则 R 一定是无零因子环.

证明　假定环 R 中左消去律成立. 设 $a,b\in R$, 使 $ab=0$. 如果 $a\neq 0$, 则 $ab=0=a0$. 由左消去律得 $b=0$, 所以 R 无零因子, 从而 R 是无零因子环. 同理可证, 如果环 R 中右消去律成立, 则 R 也是无零因子环.

11. 证明：域的除法满足运算法则 (3) 和 (4).

证明　设 $\dfrac{a}{b},\dfrac{c}{d}\in F$, 则

$$\begin{aligned}\frac{a}{b}\cdot\frac{c}{d}&=(ab^{-1})\cdot(cd^{-1})\\&=(ac)(bd)^{-1}=\frac{ac}{bd},\\\frac{a}{b}\div\frac{c}{d}&=(ab^{-1})\cdot(cd^{-1})^{-1}\\&=(ab^{-1})\cdot(c^{-1}d)\\&=(ad)(bc)^{-1}=\frac{ad}{bc}.\end{aligned}$$

12. 证明：有限整环都是域.

证明 设 D 为有限整环, 则 D 满足乘法结合律, 乘法交换律和两个消去律. 于是 D^* 是一个具有乘法运算, 且满足结合律和两个消去律的非空有限集合, 从而 D^* 关于 D 的乘法构成交换群 (见 1.2 节例 11). 因此 D 是一个域.

13. 证明：有限无零因子的非零环是除环.

证明 设 D 为有限无零因子的非零环, 则 D 满足乘法结合律和两个消去律. 于是 D^* 是一个具有乘法运算, 且满足结合律和两个消去律的非空有限集合, 从而 D^* 关于 D 的乘法构成群 (见 1.2 节例 11). 因此 D 是一个除环.

14. 设 $R = \mathbf{Z}_3[\mathrm{i}] = \{a + b\mathrm{i} \mid a, b \in \mathbf{Z}_3, \mathrm{i}^2 = -1\}$, 这是模 3 的高斯整环, 其加法和乘法运算如同复数, 但系数要模 3. 试列出 R 的乘法表. 并证明 R 是个 (有 9 个元素的) 域.

解 R 的乘法表如下：

	0	1	−1	i	−i	1+i	−1+i	1−i	−1−i
0	0	0	0	0	0	0	0	0	0
1	0	1	−1	i	−i	1+i	−1+i	1−i	−1−i
−1	0	−1	1	−i	i	−1−i	1−i	−1+i	1+i
i	0	i	−i	−1	1	−1+i	−1−i	1+i	1−i
−i	0	−i	i	1	−1	1−i	1+i	−1−i	−1+i
1+i	0	1+i	−1−i	−1+i	1−i	−i	1	−1	i
−1+i	0	−1+i	1−i	−1−i	1+i	1	i	−i	−1
1−i	0	1−i	−1+i	1+i	−1−i	−1	−i	i	1
−1−i	0	−1−i	1+i	1−i	−1+i	i	−1	1	−i

由乘法表可知, $\mathbf{Z}_3[\mathrm{i}]$ 是一个有限整环, 因此是一个域.

15. 利用上题的乘法表, 证明：$U(\mathbf{Z}_3[\mathrm{i}])$ 是一个循环群.

解 由乘法表可知

$$(1+\mathrm{i})^2 = -\mathrm{i}, \quad (1+\mathrm{i})^3 = 1-\mathrm{i}, \quad (1+\mathrm{i})^4 = -1, \quad (1+\mathrm{i})^5 = -1-\mathrm{i},$$
$$(1+\mathrm{i})^6 = \mathrm{i}, \quad (1+\mathrm{i})^7 = -1+\mathrm{i}, \quad (1+\mathrm{i})^8 = 1.$$

因此

$$U(\mathbf{Z}_3[\mathrm{i}]) = \langle 1+\mathrm{i} \rangle$$

是一个循环群.

16. 设 R 是一个环, $a \in R$. 如果存在 $n \in \mathbf{N}$, 使 $a^n = 0$, 则称 a 是 R 的一个**幂零元**(nilpotent element).

(1) 试求 $\mathbf{Z}_{18}$ 的所有幂零元;

(2) 证明：如果 R 是有单位元 e 的交换环, x 是 R 的一个幂零元, 则 $e-x$ 是 R 的一个可逆元;

(3) 证明：交换环的幂零元全体构成一个子环.

(1) **解**　$\mathbf{Z}_{18}$ 的幂零元为 $\overline{0},\overline{6},\overline{12}$.

(2) **证明**　设 $x^n=0$, 则

$$(e-x)(e+x+x^2+\cdots+x^{n-1})=e-x^n=e,$$
$$(e+x+x^2+\cdots+x^{n-1})(e-x)=e-x^n=e.$$

因此 $e-x$ 是 R 的一个可逆元.

(3) **证明**　设 S 为 R 的全体幂零元的集合, 则对任意的 $a,b\in S$, 存在 $n,m\in\mathbf{N}$, 使 $a^n=0,b^m=0$, 于是

$$\begin{aligned}(a-b)^{m+n}&=a^{m+n}+\sum_{k=1}^{m+n-1}(-1)^k\mathrm{C}_{m+n}^k a^{m+n-k}b^k+(-1)^{m+n}b^{m+n}\\&=\sum_{m+n>k\geqslant m}(-1)^k\mathrm{C}_{m+n}^k a^{m+n-k}b^k+\sum_{0<k<m}(-1)^k\mathrm{C}_{m+n}^k a^{m+n-k}b^k\\&=\sum_{m+n>k\geqslant m}(-1)^k\mathrm{C}_{m+n}^k a^{m+n-k}\cdot 0+\sum_{0<k<m}(-1)^k\mathrm{C}_{m+n}^k 0\cdot b^k=0,\\(ab)^{mn}&=a^{mn}b^{mn}=0.\end{aligned}$$

从而 $a-b$ 与 ab 都是 R 的幂零元, 所以 S 是 R 的子环.

17. 试求出 $\mathbf{Z}_{18}$ 的所有可逆元和零因子.

解　$\mathbf{Z}_{18}$ 的所有可逆元为

$\overline{1},\overline{5},\overline{7},\overline{11},\overline{13},\overline{17}$.

$\mathbf{Z}_{18}$ 的所有零因子为

$\overline{2},\overline{3},\overline{4},\overline{6},\overline{8},\overline{9},\overline{10},\overline{12},\overline{14},\overline{15},\overline{16}$.

18. 试求出 $\mathbf{Z}_3\oplus\mathbf{Z}_5$ 的所有可逆元和零因子. 它有非零的幂零元吗?

解　$\mathbf{Z}_3\oplus\mathbf{Z}_5$ 的所有可逆元为

$(1,1),(-1,1),(1,-1),(-1,-1),(1,2),(-1,2),(1,-2),(-1,-2)$.

$\mathbf{Z}_3\oplus\mathbf{Z}_5$ 的所有零因子为

$(0,1),(0,-1),(0,2),(0,-2),(1,0),(-1,0)$.

设 (x,y) 为 $\mathbf{Z}_3\oplus\mathbf{Z}_5$ 的任一个幂零元, 则存在 $n\in\mathbf{N}$, 使 $(x,y)^n=0$, 于是 $x^n=0,y^n=0$, 从而 $x=0$, $y=0$, 因此 $(x,y)=(0,0)$. 这说明 $\mathbf{Z}_3\oplus\mathbf{Z}_5$ 没有非零的幂零元.

19. 试求出 $\mathbf{Z}_4\oplus\mathbf{Z}_{10}$ 的所有可逆元、零因子和幂零元.

解　$\mathbf{Z}_4 \oplus \mathbf{Z}_{10}$ 的可逆元有

$(1,1),(3,1),(1,3),(3,3),(1,7),(3,7),(1,9),(3,9)$.

$\mathbf{Z}_4 \oplus \mathbf{Z}_{10}$ 的所有零因子为

$(0,y),\quad y=1,2,\cdots,9,$

$(x,y),\quad x=1,3; y=0,2,4,5,6,8,$

$(2,y),\quad y=0,1,2,\cdots,9.$

$\mathbf{Z}_4 \oplus \mathbf{Z}_{10}$ 的所有幂零元为 $(0,0),(2,0)$.

20. 证明：除环的中心是一个域.

证明　设 R 为除环, 则 $e,0 \in C(R)$, 所以 $C(R)$ 至少含有两个元素. 又由 3.1 节例 12 知 $C(R)$ 是 R 的一个子环, 且显然是一个交换子环.

设 $a \in C(R)$, 则对任意的 $x \in R$, 有 $ax=xa$. 如果 $a \neq 0$, 则 a 可逆, 且

$$a^{-1}x=a^{-1}xaa^{-1}=a^{-1}axa^{-1}=xa^{-1},$$

于是 $a^{-1} \in C(R)$. 因此, $C(R)$ 中每个非零元都在 $C(R)$ 中可逆, 所以 $C(R)$ 是一个域.

21. 设 $G=\{\pm 1,\pm \mathrm{i},\pm \mathrm{j},\pm \mathrm{k}\} \subseteq \mathbf{H}$.

(1) 证明：G 关于 $\mathbf{H}$ 中的乘法构成一个 8 阶非交换群;

(2) 求 G 的所有子群与正规子群;

(3) 求 G 的中心 $C(G)$ 及换位子群 $[G,G]$.

(1) **证明**　易知, G 关于 $\mathbf{H}$ 的乘法封闭. 由于 $\mathbf{H}$ 的乘法满足结合律与两个消去律, 因此 G 的乘法也满足结合律与两个消去律, 所以 G 关于 $\mathbf{H}$ 中的乘法构成一个 8 阶群. 因为 $\mathrm{ij} \neq \mathrm{ji}$, 所以 G 不是交换群.

(2) **解**　G 的子群有

$H_1=\{1\}, H_2=\{\pm 1\}, H_3=\{\pm 1,\pm \mathrm{i}\}, H_4=\{\pm 1,\pm \mathrm{j}\}, H_5=\{\pm 1,\pm \mathrm{k}\}, H_6=G$.

易知, 上述每一个子群都是 G 的正规子群.

(3) **解**　G 的中心 $C(G)=\{\pm 1\}$. G 的换位子群 $[G,G]=\{\pm 1\}$.

22. 对下列给定的四元数 α,β, 计算 $\alpha+\beta$, $\alpha\beta$, α^2, β^{-1}.

(1) $\alpha=1-2\mathrm{i}+3\mathrm{k}, \beta=2-\mathrm{i}+\mathrm{j}-2\mathrm{k}$;

(2) $\alpha=2+\mathrm{i}-3\mathrm{j}+\mathrm{k}, \beta=-3-2\mathrm{i}+\mathrm{j}+4\mathrm{k}$.

解　(1) $\alpha+\beta=3-3\mathrm{i}+\mathrm{j}+\mathrm{k}$, $\alpha\beta=6-8\mathrm{i}-6\mathrm{j}+2\mathrm{k}$, $\alpha^2=-12-4\mathrm{i}+6\mathrm{k}$, $\beta^{-1}=\dfrac{1}{10}(2+\mathrm{i}-\mathrm{j}+2\mathrm{k})$.

(2) $\alpha+\beta=-1-\mathrm{i}-2\mathrm{j}+5\mathrm{k}$, $\alpha\beta=-5-20\mathrm{i}+5\mathrm{j}$, $\alpha^2=7+4\mathrm{i}-12\mathrm{j}+4\mathrm{k}$, $\beta^{-1}=\dfrac{1}{30}(-3+2\mathrm{i}-\mathrm{j}-4\mathrm{k})$.

23. 对 $x=a+b\mathrm{i}+c\mathrm{j}+d\mathrm{k}\in\mathbf{H}(a,b,c,d\in\mathbf{R})$, 定义 x 的共轭元为

$$\overline{x}=a-b\mathrm{i}-c\mathrm{j}-d\mathrm{k}.$$

证明: (1) 对任意 $x,y\in\mathbf{H}$, $\overline{x+y}=\overline{x}+\overline{y}$, $\overline{x\cdot y}=\overline{y}\cdot\overline{x}$, $\overline{\overline{x}}=x$;

(2) $x\cdot\overline{x}=\overline{x}\cdot x=a^2+b^2+c^2+d^2\geqslant 0$.

证明　(1) 设 $x=a+b\mathrm{i}+c\mathrm{j}+d\mathrm{k}$, $y=a'+b'\mathrm{i}+c'\mathrm{j}+d'\mathrm{k}$, 则

$$\begin{aligned}\overline{x+y}&=\overline{(a+a')+(b+b')\mathrm{i}+(c+c')\mathrm{j}+(d+d')\mathrm{k}}\\&=(a+a')-(b+b')\mathrm{i}-(c+c')\mathrm{j}-(d+d')\mathrm{k}\\&=(a-b\mathrm{i}-c\mathrm{j}-d\mathrm{k})+(a'-b'\mathrm{i}-c'\mathrm{j}-d'\mathrm{k})\\&=\overline{x}+\overline{y},\\\overline{x\cdot y}&=\overline{(aa'-bb'-cc'-dd')+(ab'+ba'+cd'-dc')\mathrm{i}}\\&\quad+\overline{(ac'+ca'-bd'+db')\mathrm{j}+(ad'+da'+bc'-cb')\mathrm{k}}\\&=(aa'-bb'-cc'-dd')-(ab'+ba'+cd'-dc')\mathrm{i}\\&\quad-(ac'+ca'-bd'+db')\mathrm{j}-(ad'+da'+bc'-cb')\mathrm{k},\\\overline{y}\cdot\overline{x}&=(a'-b'\mathrm{i}-c'\mathrm{j}-d'\mathrm{k})(a-b\mathrm{i}-c\mathrm{j}-d\mathrm{k})\\&=(a'a-b'b-c'c-d'd)+(-a'b-b'a+c'd-d'c)\mathrm{i}\\&\quad+(-a'c-c'a-b'd+d'b)\mathrm{j}+(-a'd-d'a+b'c-c'b)\mathrm{k},\end{aligned}$$

所以 $\overline{x\cdot y}=\overline{y}\cdot\overline{x}$.

$$\overline{\overline{x}}=\overline{a-b\mathrm{i}-c\mathrm{j}-d\mathrm{k}}=a+b\mathrm{i}+c\mathrm{j}+d\mathrm{k}=x.$$

(2) 因为 $\overline{x\cdot\overline{x}}=\overline{\overline{x}}\cdot\overline{x}=x\overline{x}$, 所以 $x\overline{x}\in\mathbf{R}$. 直接计算可得

$$x\overline{x}=a^2+b^2+c^2+d^2\geqslant 0.$$

24. 设 $x=-1+2\mathrm{i}-3\mathrm{j}+4\mathrm{k}$, $y=1+2\mathrm{i}+2\mathrm{j}+\mathrm{k}\in\mathbf{H}$. 求

(1) $x-\overline{y}$; (2) $xy-yx$; (3) yxy^{-1}.

解　(1) $-2+4\mathrm{i}-\mathrm{j}+5\mathrm{k}$; (2) $-22\mathrm{i}+12\mathrm{j}+20\mathrm{k}$; (3) $\dfrac{1}{5}(-5+7\mathrm{i}+10\mathrm{j}-24\mathrm{k})$.

25. 在四元数体中, 设 $x\in\mathbf{H}$, 称 $\mathcal{N}(x)=x\overline{x}$ 为 x 的范数. 证明: 对任意的 $x,y\in\mathbf{H}$,

(1) $\mathcal{N}(x)=\mathcal{N}(\overline{x})$;

(2) $\mathcal{N}(ax)=a^2\mathcal{N}(x),\quad a\in\mathbf{R}$;

(3) $\mathcal{N}(xy)=\mathcal{N}(x)\mathcal{N}(y)$.

证明 (1) 设 $x=a+b\mathrm{i}+c\mathrm{j}+d\mathrm{k}$, 则

$$\mathcal{N}(\overline{x})=\overline{x}\cdot\overline{\overline{x}}=\overline{x}\cdot x=x\cdot\overline{x}=\mathcal{N}(x).$$

(2) $\mathcal{N}(ax)=(ax)\overline{ax}=axa\overline{x}=a^2x\overline{x}=a^2\mathcal{N}(x)$.

(3) $\mathcal{N}(xy)=xy\overline{xy}=xy\overline{y}\overline{x}=x\mathcal{N}(y)\overline{x}=x\overline{x}\mathcal{N}(y)=\mathcal{N}(x)\mathcal{N}(y)$.

26. 在 $\mathbf{H}$ 中, 试至少求出方程

$$x^2+2x+13=0$$

的 8 个根.

解 $-1\pm2\sqrt{3}\mathrm{i}$, $-1\pm2\sqrt{3}\mathrm{j}$, $-1\pm2\sqrt{3}\mathrm{k}$, $-1\pm2(\mathrm{i}+\mathrm{j}+\mathrm{k})$.

27. 求四元数体 $\mathbf{H}$ 的中心 $C(\mathbf{H})$.

解 $C(\mathbf{H})=\mathbf{R}$.

28. 设 F 是数域.

(1) 若 $F\subseteq\mathbf{R}$, 证明: $R=\{a+b\mathrm{i}+c\mathrm{j}+d\mathrm{k}\mid a,b,c,d\in F\}\subseteq\mathbf{H}$ 是四元数除环的子除环;

(2) 若取 $F=\mathbf{C}$, 问这样的 R 还是环吗? 还是除环吗?

(1) **证明** 显然, R 是 $\mathbf{H}$ 的非平凡子环. 又对任意的 $\alpha=a+b\mathrm{i}+c\mathrm{j}+d\mathrm{k}\in R$, 有

$$\alpha^{-1}=\frac{1}{a^2+b^2+c^2+d^2}(a-b\mathrm{i}-c\mathrm{j}-d\mathrm{k})\in R,$$

所以 R 是四元数除环 $\mathbf{H}$ 的子除环.

(2) **解** 如果 $F=\mathbf{C}$, 易知 R 仍是环. 但由于

$$(\sqrt{-1}+\mathrm{i})(\sqrt{-1}-\mathrm{i})=-1+\sqrt{-1}\mathrm{i}-\sqrt{-1}\mathrm{i}+1=0,$$

所以 $\sqrt{-1}+\mathrm{i}\in R$ 不可逆, 从而 R 不是除环.

29. 设环 $R=M_2(\mathbf{H})$,

$$A=\begin{pmatrix}\mathrm{i}&\mathrm{k}\\-1&\mathrm{j}\end{pmatrix}\in R.$$

证明: A 在 R 中可逆, 并求 A 的逆元 A^{-1}.

证明 直接验证可知

$$\begin{pmatrix}\mathrm{i}&\mathrm{k}\\-1&\mathrm{j}\end{pmatrix}\cdot\left(-\frac{1}{2}\begin{pmatrix}\mathrm{i}&1\\\mathrm{k}&\mathrm{j}\end{pmatrix}\right)=-\frac{1}{2}\begin{pmatrix}\mathrm{i}&1\\\mathrm{k}&\mathrm{j}\end{pmatrix}\cdot\begin{pmatrix}\mathrm{i}&\mathrm{k}\\-1&\mathrm{j}\end{pmatrix}=\begin{pmatrix}1&0\\0&1\end{pmatrix},$$

所以 $\begin{pmatrix}\mathrm{i}&\mathrm{k}\\-1&\mathrm{j}\end{pmatrix}$ 可逆, 且

$$\begin{pmatrix}\mathrm{i}&\mathrm{k}\\-1&\mathrm{j}\end{pmatrix}^{-1}=-\frac{1}{2}\begin{pmatrix}\mathrm{i}&1\\\mathrm{k}&\mathrm{j}\end{pmatrix}.$$

*30. 证明在 **H** 中每个判别式小于零的实系数二次方程都有无限多个根.

证明　设 $ax^2+bx+c=0, a\neq 0$ 为任一实系数二次方程, 且 $b^2-4ac<0$, 则存在无限多组实数 $u,v,w\in\mathbf{R}$, 使

$$\frac{4ac-b^2}{4a^2}=u^2+v^2+w^2.$$

令 $\alpha=-\dfrac{b}{2a}+u\mathrm{i}+v\mathrm{j}+w\mathrm{k}$, 则

$$\begin{aligned}a\alpha^2+b\alpha+c&=a\left(\alpha^2+\frac{b}{a}\alpha+\frac{c}{a}\right)\\&=a\left(\alpha^2+\frac{b}{a}\alpha+\frac{b^2}{4a^2}+\frac{4ac-b^2}{4a^2}\right)\\&=a\left(\alpha^2+\frac{b}{a}\alpha+\left(\frac{b^2}{4a^2}+u^2+v^2+w^2\right)\right)\\&=a(\alpha^2-(\alpha+\overline{\alpha})\alpha+\alpha\overline{\alpha})\\&=a(\alpha^2-\alpha^2-\overline{\alpha}\alpha+\alpha\overline{\alpha})=0,\end{aligned}$$

所以 $\alpha=-\dfrac{b}{2a}+u\mathrm{i}+v\mathrm{j}+w\mathrm{k}$ 为该实系数二次方程的根. 由于满足条件 $\dfrac{4ac-b^2}{4a^2}=v^2+v^2+w^2$ 的实数 u,v,w 有无限多组, 所以该实系数二次方程的根也有无限多个.

*31. 设 R 是一个无非零的幂零元的交换环, $r,s\in R$. 证明: 如果存在 $a,b\in\mathbf{N}$, $(a,\,b)=1$, 使 $r^a=s^a$, $r^b=s^b$, 则 $r=s$.

证明　因为 $(a,b)=1$, 所以存在 $u,v\in\mathbf{N}$, 使 $au-bv=1$, 则

$$rr^{bv}=r^{1+bv}=r^{au}=s^{au}=s^{1+bv}=ss^{bv}=sr^{bv}.$$

于是 $(r-s)r^{bv}=0$, 从而

$$((r-s)r)^{bv}=(r-s)^{bv}r^{bv}=0.$$

由题设得 $(r-s)r=0$. 同理可证 $(r-s)s=0$. 由此得

$$(r-s)^2=(r-s)r-(r-s)s=0.$$

所以 $r-s=0$, 即 $r=s$.

习题 3-3　理想与商环

1. 设 R 为由全体实函数关于函数的加法与乘法所构成的环. 下列子集哪些是它的理想?

(1) $S=\{f\in R\,|\,f(0)=0\}$;

(2) $S=\{f\in R\,|\,f(0)=f(1)\}$;

(3) $S=\{f\in R\,|\,f(1)=f(2)=0\}$.

解 (1) 设 $f,g\in S$, 则 $f(0)=0,g(0)=0$, 从而

(a) $(f-g)(0)=f(0)-g(0)=0$, 即 $f-g\in S$;

(b) 对任意的 $h\in R$, 有

$$(hf)(0)=h(0)f(0)=0,\quad (fh)(0)=f(0)h(0)=0,$$

所以 $hf,fh\in S$. 因此 S 是 R 的一个理想.

(2) 令 $f(x)=x^2-x+1,h(x)=x\in R$, 则 $f(0)=f(1)=1$, 所以 $f\in S$. 而 $(hf)(0)=0,(hf)(1)=1$, 故 $(hf)(0)\neq(hf)(1)$, 从而 $hf\notin S$. 这说明 S 不满足定义 3.3.1 的条件 (I2), 所以 S 不是 R 的理想.

(3) 设 $f,g\in S$, 则 $f(1)=f(2)=0,g(1)=g(2)=0$, 于是

(a) $(f-g)(1)=f(1)-g(1)=0$, $(f-g)(2)=f(2)-g(2)=0$, 从而 $f-g\in S$;

(b) 对任意的 $h\in R$, 有

$$(hf)(1)=h(1)f(1)=0,\quad (hf)(2)=h(2)f(2)=0,$$

所以 $hf=fh\in S$. 因此 S 是 R 的一个理想.

2. 设 R 为加法群, 定义 R 的乘法为

$$a\cdot b=0,\quad \forall\, a,b\in R.$$

证明: $(R,+,\cdot)$ 为环, 并求出 R 的所有理想.

证明 (1) 显然 R 的乘法满足结合律与交换律. 又对任意的 $a,b,c\in R$, 有

$$a(b+c)=0=ab+ac,$$

所以 R 的乘法对加法也满足分配律, 因此 R 是一个环.

(2) 设 I 为 R 的一个理想, 则 I 为 $(R,+)$ 的子加群. 又如果 I 为 $(R,+)$ 的任一子加群, 则对任意的 $a,b\in I,r\in R$, 有

$$a-b\in I,\quad ar=ra=0\in I,$$

所以 I 为 R 的理想. 这说明 R 的每一个子加群都是 R 的理想.

3. 证明定理 3.3.2.

证明 (1) 设 $I_1,I_2,\cdots,I_m$ 为环 R 的理想, 令

$$I=I_1+I_2+\cdots+I_m=\{a_1+a_2+\cdots+a_m\mid a_i\in I_i,i=1,2,\cdots,m\}.$$

对任意的 $x = x_1 + x_2 + \cdots + x_m, y = y_1 + y_2 + \cdots + y_m \in I(x_i, y_i \in I_i)$, $r \in R$, 有 $x_i - y_i \in I_i$, $rx_i, x_i r \in I_i (i = 1, 2, \cdots, m)$, 从而

$$x - y = (x_1 - y_1) + (x_2 - y_2) + \cdots + (x_m - y_m) \in I,$$
$$rx = rx_1 + rx_2 + \cdots + rx_m \in I,$$
$$xr = x_1 r + x_2 r + \cdots + x_m r \in I,$$

所以 I 为 R 的理想.

(2) 设 $\{I_i \mid i \in J\}$ 为环 R 的一簇理想 (其中 J 为指标集), 令

$$I = \bigcap_{i \in J} I_i.$$

对任意的 $x, y \in I$, $r \in R$, 有 $x, y \in I_i$, 于是 $x - y \in I_i$, $rx, xr \in I_i (i \in J)$, 从而

$$x - y \in I, \quad rx, xr \in I,$$

所以 I 为 R 的理想.

4. 设 X 为一个非空集合, $\mathcal{P}(X)$ 为习题 3-1 第 23 题中所定义的环. 证明: 对任意的 $Y \subseteq X$, $\mathcal{P}(Y)$ 是 $\mathcal{P}(X)$ 的理想.

证明　显然 $\mathcal{P}(Y)$ 为 $\mathcal{P}(X)$ 的非空子集. 对任意的 $A, B \in \mathcal{P}(Y)$, $C \in \mathcal{P}(X)$, 有

$$A - B = A + B \in \mathcal{P}(Y), \quad C \cdot A = C \cap A, \quad A \cdot C = A \cap C \in \mathcal{P}(Y),$$

所以 $\mathcal{P}(Y)$ 为 $\mathcal{P}(X)$ 的理想.

5. 设 S 是 R 的子环, I 是 R 的理想, 且 $I \subseteq S$. 证明:

(1) S/I 是 R/I 的子环;

(2) 如果 S 是 R 的理想, 则 S/I 是 R/I 的理想.

证明　(1) 设 $x + I, y + I \in S/I$, 则 $x, y \in S$, 于是 $x - y, xy \in S$, 从而

$$(x + I) - (y + I) = (x - y) + I \in S/I,$$
$$(x + I) \cdot (y + I) = xy + I \in S/I,$$

所以 S/I 为 R/I 的子环.

(2) 设 $x + I, y + I \in S/I$, $r + I \in R/I$, 则 $x, y \in S$, 于是 $x - y, rx, xr \in S$, 从而

$$(x + I) - (y + I) = (x - y) + I \in S/I,$$
$$(r + I) \cdot (x + I) = rx + I \in S/I,$$
$$(x + I) \cdot (r + I) = xr + I \in S/I,$$

所以 S/I 为 R/I 的理想.

6. 设环 $S=\left\{\begin{pmatrix} a & b \\ 0 & d \end{pmatrix} \middle| a,b,d\in \mathbf{R}\right\}$. 求 S 的所有理想.

解　S 的所有理想有

$I_1=\left\{\begin{pmatrix} 0 & 0 \\ 0 & 0 \end{pmatrix}\right\}$, $I_2=S$, $I_3=\left\{\begin{pmatrix} x & y \\ 0 & 0 \end{pmatrix} \middle| x,y\in \mathbf{R}\right\}$,

$I_4=\left\{\begin{pmatrix} 0 & x \\ 0 & y \end{pmatrix} \middle| x,y\in \mathbf{R}\right\}$, $I_5=\left\{\begin{pmatrix} 0 & x \\ 0 & 0 \end{pmatrix} \middle| x\in \mathbf{R}\right\}$.

7. 证明定理 3.3.3 的推论 2.

证明　设 I 为 $\mathbf{Z}_m$ 的任一个理想, 则 $(I,+)$ 是循环群, 从而

$$I=\langle a\rangle,$$

所以 I 为主理想.

8. 设 R 为环, I,J 是 R 的两个理想. 令

$$[I:J]=\{x\in R\,|\,xJ,Jx\subseteq I\}.$$

证明: $[I:J]$ 是 R 的理想.

证明　对任意的 $x,y\in[I:J]$, $r\in R$, 有

$$\begin{aligned}(x-y)J&=xJ-yJ\subseteq I,\\(rx)J&=rxJ\subseteq rI\subseteq I,\\(xr)J&=xrJ\subseteq xJ\subseteq I.\end{aligned}$$

同理可证, $J(x-y)\subseteq I$, $J(rx)\subseteq I$, $J(xr)\subseteq I$. 所以 $[I:J]$ 为 R 的理想.

9. 设 $\mathbf{Z}[\mathrm{i}]$ 为高斯整环, $I=\langle 1+2\mathrm{i}\rangle$. 试写出 I 的元素的明显表达式, 并求商环 $\mathbf{Z}[\mathrm{i}]/I$.

解　(1) 设 $x+y\mathrm{i}\in\langle 1+2\mathrm{i}\rangle$, 则 $y-2x=-(x+y\mathrm{i})\mathrm{i}+(1+2\mathrm{i})x\mathrm{i}\in\langle 1+2\mathrm{i}\rangle$, 从而 $(1-2\mathrm{i})(y-2x)\in\langle 5\rangle$, 由此推出 $5\mid y-2x$. 另一方面, 如果 $5\mid y-2x$, 则

$$x+y\mathrm{i}=x(1+2\mathrm{i})+(y-2x)\mathrm{i}\in\langle 1+2\mathrm{i}\rangle,$$

所以

$$\langle 1+2\mathrm{i}\rangle=\{x+y\mathrm{i}\,|\,y\equiv 2x\ (\mathrm{mod}\ 5)\}.$$

(2) 类似于 (1) 中的讨论, 可知对任意的 $x+y\mathrm{i}$, 有

$$\begin{aligned}\overline{x+y\mathrm{i}}&=\overline{x(1+2\mathrm{i})+(y-2x)\mathrm{i}}\\&=\overline{(y-2x)\mathrm{i}}\end{aligned}$$

而

$$\overline{y-2x}=\overline{0}\Longleftrightarrow 5\mid y-2x,$$

所以

$$\mathbf{Z}[\mathrm{i}]/I=\{\overline{0},\overline{1},\overline{2},\overline{3},\overline{4}\}.$$

10. 设 R 是有单位元的交换环, $a\in R$. 证明: a 是单位当且仅当 $\langle a\rangle=R$.

证明　必要性　设 a 是 R 的单位, 则对任意的 $r\in R$, 有 $r=(ra^{-1})a\in\langle a\rangle$, 所以 $\langle a\rangle=R$.

充分性　如果 $\langle a\rangle=R$, 则 $e\in\langle a\rangle$, 所以存在 $r\in R$, 使 $e=ra=ar$, 因此 a 是 R 的单位.

11. 设 R 是交换环, X 是 R 的非空子集. 令

$$\mathrm{Ann}(X)=\{r\in R\,|\,rx=0,\ \forall x\in X\}.$$

证明: $\mathrm{Ann}(X)$ 是 R 的理想.

证明　显然 $\mathrm{Ann}\,X$ 非空. 设 $a,b\in\mathrm{Ann}(X)$, $r\in R$, 则对任意的 $x\in X$, 有

$$\begin{aligned}(a-b)x&=ax-bx=0,\\(ra)x&=r(ax)=r\cdot 0=0,\\(ar)x&=(ra)x=r(ax)=r\cdot 0=0,\end{aligned}$$

所以 $a-b,ra,ar\in\mathrm{Ann}(X)$, 因此 $\mathrm{Ann}(X)$ 为 R 的理想.

12. 设 R 是交换环, I 是 R 的理想. 令

$$\sqrt{I}=\{r\in R\,|\,\text{存在 } n\in\mathbf{N},\ \ \text{使}\ \ r^n\in I\}.$$

证明: $\sqrt{I}$ 是 R 的理想.

证明　显然 $\sqrt{I}$ 非空. 设 $a,b\in\sqrt{I}$, 则存在 $m,n\in\mathbf{N}$, 使 $a^m,b^n\in I$, 于是对任意的 $r\in R$, 有

$$\begin{aligned}(a-b)^{m+n}&=a^{m+n}+\sum_{k=1}^{m+n-1}(-1)^k\mathrm{C}_{m+n}^k a^{m+n-k}b^k+(-1)^{m+n}b^{m+n}\in I,\\(ra)^m&=r^ma^m\in I,\\(ar)^m&=a^mr^m\in I,\end{aligned}$$

所以 $a-b,ra,ar\in\sqrt{I}$, 因此 $\sqrt{I}$ 为 R 的理想.

13. 设 I, J 为 R 的理想. 令

$$IJ = \left\{ \sum_{i=1}^{n} x_i y_i \,\middle|\, n \in \mathbf{N}, x_i \in I, y_i \in J \right\}.$$

证明: IJ 为 R 的理想, 且 $IJ \subseteq I \cap J$.

证明　(1) 设 $a, b \in IJ$, 则存在 $x_i \in I, y_i \in J(i = 1, 2, \cdots, m+n)$, 使 $a = \sum_{i=1}^{m} x_i y_i$, $b = \sum_{i=m+1}^{m+n} x_i y_i$, 于是对任意的 $r \in R$, 有

$$\begin{aligned} a + b &= \sum_{i=1}^{m+n} x_i y_i \in IJ, \\ -a &= \sum_{i=1}^{m} (-x_i) y_i \in IJ, \\ ra &= r \sum_{i=1}^{m} x_i y_i = \sum_{i=1}^{m} (r x_i) y_i \in IJ, \\ ar &= \left(\sum_{i=1}^{m} x_i y_i \right) r = \sum_{i=1}^{m} x_i (y_i r) \in IJ, \end{aligned}$$

所以 IJ 为 R 的理想.

(2) 显然有 $IJ \subseteq I$, $IJ \subseteq J$, 所以 $IJ \subseteq I \cap J$.

14. 试确定 $\mathbf{Z}_{18}$ 的所有商环.

解　$\mathbf{Z}_{18}$ 的理想有

$$\{\overline{0}\}, \quad \mathbf{Z}_{18}, \quad 2\mathbf{Z}_{18}, \quad 3\mathbf{Z}_{18}, \quad 6\mathbf{Z}_{18}, \quad 9\mathbf{Z}_{18}.$$

所以 $\mathbf{Z}_{18}$ 的商环有

$$\begin{aligned} \mathbf{Z}_{18}/\{\overline{0}\} &= \{\overline{a} + \{\overline{0}\} \mid a = 0, 1, \cdots, 17\} = \{\overline{\overline{a}} \mid a = 0, 1, \cdots, 17\}; \\ \mathbf{Z}_{18}/\mathbf{Z}_{18} &= \{\overline{\overline{0}}\}; \\ \mathbf{Z}_{18}/2\mathbf{Z}_{18} &= \{\overline{\overline{0}}, \overline{\overline{1}}\}; \\ \mathbf{Z}_{18}/3\mathbf{Z}_{18} &= \{\overline{\overline{0}}, \overline{\overline{1}}, \overline{\overline{2}}\}; \\ \mathbf{Z}_{18}/6\mathbf{Z}_{18} &= \{\overline{\overline{0}}, \overline{\overline{1}}, \overline{\overline{2}}, \overline{\overline{3}}, \overline{\overline{4}}, \overline{\overline{5}}\}; \\ \mathbf{Z}_{18}/9\mathbf{Z}_{18} &= \{\overline{\overline{0}}, \overline{\overline{1}}, \overline{\overline{2}}, \cdots, \overline{\overline{7}}, \overline{\overline{8}}\}. \end{aligned}$$

15. 设 R 为环, I 为 R 的非空子集. 如果对任意的 $r_1, r_2 \in I$, $s \in R$, 有 $r_1 - r_2 \in I$, $sr_1 \in I$(或 $r_1 s \in I$), 则称 I 为环 R 的 **左理想** (或**右理想**). 验证:

$$I = \left\{ \begin{pmatrix} a & 0 \\ b & 0 \end{pmatrix} \,\middle|\, a, b \in \mathbf{R} \right\}$$

是环 $M_2(\mathbf{R})$ 的左理想.

证明 设 $A=\begin{pmatrix}a & 0\\ b & 0\end{pmatrix}, B=\begin{pmatrix}c & 0\\ d & 0\end{pmatrix}\in I$, 则对任意的 $X=\begin{pmatrix}x & s\\ y & t\end{pmatrix}\in M_2(\mathbf{R})$, 有

$$A-B=\begin{pmatrix}a-c & 0\\ b-d & 0\end{pmatrix}\in I,$$

$$XA=\begin{pmatrix}xa+sb & 0\\ ya+tb & 0\end{pmatrix}\in I,$$

所以 I 为 $M_2(\mathbf{R})$ 的左理想.

16. 证明: 环 $M_n(\mathbf{R})$ 没有非平凡的理想.

证明 设 I 为 $M_n(\mathbf{R})$ 的任一非零理想, 任取 I 的一个非零元素 $A=(a_{ij})_n$, 则存在 $a_{ij}\neq 0$. 于是 $E_{ij}=\dfrac{1}{a_{ij}}E_{ii}AE_{jj}\in I$, 进而 $E_{kk}=E_{ki}E_{ij}E_{jk}\in I$ $(k=1,2,\cdots,n)$. 故

$$E=E_{11}+E_{22}+\cdots+E_{nn}\in I,$$

由此得 $I=M_n(\mathbf{R})$, 所以环 $M_n(\mathbf{R})$ 没有非平凡的理想.

17. 设 $I=\langle 6\rangle$, $J=\langle 15\rangle$ 都是 $\mathbf{Z}$ 的理想. 求以下各理想的生成元:

(1) $I+J$; (2) $I\cap J$; (3) IJ.

解 (1) $I+J=\langle(6,15)\rangle=\langle 3\rangle$; (2) $I\cap J=\langle[6,15]\rangle=\langle 30\rangle$; (3) $IJ=\langle 6\times 15\rangle=\langle 90\rangle$.

18. 设 R_1, R_2 是环, $R=R_1\oplus R_2$. 记 $R_1'=\{(a,0)\in R\mid a\in R_1\}$, $R_2'=\{(0,b)\in R\mid b\in R_2\}$. 证明: (1) R_1', R_2' 是 R 的理想; (2) $R=R_1'+R_2'$.

证明 (1) 对任意的 $x=(a,0), y=(b,0)\in R_1'$, $r=(r_1,r_2)\in R$, 有

$$x-y=(a-b,0)\in R_1',$$

$$rx=(r_1a,0)\in R_1',$$

$$xr=(ar_1,0)\in R_1',$$

所以 R_1' 为 R 的理想. 同理可证 R_2' 为 R 的理想.

(2) 对任意的 $(a,b)\in R$, 有 $(a,b)=(a,0)+(0,b)\in R_1'+R_2'$, 所以 $R=R_1'+R_2'$.

19. 设 R 是交换环. 证明: R 中所有幂零元的集合构成 R 的理想. 称此理想为 R 的**诣零根**(nilradical), 记作 $\operatorname{rad}R$.

证明 令 $I=\{0\}$, 则 I 为 R 的理想. 而

$$\begin{aligned}\sqrt{I}&=\{r\in R\mid \text{存在 } n\in N,\ \text{使 } r^n\in I\}\\&=\{r\in R\mid \text{存在 } n\in N,\ \text{使 } r^n=0\}=\operatorname{rad}R.\end{aligned}$$

于是由第 12 题知 $\operatorname{rad} R$ 为 R 的理想.

20. 求剩余类环 $\mathbf{Z}_{24}$ 的诣零根 $\operatorname{rad}\mathbf{Z}_{24}$.

解　$\operatorname{rad}\mathbf{Z}_{24}=\langle\overline{6}\rangle$.

21. 设 $I=\langle d\rangle$ 是 $\mathbf{Z}$ 的理想, 其中 $d=p_1^{k_1}p_2^{k_2}\cdots p_s^{k_s}$, $p_1,p_2,\cdots,p_s$ 是不同的素数, $k_1,k_2,\cdots,k_s\in\mathbf{N}$. 证明 $\sqrt{I}=\langle p_1p_2\cdots p_s\rangle$.

证明　令 $k=\max\{k_1,k_1,\cdots,k_s\}$. 对 $\forall x\in\langle p_1p_2\cdots p_s\rangle$, 设 $x=p_1p_2\cdots p_sy(y\in\mathbf{Z})$, 则

$$x^k=p_1^kp_2^k\cdots p_sy^k=p_1^{k-k_1}p_2^{k-k_2}\cdots p_s^{k-k_s}y^kd\in I.$$

由此得 $\langle p_1p_2\cdots p_s\rangle\subseteq\sqrt{I}$.

另一方面, 对任意的 $x\in\sqrt{I}$, 存在 $k\in\mathbf{N}$, 使 $x^k\in I$. 于是 $p_i^{k_i}\,|\,x^k$, 故 $p_i\,|\,x(i=1,2,\cdots,s)$. 而 $p_1,p_2,\cdots,p_s$ 两两互素, 因此 $p_1p_2\cdots p_s\,|\,x$, 即 $x\in\langle p_1p_2\cdots p_s\rangle$. 由此得 $\sqrt{I}\subseteq\langle p_1p_2\cdots p_s\rangle$. 所以

$$\sqrt{I}=\langle p_1p_2\cdots p_s\rangle.$$

22. 设 $I=\langle f(x)\rangle$ 是 $\mathbf{R}[x]$ 的理想, 其中 $f(x)=(x-1)^2(x+3)^5$, 求 $\sqrt{I}$.

解　$\sqrt{I}=\langle(x-1)(x+3)\rangle$.

23. 设 $R=\mathbf{Z}_{27}$. 求

(1) $\operatorname{rad}R$; (2) $\sqrt{\langle\overline{3}\rangle}$; (3) $\sqrt{\langle\overline{9}\rangle}$.

解　(1) $\operatorname{rad}R=\langle\overline{3}\rangle$; (2) $\sqrt{\langle\overline{3}\rangle}=\langle\overline{3}\rangle$; (3) $\sqrt{\langle\overline{9}\rangle}=\langle\overline{3}\rangle$.

24. 设 I 是交换环 R 的理想. 证明: $\sqrt{\sqrt{I}}=\sqrt{I}$.

证明　设 $x\in\sqrt{\sqrt{I}}$, 则存在 $n\in\mathbf{N}$, 使 $x^n\in\sqrt{I}$. 从而又存在 $m\in\mathbf{N}$, 使 $(x^n)^m\in I$, 于是

$$x^{mn}=(x^n)^m\in I,$$

从而 $x\in\sqrt{I}$, 因此 $\sqrt{\sqrt{I}}\subseteq\sqrt{I}$. 另一方面, 显然有 $\sqrt{I}\subseteq\sqrt{\sqrt{I}}$. 所以

$$\sqrt{\sqrt{I}}=\sqrt{I}.$$

25. 设 R 是交换环. 证明 $R/\operatorname{rad}R$ 没有非零幂零元, 即

$$\operatorname{rad}(R/\operatorname{rad}R)=\{\overline{0}\}.$$

证明　设 $\overline{x}\in\operatorname{rad}(R/\operatorname{rad}R)$, 则存在 $n\in\mathbf{N}$, 使 $\overline{x}^n=\overline{0}$, 即 $x^n\in\operatorname{rad}R$, 于是存在 $m\in\mathbf{N}$, 使 $(x^n)^m=0$, 从而 $x^{mn}=0$, 即 $x\in\operatorname{rad}R$, 所以 $\overline{x}=\overline{0}$. 因此

$$\operatorname{rad}(R/\operatorname{rad}R)=\{\overline{0}\}.$$

26. 设 R 是交换环, I 是 R 的理想. 证明: $\mathrm{rad}(R/I)=\sqrt{I}/I$.

证明 对任意的 $\overline{x}\in\sqrt{I}/I$, 有 $x\in\sqrt{I}$, 则存在 $n\in\mathbf{N}$, 使 $x^n\in I$. 于是

$$\overline{x}^n=\overline{x^n}=\overline{0}.$$

因此 $\sqrt{I}/I\subseteq\mathrm{rad}(R/I)$.

另一方面, 对任意的 $\overline{x}\in\mathrm{rad}(R/I)$, 存在 $n\in\mathbf{N}$, 使 $\overline{x}^n=\overline{0}$, 于是

$$\overline{x^n}=\overline{x}^n=\overline{0},$$

从而 $x^n\in I$, 由此得 $x\in\sqrt{I}$. 因此 $\mathrm{rad}(R/I)\subseteq\sqrt{I}/I$. 所以

$$\mathrm{rad}(R/I)=\sqrt{I}/I.$$

习题 3-4 环的同态

1. 指出下列映射中哪些是环同态, 并说明理由.

(1) $\phi:\mathbf{R}\longrightarrow\mathbf{R},\quad\phi(x)=|x|$;

(2) $\phi:\mathbf{C}\longrightarrow\mathbf{C},\quad\phi(a+b\mathrm{i})=a-b\mathrm{i}$;

(3) $\phi:\mathbf{C}\longrightarrow\mathbf{R},\quad\phi(a+b\mathrm{i})=a$;

(4) $R=\{a+b\sqrt{2}\mid a,b\in\mathbf{Z}\},\quad S=\{a+b\sqrt{3}\mid a,b\in\mathbf{Z}\}$.

$$\phi:R\longrightarrow S,\quad\phi(a+b\sqrt{2})=a+b\sqrt{3};$$

(5) $R=\mathbf{R}[x],\ \phi:R\longrightarrow R,\quad\phi(f(x))=f'(x)$;

(6) $R=\mathbf{R}[x],\ \phi:R\longrightarrow R,\quad\phi(f(x))=\displaystyle\int_0^x f(t)\,\mathrm{d}t$.

解 (1) 因为 $\phi(1-2)=1\neq\phi(1)+\phi(-2)$, 所以 ϕ 不是同态.

(2) 对任意的 $a+b\mathrm{i},c+d\mathrm{i}\in\mathbf{C}$, 有

$$\begin{aligned}\phi((a+b\mathrm{i})+(c+d\mathrm{i}))&=\phi((a+c)+(b+d)\mathrm{i})=(a+c)-(b+d)\mathrm{i}\\&=(a-b\mathrm{i})+(c-d\mathrm{i})=\phi(a+b\mathrm{i})+\phi(c+d\mathrm{i}),\\\phi((a+b\mathrm{i})(c+d\mathrm{i}))&=\phi((ac-bd)+(ad+bc)\mathrm{i})=(ac-bd)-(ad+bc)\mathrm{i}\\&=(a-b\mathrm{i})(c-d\mathrm{i})=\phi(a+b\mathrm{i})\phi(c+d\mathrm{i}),\end{aligned}$$

所以 ϕ 是同态.

(3) 因为 $\phi(\mathrm{i}\cdot\mathrm{i})=-1\neq\phi(\mathrm{i})\phi(\mathrm{i})$, 所以 ϕ 不是同态.

(4) 因为 $\phi(\sqrt{2}\cdot\sqrt{2})=2\neq\phi(\sqrt{2})\phi(\sqrt{2})$, 所以 ϕ 不是同态.

(5) 因为

$$\phi(x\cdot x)=\phi(x^2)=(x^2)'=2x\neq\phi(x)\phi(x),$$

所以 ϕ 不是同态.

(6) 因为

$$\phi(1\cdot 1)=\phi(1)=x\neq\phi(1)\phi(1),$$

所以 ϕ 不是同态.

2. 设 $\phi:\mathbf{Z}_6\longrightarrow\mathbf{Z}_2$ 使 $\phi(x+\langle 6\rangle)=x+\langle 2\rangle$. 证明: ϕ 为 $\mathbf{Z}_6$ 到 $\mathbf{Z}_2$ 的环同态. 并求同态的核 $\mathrm{Ker}\,\phi$.

证明 如果 $x+\langle 6\rangle=y+\langle 6\rangle$, 则 $x-y\in\langle 6\rangle\subseteq\langle 2\rangle$, 所以 $x+\langle 2\rangle=y+\langle 2\rangle$, 即 $\phi(x+\langle 6\rangle)=\phi(y+\langle 6\rangle)$, 因此 ϕ 是 $\mathbf{Z}_6$ 到 $\mathbf{Z}_2$ 的映射. 又对任意的 $x+\langle 6\rangle, y+\langle 6\rangle\in\mathbf{Z}_6$, 有

$$\begin{aligned}\phi((x+\langle 6\rangle)+(y+\langle 6\rangle))&=\phi((x+y)+\langle 6\rangle)=(x+y)+\langle 2\rangle\\&=(x+\langle 2\rangle)+(y+\langle 2\rangle)=\phi((x+\langle 6\rangle)+\phi(y+\langle 6\rangle)),\\\phi((x+\langle 6\rangle)(y+\langle 6\rangle))&=\phi(xy+\langle 6\rangle)=xy+\langle 2\rangle\\&=(x+\langle 2\rangle)(y+\langle 2\rangle)=\phi(x+\langle 6\rangle)\phi(y+\langle 6\rangle),\end{aligned}$$

所以 ϕ 是同态.

同态的核为

$$\begin{aligned}\mathrm{Ker}\,\phi&=\{x+\langle 6\rangle\,|\,x+\langle 2\rangle=0+\langle 2\rangle\}\\&=\{x+\langle 6\rangle\,|\,x\in\langle 2\rangle\}\\&=\{x+\langle 6\rangle\,|\,2\mid x\}\\&=2\mathbf{Z}_6.\end{aligned}$$

3. 集合

$$S=\left\{\begin{pmatrix}x&y\\0&z\end{pmatrix}\,\middle|\,x,y,z\in\mathbf{Z}\right\}$$

按通常矩阵的加法与乘法构成一个环. 令

$$\begin{aligned}\psi:\quad S&\longrightarrow\mathbf{Z}\\\begin{pmatrix}x&y\\0&z\end{pmatrix}&\longmapsto z.\end{aligned}$$

(1) 证明: ψ 为 S 到 $\mathbf{Z}$ 的满同态;

(2) 求 ψ 的核 K, 并给出 S/K 到 $\mathbf{Z}$ 的一个同构映射.

(1) **证明** 显然 ψ 为 S 到 $\mathbf{Z}$ 的满映射. 又对任意的 $A=\begin{pmatrix} x & y \\ 0 & z \end{pmatrix}$, $B=\begin{pmatrix} u & v \\ 0 & w \end{pmatrix}\in S$, 有

$$\begin{aligned}\psi(A+B)&=\psi\left(\begin{pmatrix} x+u & y+v \\ 0 & z+w \end{pmatrix}\right)=z+w\\&=\psi(A)+\psi(B),\\ \psi(A\cdot B)&=\psi\left(\begin{pmatrix} xu & xv+yw \\ 0 & zw \end{pmatrix}\right)=zw\\&=\psi(A)\cdot\psi(B),\end{aligned}$$

所以 ψ 为 S 到 $\mathbf{Z}$ 的满同态.

(2) **解**

$$\begin{aligned}K=\operatorname{Ker}\psi&=\left\{\begin{pmatrix} x & y \\ 0 & z \end{pmatrix}\middle| x,y\in\mathbf{Z},z=0\right\}\\&=\left\{\begin{pmatrix} x & y \\ 0 & 0 \end{pmatrix}\middle| x,y\in\mathbf{Z}\right\},\end{aligned}$$

易知

$$S/K=\left\{\begin{pmatrix} 0 & 0 \\ 0 & z \end{pmatrix}+K\middle| z\in\mathbf{Z}\right\},$$

所以 S/K 到 $\mathbf{Z}$ 的一个同构映射为

$$\widetilde{\psi}:\begin{pmatrix} 0 & 0 \\ 0 & z \end{pmatrix}+K\longmapsto z.$$

注 下面的第 4~9 题是讨论 $\mathbf{Z}_m$ 到 $\mathbf{Z}_n$ 的环同态的. 为了方便起见, 首先进行一些一般性的讨论.

为避免引起记号上的混淆, 记 $\mathbf{Z}_m=\{\overline{x}\mid x=0,1,\cdots,m-1\}$, $\mathbf{Z}_n=\{[x]\mid x=0,1,\cdots,n-1\}$. 由于 $\mathbf{Z}_m=\langle\overline{1}\rangle$, 所以 $\mathbf{Z}_m$ 到 $\mathbf{Z}_n$ 的任一同态 ϕ 由它在 $\overline{1}\in\mathbf{Z}_m$ 处的值唯一确定. 设 $\phi(\overline{1})=[a]=a[1]\in\mathbf{Z}_n$, 则 $\phi(\overline{x})=x[a]=a[x]$. 下面证明一个引理:

引理 $\phi:\overline{1}\mapsto[a]$ 为 $\mathbf{Z}_m$ 到 $\mathbf{Z}_n$ 的同态的充分必要条件是 $m[a]=[0]$ 且 $[a]^2=[a]$(即 $[a]$ 为 $\mathbf{Z}_n$ 的幂等元).

证明 **必要性** 设 ϕ 为 $\mathbf{Z}_m$ 到 $\mathbf{Z}_n$ 的同态, 使 $\phi(\overline{1})=[a]$, 则

(1) $m[a]=m\phi(\overline{1})=\phi(\overline{ma})=\phi(\overline{0})=[0]$;

(2) $[a]^2=(\phi(\overline{1}))^2=\phi(\overline{1}^2)=\phi(\overline{1})=[a]$.

充分性 (1) 设 $\overline{x}=\overline{y}\in\mathbf{Z}_m$, 则 $m\mid x-y$, 从而 $(y-x)[a]=[0]$, 于是

$$\phi(\overline{y})=a[y]=a[x]+a[y-x]=a[x]+(y-x)[a]=a[x]=\phi(\overline{x}),$$

所以 ϕ 为 $\mathbf{Z}_m$ 到 $\mathbf{Z}_n$ 的映射.

(2) 对任意的 $\overline{x},\overline{y}\in\mathbf{Z}_m$, 有

$$\begin{aligned}\phi(\overline{x}+\overline{y})&=\phi(\overline{x+y})=a[x+y]\\&=a[x]+a[y]=\phi(\overline{x})+\phi(\overline{y}),\\\phi(\overline{x}\cdot\overline{y})&=\phi(\overline{x\cdot y})=a[xy]=xy[a]=xy[a]\cdot[a]\\&=(x[a])\cdot(y[a])=\phi(\overline{x})\cdot\phi(\overline{y}),\end{aligned}$$

所以 ϕ 为 $\mathbf{Z}_m$ 到 $\mathbf{Z}_n$ 的同态.

4. 试求 $\mathbf{Z}_5$ 到 $\mathbf{Z}_{10}$ 的所有环同态.

解　$(5,10)=5$, 在 $\mathbf{Z}_{10}$ 中, 满足 $5\overline{a}=\overline{0}$ 且为幂等元的元素只有 $\overline{0}$ 与 $\overline{6}$. 所以共有两个 $\mathbf{Z}_5$ 到 $\mathbf{Z}_{10}$ 的同态

$$\phi_1(\overline{x})=\overline{0},$$

$$\phi_2(\overline{x})=6\overline{x}.$$

5. 试求 $\mathbf{Z}_4$ 到 $\mathbf{Z}_{12}$ 的所有环同态.

解　$(4,12)=4$, 在 $\mathbf{Z}_{12}$ 中, 满足 $4\overline{a}=\overline{0}$ 且为幂等元的元素只有 $\overline{0}$ 与 $\overline{9}$. 所以共有两个 $\mathbf{Z}_4$ 到 $\mathbf{Z}_{12}$ 的同态

$$\phi_1(\overline{x})=\overline{0},$$

$$\phi_2(\overline{x})=9\overline{x}.$$

6. 试求 $\mathbf{Z}_{20}$ 到 $\mathbf{Z}_{30}$ 的所有环同态.

解　$(20,30)=10$, 在 $\mathbf{Z}_{30}$ 中, 满足 $10\overline{a}=\overline{0}$ 且为幂等元的元素只有 $\overline{0}$, $\overline{6}$, $\overline{15}$ 与 $\overline{21}$. 所以共有 4 个 $\mathbf{Z}_{20}$ 到 $\mathbf{Z}_{30}$ 的同态

$$\phi_1(\overline{x})=\overline{0},$$

$$\phi_2(\overline{x})=6\overline{x},$$

$$\phi_3(\overline{x})=15\overline{x},$$

$$\phi_4(\overline{x})=21\overline{x}.$$

7. 对给定的正整数 n, 试求环 $\mathbf{Z}_n$ 的所有自同态.

(1) $n=6$;　　(2) $n=10$;　　(3) $n=12$;

(4) $n=18$;　　(5) $n=24$;　　(6) $n=36$.

解　由前面的引理可知, 只要求出 $\mathbf{Z}_n$ 的所有幂等元, 就可求出 $\mathbf{Z}_n$ 的所有自同态.

(1) $\phi_1(\overline{x})=\overline{0}$, $\phi_2(\overline{x})=\overline{x}$, $\phi_3(\overline{x})=3\overline{x}$, $\phi_4(\overline{x})=4\overline{x}$.

(2) $\phi_1(\overline{x})=\overline{0}$, $\phi_2(\overline{x})=\overline{x}$, $\phi_3(\overline{x})=5\overline{x}$, $\phi_4(\overline{x})=6\overline{x}$.

(3) $\phi_1(\overline{x})=\overline{0}$, $\phi_2(\overline{x})=\overline{x}$, $\phi_3(\overline{x})=4\overline{x}$, $\phi_4(\overline{x})=9\overline{x}$.

(4) $\phi_1(\overline{x})=\overline{0}$, $\phi_2(\overline{x})=\overline{x}$, $\phi_3(\overline{x})=9\overline{x}$, $\phi_4(\overline{x})=10\overline{x}$.

(5) $\phi_1(\overline{x})=\overline{0}$, $\phi_2(\overline{x})=\overline{x}$, $\phi_3(\overline{x})=9\overline{x}$, $\phi_4(\overline{x})=16\overline{x}$.

(6) $\phi_1(\overline{x})=\overline{0}$, $\phi_2(\overline{x})=\overline{x}$, $\phi_3(\overline{x})=9\overline{x}$, $\phi_4(\overline{x})=28\overline{x}$.

8. 设 $\phi:\mathbf{Z}_3\longrightarrow\mathbf{Z}_6$, $\phi(x+\langle 3\rangle)=2x+\langle 6\rangle$. ϕ 是否为环同态?

解 因为 $\overline{2}$ 不是 $\mathbf{Z}_6$ 中的幂等元, 所以由前面的引理知 ϕ 不是环同态.

9. 设 $\phi:\mathbf{Z}_6\longrightarrow\mathbf{Z}_6$, $\phi(\overline{x})=4\overline{x}$. 证明: ϕ 是环同态. 并求同态的核. 指出 ϕ 是否为满同态? 是否为单同态?

证明 因为 $(6,6)=6$, 而 $6\times\overline{4}=\overline{0}$ 且 $\overline{4}^2=\overline{4}$, 所以 ϕ 为环同态.

$$\begin{aligned}\operatorname{Ker}\phi&=\{\overline{x}\in\mathbf{Z}_6\mid 4\overline{x}=\overline{0}\}\\&=\{\overline{0},\overline{3}\}.\end{aligned}$$

显然 ϕ 既非满同态也非单同态.

10. 试求环 $\mathbf{Q}[\sqrt{2}]$ 的所有自同构.

解 直接验证可知

$$\begin{aligned}\phi_1:&\quad a+b\sqrt{2}\longmapsto a+b\sqrt{2}\quad(\text{恒等变换}),\\\phi_2:&\quad a+b\sqrt{2}\longmapsto a-b\sqrt{2}\quad(\mathbf{Q}[\sqrt{2}]\ \text{的共轭变换})\end{aligned}$$

都是环 $\mathbf{Q}[\sqrt{2}]$ 的自同构.

设 ϕ 为 $\mathbf{Q}[\sqrt{2}]$ 的任一自同构, 则 $\phi(1)=1$, 于是 $\phi(2)=2$, 从而

$$2=\phi(2)=\phi(\sqrt{2}^2)=(\phi(\sqrt{2}))^2,$$

所以 $\phi(\sqrt{2})=\sqrt{2}$ 或 $\phi(\sqrt{2})=-\sqrt{2}$, 由此知, 对任意的 $a+b\sqrt{2}$, $\phi(a+b\sqrt{2})=a+b\sqrt{2}$ 或 $\phi(a+b\sqrt{2})=a-b\sqrt{2}$. 这说明环 $\mathbf{Q}[\sqrt{2}]$ 的自同构只有恒等变换 ϕ_1 与共轭变换 ϕ_2.

11. 证明定理 3.4.1.

证明 (1) $\phi(0_R)=\phi(a-a)=\phi(a)-\phi(a)=0_{R'}$.

(2) $\phi(na)=\phi((n-1)a+a)=\phi((n-1)a)+\phi(a)=\cdots=(n-1)\phi(a)+\phi(a)=n\phi(a)$.

(3) $\phi(a^n)=\phi(a^{n-1}a)=\phi(a^{n-1})\phi(a)=\cdots=(\phi(a))^{n-1}\phi(a)=(\phi(a))^n$.

12. 设 ϕ 为环 R 到环 R' 的满同态. 证明: 如果 R 是交换环, 则 R' 也是交换环.

证明 对任意的 $a', b' \in R'$, 存在 $a, b \in R$, 使 $\phi(a) = a'$, $\phi(b) = b'$, 于是

$$a'b' = \phi(a)\phi(b) = \phi(ab) = \phi(ba) = \phi(b)\phi(a) = b'a',$$

所以 R' 是交换环.

13. 设 ϕ 为环 R 到环 R' 的同态. 证明 ϕ 是单同态的充分必要条件是 $\mathrm{Ker}\,\phi = \{0\}$.

证明 **必要性** 设 $x \in \mathrm{Ker}\,\phi$, 则

$$\phi(x) = 0 = \phi(0).$$

由于 ϕ 是单同态, 因此 $x = 0$, 所以 $\mathrm{Ker}\,\phi = \{0\}$.

充分性 设 $x, y \in R$, 使 $\phi(x) = \phi(y)$, 则

$$\phi(x - y) = \phi(x) - \phi(y) = 0.$$

于是 $x - y \in \mathrm{Ker}\,\phi$. 由于 $\mathrm{Ker}\,\phi = \{0\}$, 因此 $x - y = 0$, 所以 $x = y$, 由此知 ϕ 为单同态.

14. 环 $2\mathbf{Z}$ 与 $3\mathbf{Z}$ 是否同构?

解 不同构. 倘否, 设 ϕ 为 $2\mathbf{Z}$ 到 $3\mathbf{Z}$ 的任一同构映射, 则存在 $z \in \mathbf{Z}$, 使 $\phi(2z) = 3 \in 3\mathbf{Z}$. 而 $2 \in 2\mathbf{Z}$, 于是 $3 = \phi(2z) = z\phi(2)$. 因 3 为素数, 而 $\phi(2) \in 3\mathbf{Z}$, 所以 $z = \pm 1$. 因此 $\phi(2) = \pm 3$. 由此推出

$$\phi(4) = \phi(2 + 2) = 2\phi(2) = \pm 6,$$
$$\phi(4) = \phi(2^2) = (\phi(2))^2 = 9.$$

这是一个矛盾.

15. 环 $2\mathbf{Z}$ 与 $4\mathbf{Z}$ 是否同构?

解 不同构. 倘否, 设 ϕ 为 $2\mathbf{Z}$ 到 $4\mathbf{Z}$ 的任一同构映射, 令 $\phi(2) = 4z, z \in \mathbf{Z}, z \neq 0$, 有

$$\phi(4) = \phi(2 + 2) = 2\phi(2) = 8z,$$
$$\phi(4) = \phi(2^2) = (\phi(2))^2 = 16z^2.$$

于是 $8z = 16z^2$, 从而 $z = \dfrac{1}{2}$. 这与 $z \in \mathbf{Z}$ 矛盾.

16. 设 ϕ 是环 R 到 R' 的环同态, 证明:

(1) 如果 S 是 R 的子环, 则 $\phi(S)$ 是 R' 的子环;

(2) 如果 S' 是 R' 的子环, 则 $\phi^{-1}(S')$ 是 R 的子环;

(3) 如果 I' 是 R' 的理想, 则 $\phi^{-1}(I')$ 是 R 的理想;

(4) 如果 I 是 R 的理想且 ϕ 是满同态, 则 $\phi(I)$ 是 R' 的理想.

证明 (1) 对任意的 $a'=\phi(a), b'=\phi(b)\in\phi(S)$, $a,b\in S$, 则

$$a'-b'=\phi(a)-\phi(b)=\phi(a-b)\in\phi(S),$$
$$a'\cdot b'=\phi(a)\cdot\phi(b)=\phi(a\cdot b)\in\phi(S),$$

所以 $\phi(S)$ 是 R' 的子环.

(2) 对任意的 $a,b\in\phi^{-1}(S')$, 即 $\phi(a),\phi(b)\in S'$, 从而

$$\phi(a-b)=\phi(a)-\phi(b)\in S',$$
$$\phi(a\cdot b)=\phi(a)\cdot\phi(b)\in S',$$

即 $a-b, ab\in\phi^{-1}(S')$, 所以 $\phi^{-1}(S')$ 是 R 的子环.

(3) 对任意的 $a,b\in\phi^{-1}(I')$, 即 $\phi(a)=a',\phi(b)=b'\in I'$, 从而对任意的 $r\in R$, 有

$$\phi(a-b)=\phi(a)-\phi(b)=a'-b'\in I',$$
$$\phi(ar)=\phi(a)\cdot\phi(r)=a'\phi(r)\in I',$$
$$\phi(ra)=\phi(r)\cdot\phi(a)=\phi(r)a'\in I',$$

即 $a-b, ar, ra\in\phi^{-1}(I')$, 所以 $\phi^{-1}(I')$ 是 R 的理想.

(4) 对任意的 $a',b'\in\phi(I)$, 则存在 $a,b\in I$, 使 $\phi(a)=a',\phi(b)=b'$. 又 ϕ 为满同态, 从而对任意的 $r'\in R'$, 存在 $r\in R$, 使 $\phi(r)=r'$, 于是

$$a'-b'=\phi(a)-\phi(b)=\phi(a-b)\in\phi(I),$$
$$a'\cdot r'=\phi(a)\cdot\phi(r)=\phi(a\cdot r)\in\phi(I),$$
$$r'\cdot a'=\phi(r)\cdot\phi(a)=\phi(r\cdot a)\in\phi(I),$$

所以 $\phi(I)$ 是 R' 的理想.

17. 设 I 和 J 是环 R 的理想且满足 $I+J=R, I\cap J=\{0\}$. 证明: 环 $R/I\cong J$.

证明 由环的第二同构定理得

$$R/I=(I+J)/I\cong J/I\cap J=J/\{0\}\cong J.$$

18. 设 ϕ 是环 R 到 R' 的满同态, I 和 J 分别是 R 和 R' 的理想. 证明: 如果 $\phi(I)=J$ 且 $\operatorname{Ker}\phi\subseteq I$, 则有环同构

$$R/I\cong R'/J.$$

证明　令

$$\widetilde{\phi}:\quad R \longrightarrow R'/J$$
$$x \longmapsto \phi(x)+J.$$

(1) 显然 $\widetilde{\phi}$ 为 R 到 R'/J 的映射.

(2) 对任意的 $x'+J\in R'/J$, 由于 ϕ 为 R 到 R' 的满同态, 因此存在 $x\in R$, 使 $\phi(x)=x'$, 从而 $\widetilde{\phi}(x)=\phi(x)+J=x'+J$, 所以 $\widetilde{\phi}$ 是 R 到 R'/J 的满映射.

(3) 对任意的 $x,y\in R$, 有

$$\begin{aligned}\widetilde{\phi}(x+y)&=\phi(x+y)+J=\phi(x)+\phi(y)+J\\&=(\phi(x)+J)+(\phi(y)+J)=\widetilde{\phi}(x)+\widetilde{\phi}(y),\\\widetilde{\phi}(xy)&=\phi(xy)+J=\phi(x)\phi(y)+J\\&=(\phi(x)+J)(\phi(y)+J)=\widetilde{\phi}(x)\widetilde{\phi}(y),\end{aligned}$$

所以 $\widetilde{\phi}$ 为 R 到 R'/J 的满同态.

(4) 设 $x\in \operatorname{Ker}\widetilde{\phi}$, 则 $\phi(x)\in J$, 于是存在 $a\in I$, 使 $\phi(x)=\phi(a)$, 从而 $x-a\in \operatorname{Ker}\phi$. 而 $\operatorname{Ker}\phi\subseteq I$, 因此 $x-a\in I$, 于是 $x\in I$. 这说明 $\operatorname{Ker}\widetilde{\phi}\subseteq I$. 又由 $\phi(I)=J$ 可知 $I\subseteq \operatorname{Ker}\widetilde{\phi}$. 因此 $\operatorname{Ker}\widetilde{\phi}=I$. 于是由环同态基本定理得

$$R/I\cong R'/J.$$

19. 证明 (环的第一同构定理): 设 ϕ 是环 R 到 R' 的环同态, 则有环同构

$$\overline{\phi}: R/\operatorname{Ker}\phi\cong\phi(R).$$

证明　由已知条件可知, ϕ 为 R 到 $\phi(R)$ 的满同态, 从而由环同态基本定理知存在环同构

$$\overline{\phi}: R/\operatorname{Ker}\phi\cong\phi(R).$$

20. 证明 (环的第三同构定理): 设 I 与 J 都是 R 的理想, $I\subseteq J$, 则 J/I 是 R/I 的理想, 且有环同构

$$(R/I)\;/\;(J/I)\cong R/J.$$

证明　令

$$\begin{aligned}\phi:\quad R/I &\longrightarrow R/J\\x+I&\longmapsto x+J.\end{aligned}$$

(1) 如果 $x+I=y+I$, 则 $x-y\in I\subseteq J$, 所以 $x+J=y+J$, 因此 ϕ 为 R/I 到 R/J 的映射.

(2) 对任意的 $x+J \in R/J$, $x+I \in R/I$ 且 $\phi(x+I)=x+J$, 所以 ϕ 是 R/I 到 R/J 的满映射.

(3) 对任意的 $x+I, y+I \in R/I$, 有

$$\begin{aligned}\phi((x+I)+(y+I)) &= \phi(x+y+I) = x+y+J \\ &= (x+J)+(y+J) = \phi(x+I)+\phi(y+I), \\ \phi((x+I)\cdot(y+I)) &= \phi(xy+I) = xy+J \\ &= (x+J)\cdot(y+J) = \phi(x+I)\cdot\phi(y+I),\end{aligned}$$

所以 ϕ 为 R/I 到 R/J 的满同态. 又

$$\begin{aligned}\operatorname{Ker}\phi &= \{x+I \mid x+J=J\} \\ &= \{x+I \mid x \in J\} \\ &= J/I.\end{aligned}$$

于是由环同态基本定理得

$$(R/I) \,/\, (J/I) \cong R/J.$$

21. 设 $R=\mathbf{Z}$ 为整数集. 对任意的 $x, y \in R$, 规定

$$x \oplus y = x+y+1, \quad x \odot y = xy+x+y.$$

(1) 证明: $(R, \oplus, \odot)$ 构成一个环.

(2) 证明: R 与整数环 $\mathbf{Z}$ 同构.

证明 (1) (a) 显然 $\oplus, \odot$ 都是 R 的代数运算.

(b) 对任意的 $x, y \in R$, 有

$$\begin{aligned}x \oplus y &= x+y+1 = y+x+1 = y \oplus x, \\ x \odot y &= xy+x+y = yx+y+x = y \odot x,\end{aligned}$$

所以 R 的两个运算都满足交换律.

(c) 对任意的 $x, y, z \in R$, 有

$$\begin{aligned}(x \oplus y) \oplus z &= (x+y+1) \oplus z = (x+y+1)+z+1 = x+y+z+2, \\ x \oplus (y \oplus z) &= x \oplus (y+z+1) = x+(y+z+1)+1 = x+y+z+2; \\ (x \odot y) \odot z &= (xy+x+y) \odot z = (xy+x+y)z+(xy+x+y)+z \\ &= xyz+xy+xz+yz+x+y+z, \\ x \odot (y \odot z) &= x \odot (yz+y+z) = x(yz+y+z)+x+(yz+y+z) \\ &= xyz+xy+xz+yz+x+y+z;\end{aligned}$$

所以 R 的两个运算都满足结合律.

(d) 对任意的 $x \in R$, 有

$$x \oplus (-1) = x + (-1) + 1 = x,$$

所以 -1 为 R 的零元.

(e) 对任意的 $x \in R$, 有

$$x \oplus (-2 - x) = x + (-2 - x) + 1 = -1,$$

所以 $-2 - x$ 为 x 的负元.

(f) 对任意的 $x \in R$, 有

$$x \odot 0 = x \cdot 0 + x + 0 = x,$$

所以 0 为 R 的单位元.

(g) 对任意的 $x, y, z \in R$, 有

$$\begin{aligned}(x \oplus y) \odot z &= (x + y + 1) \odot z = (x + y + 1)z + (x + y + 1) + z \\ &= xz + yz + x + y + 2z + 1, \\ (x \odot z) \oplus (y \odot z) &= (xz + x + z) \oplus (yz + y + z) \\ &= xz + yz + x + y + 2z + 1,\end{aligned}$$

所以 $\odot$ 对 $\oplus$ 满足分配律.

因此 $(R, \oplus, \odot)$ 构成一个有单位元的交换环.

(2) 令

$$\begin{aligned}\phi: \quad & R \longrightarrow \mathbf{Z} \\ & x \longmapsto x + 1.\end{aligned}$$

(a) 显然 ϕ 为 R 到 $\mathbf{Z}$ 的单且满映射.

(b) 对任意的 $x, y \in R$, 有

$$\begin{aligned}\phi(x \oplus y) &= \phi(x + y + 1) = x + y + 2 = (x + 1) + (y + 1) \\ &= \phi(x) + \phi(y), \\ \phi(x \odot y) &= \phi(xy + x + y) = xy + x + y + 1 = (x + 1)(y + 1) \\ &= \phi(x)\phi(y),\end{aligned}$$

所以 ϕ 为 R 到 $\mathbf{Z}$ 的同构映射, 即

$$\phi: \quad R \cong \mathbf{Z}.$$

22. 证明如果 m 与 n 是不同的正整数, 则环 $m\mathbf{Z}$ 与 $n\mathbf{Z}$ 不同构.

证明 (反证法) 倘否, 设 ϕ 为 $m\mathbf{Z}$ 到 $n\mathbf{Z}$ 的任一同构映射, 令 $\phi(m)=na$, $\phi(mb)=n(a,b\in\mathbf{Z})$, 则

$$n=\phi(bm)=b\phi(m)=abn.$$

所以 $a=b=\pm1$. 从而

$$n^2=(\phi(mb))^2=\phi(m^2b^2)=\phi(m^2)=\phi(m\cdot m)=m\phi(m)=mna,$$

于是 $n=ma$. 由于 m,n 都是正整数, 且 $a=\pm1$, 因此 $m=n$, 这与已知条件矛盾.

*23. 设 m 与 n 是不同的正整数. 试给出存在 $\mathbf{Z}_m$ 到 $\mathbf{Z}_n$ 的非零环同态的条件.

解 由第 4 题前面的注, 可得: 存在 $\mathbf{Z}_m$ 到 $\mathbf{Z}_n$ 的非零环同态的充分必要条件是存在正整数 $a<n$, 使 $n\mid(m,n)a$ 且 $n\mid a(a-1)$.

*24. 设 m 与 n 是互素的正整数. 证明存在环同构: $\mathbf{Z}_{mn}\cong\mathbf{Z}_m\oplus\mathbf{Z}_n$.

证明 令

$$\begin{aligned}\phi:\quad \mathbf{Z}_{mn} &\longrightarrow \mathbf{Z}_m\oplus\mathbf{Z}_n\\ \overline{x}\quad &\longmapsto (\overline{x},\overline{x}).\end{aligned}$$

(1) 如果 $\overline{x}=\overline{y}$, 则 $mn\mid x-y$, 于是 $m\mid(x-y)$, $n\mid(x-y)$. 所以 $(\overline{x},\overline{x})=(\overline{y},\overline{y})$, 因此 ϕ 为 $\mathbf{Z}_{mn}$ 到 $\mathbf{Z}_m\oplus\mathbf{Z}_n$ 的映射.

(2) 设 $\overline{x},\overline{y}\in\mathbf{Z}_{mn}$, 如果 $\phi(\overline{x})=\phi(\overline{y})$, 即 $(\overline{x},\overline{x})=(\overline{y},\overline{y})$, 则 $m\mid(x-y)$, $n\mid(x-y)$. 由于 $(m,n)=1$, 因此 $mn\mid(x-y)$, 从而 $\overline{x}=\overline{y}\in\mathbf{Z}_{mn}$. 这说明 ϕ 是 $\mathbf{Z}_{mn}$ 到 $\mathbf{Z}_m\oplus\mathbf{Z}_n$ 的单映射. 又因为 $|\mathbf{Z}_{mn}|=mn=|\mathbf{Z}_m\oplus\mathbf{Z}_n|$, 所以 $\phi(\mathbf{Z}_{mn})=\mathbf{Z}_m\oplus\mathbf{Z}_n$, 因此 ϕ 也是 $\mathbf{Z}_{mn}$ 到 $\mathbf{Z}_m\oplus\mathbf{Z}_n$ 的满映射.

(3) 对任意的 $\overline{x},\overline{y}\in\mathbf{Z}_{mn}$, 有

$$\begin{aligned}\phi(\overline{x}+\overline{y})&=\phi(\overline{x+y})=(\overline{x+y},\overline{x+y})=(\overline{x},\overline{x})+(\overline{y},\overline{y})=\phi(\overline{x})+\phi(\overline{y}),\\ \phi(\overline{x}\cdot\overline{y})&=\phi(\overline{xy})=(\overline{xy},\overline{xy})=(\overline{x},\overline{x})(\overline{y},\overline{y})=\phi(\overline{x})\cdot\phi(\overline{y}),\end{aligned}$$

所以 ϕ 为 $\mathbf{Z}_{mn}$ 到 $\mathbf{Z}_m\oplus\mathbf{Z}_n$ 环满同态. 因此 ϕ 是 $\mathbf{Z}_{mn}$ 到 $\mathbf{Z}_m\oplus\mathbf{Z}_n$ 的同构映射

$$\phi:\quad \mathbf{Z}_{mn}\cong\mathbf{Z}_m\oplus\mathbf{Z}_n.$$

习题 3-5 素理想与极大理想

1. 求下列剩余类环的素理想与极大理想:

(1) $\mathbf{Z}_6$; (2) $\mathbf{Z}_{12}$;

(3) $\mathbf{Z}_{13}$; (4) $\mathbf{Z}_{16}$;

(5) $\mathbf{Z}_{30}$; (6) $\mathbf{Z}_{48}$.

解 (1) 极大理想：$2\mathbf{Z}_6, 3\mathbf{Z}_6$, 素理想：$2\mathbf{Z}_6, 3\mathbf{Z}_6$;

(2) 极大理想：$2\mathbf{Z}_{12}, 3\mathbf{Z}_{12}$, 素理想：$2\mathbf{Z}_{12}, 3\mathbf{Z}_{12}$;

(3) 极大理想：$\{\overline{0}\}$, 素理想：$\{\overline{0}\}$;

(4) 极大理想：$2\mathbf{Z}_{16}$, 素理想：$2\mathbf{Z}_{16}$;

(5) 极大理想：$2\mathbf{Z}_{30}, 3\mathbf{Z}_{30}, 5\mathbf{Z}_{30}$, 素理想：$2\mathbf{Z}_{30}, 3\mathbf{Z}_{30}, 5\mathbf{Z}_{30}$;

(6) 极大理想：$2\mathbf{Z}_{48}, 3\mathbf{Z}_{48}$, 素理想：$2\mathbf{Z}_{48}, 3\mathbf{Z}_{48}$.

2. 在高斯整环 $\mathbf{Z}[\mathrm{i}]$ 中, 指出下列理想中哪些是素理想, 哪些是极大理想, 并说明理由.

(1) $\langle 1+\mathrm{i}\rangle$; (2) $\langle 3\rangle$;

(3) $\langle 2+\mathrm{i}\rangle$; (4) $\langle 3+\mathrm{i}\rangle$;

(5) $\{0\}$; (6) $\langle 2+3\mathrm{i}\rangle$.

解 极大理想: (1), (2), (3), (6); 素理想: (1), (2), (3), (5), (6).

因为 $3+\mathrm{i}=(1+\mathrm{i})(2-\mathrm{i})$, 而 $1+\mathrm{i}, 2-\mathrm{i}$ 都不是单位, 所以 $\langle 3+\mathrm{i}\rangle$ 不是素理想, 从而也不是极大理想.

3. 证明：$\langle\sqrt{2}\rangle$ 是环 $\mathbf{Z}[\sqrt{2}\,]=\{a+b\sqrt{2}\,|\,a,b\in\mathbf{Z}\}$ 的极大理想.

证明 设 J 为 R 的任一包含 $I=\langle\sqrt{2}\rangle$ 的理想. 在 J 中任取一个不属于 I 的元素 $x=a+b\sqrt{2}(a,b\in\mathbf{Z})$, 则 $2\nmid a$, 于是 $a=1+2c, c\in\mathbf{Z}$, 从而 $1=x-2c-b\sqrt{2}\in J$, 因此 $J=R$. 所以 $\langle\sqrt{2}\rangle$ 为 R 的极大理想.

注 **非交换环上的极大理想与素理想:** 对于非交换环, 也有素理想与极大理想的概念.

定义 3.5.1′ *设 R 为环, P 是 R 的真理想. 如果对 R 的任意两个理想 I, J, 由 $IJ\subseteq P$, 可推出 $I\subseteq P$ 或 $J\subseteq P$, 则称 P 为 R 的一个***素理想**(prime ideal).

非交换环上的极大理想的定义同定义 3.5.2.

可以证明, 如果 R 是交换环, 则定义 3.5.1 与定义 3.5.1′ 是等价的. 如果 R 是非交换环, 则当 P 满足定义 3.5.1 的条件时, P 一定是定义 3.5.1′ 意义下的素理想. 这个结论的前一部分的证明见第 20 题, 结论的后一部分证明如下:

(反证法) 设 I, J 是 R 的两个理想, 使 $IJ\subseteq P$, 但 $I\not\subseteq P$ 且 $J\not\subseteq P$, 则存在 $x\in I$, $y\in J$, 使 $x, y\notin P$. 因为 $xy\in IJ$, 所以 $xy\in P$, 从而由已知条件知, 必有 $x\in P$ 或 $y\in P$, 这与 x, y 的选取矛盾.

4. 设

$$R=\left\{\begin{pmatrix} a & 0\\ c & d\end{pmatrix}\middle|\, a,c,d\in\mathbf{R}\right\},\quad I=\left\{\begin{pmatrix} a & 0\\ c & 0\end{pmatrix}\middle|\, a,c\in\mathbf{R}\right\}.$$

证明：R 关于矩阵的加法与乘法构成一个环, 且 I 是 R 的一个极大理想.

证明 (1) 对任意的 $A=\begin{pmatrix} a & 0 \\ b & c \end{pmatrix}, B=\begin{pmatrix} u & 0 \\ v & w \end{pmatrix}\in R$, 有

$$A-B=\begin{pmatrix} a-u & 0 \\ b-v & c-w \end{pmatrix}\in R,$$

$$AB=\begin{pmatrix} au & 0 \\ bu+cv & cw \end{pmatrix}\in R,$$

所以 R 为 $M_2(\mathbf{R})$ 的子环, 因此 R 是一个环.

(2) 对任意的 $A=\begin{pmatrix} a & 0 \\ b & 0 \end{pmatrix}, B=\begin{pmatrix} c & 0 \\ d & 0 \end{pmatrix}\in I, X=\begin{pmatrix} u & 0 \\ v & w \end{pmatrix}\in R$, 有

$$A-B=\begin{pmatrix} a-c & 0 \\ b-d & 0 \end{pmatrix}\in I,$$

$$AX=\begin{pmatrix} au & 0 \\ bu & 0 \end{pmatrix}\in I,$$

$$XA=\begin{pmatrix} ua & 0 \\ va+wb & 0 \end{pmatrix}\in I,$$

所以 I 为 R 的理想且显然是 R 的真理想.

(3) 设 J 为 R 的任一包含 I 的理想. 在 J 中任取一个不属于 I 的元素 $A=\begin{pmatrix} a & 0 \\ b & c \end{pmatrix}\in J$, 则 $c\neq 0$. 因为 $\begin{pmatrix} -a+1 & 0 \\ -b & 0 \end{pmatrix}\in I$, 所以

$$\begin{pmatrix} 1 & 0 \\ 0 & c \end{pmatrix}=A+\begin{pmatrix} -a+1 & 0 \\ -b & 0 \end{pmatrix}\in J,$$

从而

$$E=\begin{pmatrix} 1 & 0 \\ 0 & 1 \end{pmatrix}=\begin{pmatrix} 1 & 0 \\ 0 & \frac{1}{c} \end{pmatrix}\begin{pmatrix} 1 & 0 \\ 0 & c \end{pmatrix}\in J.$$

由此推出 $J=R$, 所以 I 为 R 的极大理想.

5. 设环 $R=\left\{\begin{pmatrix} a & b \\ 0 & d \end{pmatrix}\middle| a,b,d\in\mathbf{R}\right\}$. 试求 R 的极大理想与素理想.

解 由习题 3-3 第 6 题知, R 的真理想仅有零理想 $I_0=\left\{\begin{pmatrix} 0 & 0 \\ 0 & 0 \end{pmatrix}\right\}$ 及 $I_1=\left\{\begin{pmatrix} x & y \\ 0 & 0 \end{pmatrix}\middle| x,y\in\mathbf{R}\right\}$, $I_2=\left\{\begin{pmatrix} 0 & x \\ 0 & y \end{pmatrix}\middle| x,y\in\mathbf{R}\right\}$, $I_3=\left\{\begin{pmatrix} 0 & x \\ 0 & 0 \end{pmatrix}\middle| x\in\mathbf{R}\right\}$.

(1) 易知, 零理想既非 R 的素理想, 又非 R 的极大理想.

(2) 设 J 为 R 的任一包含 I_1 的理想. 在 J 中任取一个不属于 I_1 的元素

$A=\begin{pmatrix} a & b \\ 0 & c \end{pmatrix}\in J$, 则 $c\neq 0$. 因为 $\begin{pmatrix} -a+1 & -b \\ 0 & 0 \end{pmatrix}\in I_1$, 所以

$$\begin{pmatrix} 1 & 0 \\ 0 & c \end{pmatrix}=A+\begin{pmatrix} -a+1 & -b \\ 0 & 0 \end{pmatrix}\in J,$$

从而

$$E=\begin{pmatrix} 1 & 0 \\ 0 & 1 \end{pmatrix}=\begin{pmatrix} 1 & 0 \\ 0 & \dfrac{1}{c} \end{pmatrix}\begin{pmatrix} 1 & 0 \\ 0 & c \end{pmatrix}\in J.$$

由此推出 $J=R$, 所以 I_1 为 R 的极大理想.

对任意的 $A=\begin{pmatrix} a & b \\ 0 & c \end{pmatrix}$, $B=\begin{pmatrix} u & v \\ 0 & w \end{pmatrix}\in R$, 如果 $AB=\begin{pmatrix} au & av+bw \\ 0 & cw \end{pmatrix}\in I_1$, 则 $cw=0$, 从而 $c=0$ 或 $w=0$, 因此 $A\in I_1$ 或 $B\in I_1$, 所以 I_1 为 R 的素理想.

(3) 同理可证, I_2 既是 R 的素理想又是 R 的极大理想.

(4) 显然 I_3 不是 R 的极大理想. 又因为 $I_1\not\subseteq I_3$, $I_2\not\subseteq I_3$, 而由

$$\begin{pmatrix} x & y \\ 0 & 0 \end{pmatrix}\begin{pmatrix} 0 & u \\ 0 & v \end{pmatrix}=\begin{pmatrix} 0 & xu+yv \\ 0 & 0 \end{pmatrix}\in I_3,$$

得 $I_1I_2\subseteq I_3$, 所以 I_3 也不是 R 的素理想.

6. 证明: $I=\{(3x,\,y)\,|\,x,y\in\mathbf{Z}\}$ 是 $\mathbf{Z}\oplus\mathbf{Z}$ 的极大理想.

证明　显然 I 为 $\mathbf{Z}\oplus\mathbf{Z}$ 的真理想. 设 J 为 $\mathbf{Z}\oplus\mathbf{Z}$ 的任一包含 I 的理想. 在 J 中任取一个不属于 I 的元素 (a,b), 则 $3\nmid a$. 于是 $a=a'+3z$, 其中 $a'=1$ 或 2, $z\in\mathbf{Z}$. 于是 $a'a=1+3z'$. 从而

$$(1,0)=(a',0)(a,b)-(3z',0)\in J.$$

于是对任意的 $(x,y)\in R$, 有

$$(x,y)=(x,0)(1,0)+(0,y)\in J,$$

由此推出 $J=R$, 所以 I 为 $\mathbf{Z}\oplus\mathbf{Z}$ 的极大理想.

7. 找出环 $R=\mathbf{Z}_8\oplus\mathbf{Z}_{30}$ 的所有极大理想. 并对每个极大理想 I, 给出域 R/I 的阶数.

解　极大理想 $I_1=\{(2\overline{x},\overline{y})\,|\,\overline{x}\in\mathbf{Z}_8,\overline{y}\in\mathbf{Z}_{30})\}$, $|R/I_1|=2$;

极大理想 $I_2=\{(\overline{x},2\overline{y})\,|\,\overline{x}\in\mathbf{Z}_8,\overline{y}\in\mathbf{Z}_{30})\}$, $|R/I_2|=2$;

极大理想 $I_3=\{(\overline{x},3\overline{y})\,|\,\overline{x}\in\mathbf{Z}_8,\overline{y}\in\mathbf{Z}_{30})\}$, $|R/I_1|=3$;

极大理想 $I_4=\{(\overline{x},5\overline{y})\,|\,\overline{x}\in\mathbf{Z}_8,\overline{y}\in\mathbf{Z}_{30})\}$, $|R/I_1|=5$.

8. 在 $\mathbf{Z} \oplus \mathbf{Z}$ 中, $I = \{(a,0) \mid a \in \mathbf{Z}\}$. 证明: I 是一个素理想, 但不是极大理想.

证明　显然 I 是 $\mathbf{Z} \oplus \mathbf{Z}$ 的真理想. 又因为 $I \subsetneq \{(a,2b) \mid a, b \in \mathbf{Z}\}$, 所以 I 不是 $\mathbf{Z} \oplus \mathbf{Z}$ 的极大理想. 又对任意的 $(a,b),(c,d) \in \mathbf{Z} \oplus \mathbf{Z}$, 如果

$$(a,b)(c,d) = (ac, bd) \in I,$$

则 $bd = 0$, 于是 $b = 0$ 或 $d = 0$. 由此推出 $(a,b) \in I$ 或 $(c,d) \in I$. 所以 I 为 $\mathbf{Z} \oplus \mathbf{Z}$ 的素理想.

9. 在 $\mathbf{Z}[x]$ 中, 令 $I = \{f(x) \in \mathbf{Z}[x] \mid f(0)\text{是偶数}\}$. 证明:

(1) $I = \langle x, 2 \rangle$;

(2) I 为 $\mathbf{Z}[x]$ 的极大理想.

证明　(1) 对任意的 $f(x) \in \langle x, 2 \rangle$, 有 $f(x) = g(x)x + 2z, g(x) \in \mathbf{Z}[x], z \in \mathbf{Z}$, 于是 $f(0) = 2z$ 为偶数. 另一方面, 设 $f(x) = a_0x^n + a_1x^{n-1} + \cdots + a_{n-1}x + a_n \in \mathbf{Z}[x]$, 如果 $f(0) = 2z$ 为偶数, 则 $a_n = f(0) = 2z$ 为偶数. 于是

$$f(x) = x(a_0x^{n-1} + a_1x^{n-1} + \cdots + a_{n-1}) + a_n \in \langle x, 2 \rangle.$$

所以 $I = \langle x, 2 \rangle$.

(2) 显然 I 为 $\mathbf{Z}[x]$ 的真理想. 设 J 为 $\mathbf{Z}[x]$ 的任一包含 I 的理想. 在 J 中任取一个不属于 I 的元素 $f(x) = a_0x^n + a_1x^{n-1} + \cdots + a_{n-1}x + a_n$, 则 $2 \nmid f(0)$, 于是 $2 \nmid a_n$. 设 $a_n = 1 + 2z$, 则

$$1 = a_n - 2z = f(x) - x(a_0x^{n-1} + a_1x^{n-1} + \cdots + a_{n-1}) - 2z \in J.$$

由此推出 $J = \mathbf{Z}[x]$, 所以 I 为 $\mathbf{Z}[x]$ 的极大理想.

10. 证明: $\mathbf{Z}_2[x]/\langle x^2 + x + 1 \rangle$ 是一个域.

证明　易知

$$\mathbf{Z}_2[x]/\langle x^2 + x + 1 \rangle = \{\overline{0}, \overline{1}, \overline{x}, \overline{1 + x}\}.$$

而

$$\overline{1}^{-1} = \overline{1}, \quad \overline{x}^{-1} = \overline{1 + x}, \quad \overline{1 + x}^{-1} = \overline{x}.$$

所以 $\mathbf{Z}_2[x]/\langle x^2 + x + 1 \rangle$ 是一个域.

11. 证明: $\mathbf{Z}_3[x]/\langle x^2 + x + 1 \rangle$ 不是一个域.

证明　因为

$$(x-1)(x-1) = x^2 - 2x + 1 = x^2 + x + 1 \in \langle x^2 + x + 1 \rangle,$$

而 $x - 1 \notin \langle x^2 + x + 1 \rangle$, 从而 $\langle x^2 + x + 1 \rangle$ 不是 $\mathbf{Z}_3[x]$ 的素理想, 因此 $\langle x^2 + x + 1 \rangle$ 不是 $\mathbf{Z}_3[x]$ 的极大理想, 所以 $\mathbf{Z}_3[x]/\langle x^2 + x + 1 \rangle$ 不是一个域.

12. 写出 $\mathbf{Z}_3[\theta]$ 的加法表与 $\mathbf{Z}_3[\theta]^*$ 的乘法表, 并由 $\mathbf{Z}_3[\theta]^*$ 的乘法表证明 $\mathbf{Z}_3[\theta]^*$ 为循环群.

解　$\mathbf{Z}_3[\theta]$ 的加法表:

	0	1	-1	θ	$-\theta$	$1+\theta$	$-1+\theta$	$1-\theta$	$-1-\theta$
0	0	1	-1	θ	$-\theta$	$1+\theta$	$-1+\theta$	$1-\theta$	$-1-\theta$
1	1	-1	0	$1+\theta$	$1-\theta$	$-1+\theta$	θ	$-1-\theta$	$-\theta$
-1	-1	0	1	$-1+\theta$	$-1-\theta$	θ	$1+\theta$	$-\theta$	$1-\theta$
θ	θ	$1+\theta$	$-1+\theta$	$-\theta$	0	$1-\theta$	$-1-\theta$	1	-1
$-\theta$	$-\theta$	$1-\theta$	$-1-\theta$	0	θ	1	-1	$1+\theta$	$-1+\theta$
$1+\theta$	$1+\theta$	$-1+\theta$	θ	$1-\theta$	1	$-1-\theta$	$-\theta$	-1	0
$-1+\theta$	$-1+\theta$	θ	$1+\theta$	$-1-\theta$	-1	$-\theta$	$1-\theta$	0	1
$1-\theta$	$1-\theta$	$-1-\theta$	$-\theta$	1	$1+\theta$	-1	0	$-1+\theta$	θ
$-1-\theta$	$-1-\theta$	$-\theta$	$1-\theta$	-1	$-1+\theta$	0	1	θ	$1+\theta$

$\mathbf{Z}_3[\theta]^*$ 的乘法表:

	1	-1	θ	$-\theta$	$1+\theta$	$-1+\theta$	$1-\theta$	$-1-\theta$
1	1	-1	θ	$-\theta$	$1+\theta$	$-1+\theta$	$1-\theta$	$-1-\theta$
-1	-1	1	$-\theta$	θ	$-1-\theta$	$1-\theta$	$-1+\theta$	$1+\theta$
θ	θ	$-\theta$	-1	1	$-1+\theta$	$-1-\theta$	$1+\theta$	$1-\theta$
$-\theta$	$-\theta$	θ	1	-1	$1-\theta$	$1+\theta$	$-1-\theta$	$-1+\theta$
$1+\theta$	$1+\theta$	$-1-\theta$	$-1+\theta$	$1-\theta$	$-\theta$	1	-1	θ
$-1+\theta$	$-1+\theta$	$1-\theta$	$-1-\theta$	$1+\theta$	1	θ	$-\theta$	-1
$1-\theta$	$1-\theta$	$-1+\theta$	$1+\theta$	$-1-\theta$	-1	$-\theta$	θ	1
$-1-\theta$	$-1-\theta$	$1+\theta$	$1-\theta$	$-1+\theta$	θ	-1	1	$-\theta$

由乘法表可以看出

$$\mathbf{Z}_3[\theta]^* = \langle 1+\theta \rangle,$$

所以 $\mathbf{Z}_3[\theta]^*$ 为循环群.

13. $R = \left\{ \dfrac{a}{b} \middle| a, b \in \mathbf{Z}, \text{且 } b \text{ 为奇数} \right\}$. 证明: R 有唯一的极大理想.

证明　设 $I = \left\{ \dfrac{a}{b} \middle| a, b \in \mathbf{Z}, \text{且 } a \text{ 为偶数 } b \text{ 为奇数} \right\}$.

对任意的 $\dfrac{a}{b}, \dfrac{c}{d} \in I$, $\dfrac{u}{v} \in R$, 则 a, c 为偶数, b, d, v 为奇数, 从而 $ad - bc, au$ 为偶

数, bd, bv 为奇数. 于是

$$\frac{a}{b}-\frac{c}{d}=\frac{ad-bc}{bd}\in I,$$
$$\frac{a}{b}\frac{u}{v}=\frac{au}{bv}\in I,$$

所以 I 为 R 的理想.

又设 J 为 R 的任一理想, 如果存在 $\frac{a}{b}\in J$ 且 a 为奇数, 则 $1=\frac{a}{b}\frac{b}{a}\in J$, 从而 $J=R$. 由此推出, 如果 J 为 R 的任一真理想, 则对任意的 $\frac{a}{b}\in J$, 必有 a 为偶数, 因此 $J\subseteq I$. 这就证明了 I 是 R 的唯一极大理想.

14. 设 X 为非空有限集合. 试求环 $\mathcal{P}(X)$ 的极大理想 (习题 3-1 第 23 题).

解　当 $|X|=1$ 时, 显然 $\{\varnothing\}$ 为 $\mathcal{P}(X)$ 的极大理想. 设

$$X=\{x_1,x_2,\cdots,x_n\},\quad n\geqslant 2.$$

再设 I 为 $\mathcal{P}(X)$ 的任一理想, 令 $Y=\bigcup\limits_{A\in I}A$, 则对任意的 $x\in Y$, 存在 $A\in I$, 使 $x\in A$, 于是

$$\{x\}=A\cap\{x\}=A\cdot\{x\}\in I.$$

又对任意的 $A,B\in I$, 有

$$A\cup B=(A+B)+(AB)\in I.$$

由于 X 为有限集, 所以 $I=\mathcal{P}(Y)$. 从而, 如果 I 为 $\mathcal{P}(X)$ 的极大理想, 则必有 $x_i\in X$, 使 $x_i\notin Y$, 且 $I=\mathcal{P}(X-\{x_i\})$. 因此 $\mathcal{P}(X)$ 的极大理想为

$$I_i=\mathcal{P}(X-\{x_i\}),\quad i=1,2,\cdots,n.$$

15. 设交换环 R 不是零环. 证明: 环 R 的零理想为素理想的充分必要条件是 R 是无零因子环.

证明　设 R 是无零因子环, 且 $I=\{0\}$, 对任意的 $x,y\in R$, 如果 $xy\in I$, 则 $xy=0$. 因为 R 无零因子, 所以 $x=0$ 或 $y=0$, 即 $x\in I$ 或 $y\in I$. 因此零理想为 R 的素理想. 反之, 若 $I=\{0\}$ 为 R 的素理想, 则如果 $x,y\in R$, 有 $xy=0$, 则 $xy\in I$, 于是 $x\in I$ 或 $y\in I$, 即 $x=0$ 或 $y=0$, 所以 R 是无零因子环.

16. 设 R 是有单位元的交换环, I 是 R 的真理想. 证明: 如果 R 的每个不在 I 中的元素都可逆, 则 I 是 R 的唯一的极大理想.

证明　设 J 为 R 的任一不包含于 I 的理想, 在 J 中任取一个不属于 I 的元素 a, 则 a 可逆. 于是存在 $b\in R$, 使 $ab=e$. 从而 $e=ab\in J$, 由此推出 $J=R$. 这

说明, R 的所有真理想都包含于 I 中, 由此可知, I 为 R 的极大理想, 且是 R 的唯一极大理想.

17. 设 R 为交换环, I 是 R 的非零理想, J 是 I 的素理想. 证明: J 是 R 的理想.

证明　因为 J 是 I 的素理想, 所以存在 $c\in I$, 使 $c\notin J$, 则对任意的 $a,b\in J$, $r\in R$, $ar\in I$, $rc\in I$, 从而

$$a-b\in J,\quad (ar)c=a(rc)\in J.$$

又因为 J 为 I 的素理想, 且 $c\notin J$, 所以 $ar\in J$. 因此 J 为 R 的理想.

18. 设 R 与 R' 是交换环, ϕ 是 R 到 R' 的环同态. 证明:

(1) 如果 I' 是 R' 的素理想且 $\phi^{-1}(I')\neq R$, 则 $\phi^{-1}(I')$ 是 R 的素理想;

(2) 如果 I 是 R 的素理想, ϕ 是满同态并且 $\operatorname{Ker}\phi\subseteq I$, 则 $\phi(I)$ 是 R' 的素理想.

证明　(1) 由已知条件与习题 3-4 第 16 题知 $\phi^{-1}(I')$ 为 R 的真理想. 如果有 $a,b\in R$, 使 $ab\in\phi^{-1}(I')$, 则

$$\phi(a)\phi(b)=\phi(ab)\in I'.$$

因为 I' 为 R' 的素理想, 所以有 $\phi(a)\in I'$ 或 $\phi(b)\in I'$, 即有 $a\in\phi^{-1}(I')$ 或 $b\in\phi^{-1}(I')$, 因此 $\phi^{-1}(I')$ 为 R 的素理想.

(2) 由习题 3-4 第 16 题知 $\phi(I)$ 为 R' 的理想. 如果 $\phi(I)=R'$, 则对任意的 $r\in R$, $\phi(r)\in\phi(I)$, 存在 $a\in I$, 使 $\phi(a)=\phi(r)$. 于是 $r-a\in\operatorname{Ker}\phi$, 从而 $r-a\in I$, 因此 $r\in I$, 由此推出 $R=I$. 这与已知条件矛盾. 这证明了 $\phi(I)$ 为 R' 的真理想. 又如果有 $a',b'\in R'$, 使 $a'b'\in\phi(I)$, 则存在 $c\in I$, 使 $a'b'=\phi(c)$. 由于 ϕ 为满同态, 因此存在 $a,b\in R$, 使 $a'=\phi(a),b'=\phi(b)$, 于是

$$\phi(ab-c)=\phi(a)\phi(b)-\phi(c)=a'b'-\phi(c)=0.$$

因此 $ab-c\in\operatorname{Ker}\phi$. 而 $\operatorname{Ker}\phi\subseteq I$, 所以 $ab\in I$, 从而必有 $a\in I$ 或 $b\in I$, 因此也有 $a'\in\phi(I)$ 或 $b'\in\phi(I)$, 所以 $\phi(I)$ 为 R' 的素理想.

19. 设 R 是有单位元的有限交换环. 证明: R 的每一个素理想都是 R 的极大理想.

证明　设 I 为 R 的任一素理想, 则 R/I 为有限整环, 于是由 1.2 节例 11 知 $(R/I)^*$ 为乘法群, 因此 R/I 为域, 所以 I 为 R 的极大理想.

20. 设 R 是一个交换环. P 是 R 的一个真理想. 证明: P 是 R 的素理想的充分必要条件是对 R 的任意两个理想 I,J, 如果 $IJ\subseteq P$, 则有 $I\subseteq P$ 或 $J\subseteq P$.

证明　**必要性**　设 I,J 为 R 的任意两个理想, 满足 $IJ\subseteq P$. 倘若 $I\not\subseteq P$ 且 $J\not\subseteq P$, 则存在 $a\in I,b\in J$, 且 $a,b\notin P$. 而 P 为 R 的素理想, 因此有 $ab\notin P$. 这与 $IJ\subseteq P$ 矛盾.

充分性 设 $a,b\in R$, 使 $ab\in P$. 令 $I=\langle a\rangle$, $J=\langle b\rangle$, 则 $IJ=\langle ab\rangle$, 于是有 $I\subseteq P$ 或 $J\subseteq P$, 因此有 $a\in P$ 或 $b\in P$. 所以 P 为 R 的素理想.

21. 设 R 是一个交换环. I,J 是 R 的两个理想, 且 $I\subseteq J$. 证明: 如果 J/I 是 R/I 的素理想, 则 J 是 R 的素理想.

证明 设 $a,b\in R$, 使 $ab\in J$, 则 $(a+I)(b+I)=ab+I\in J/I$. 由于 J/I 为 R/I 素理想, 因此 $a+I\in J/I$ 或 $b+I\in J/I$, 于是有 $a\in J$ 或 $b\in J$. 又因为 J/I 是 R/I 的真理想, 所以 J 是 R 的真理想, 因此 J 为 R 的素理想.

*22. 设 P 是交换环 R 的素理想, $A_1,A_2,\cdots,A_s$ 是环 R 的理想. 证明: 如果 $P=\bigcap\limits_{i=1}^{s}A_i$, 则存在 $i(1\leqslant i\leqslant s)$, 使 $P=A_i$.

证明 (反证法) 由已知可得 $P\subseteq A_i(i=1,2,\cdots,s)$. 倘若 $P\subsetneq A_i(i=1,2,\cdots,s)$, 则存在 $a_i\in A_i$, 使 $a_i\notin P$. 由于 P 为 R 的素理想, 因此 $a_1a_2\cdots a_s\notin P$. 这与

$$a_1a_2\cdots a_s\in\bigcap_{i=1}^{s}A_i=P$$

矛盾.

*23. 设 A 是交换环 R 的理想, $P_1,P_2,\cdots,P_s$ 是环 R 的素理想. 证明: 如果 $A\subseteq\bigcup\limits_{i=1}^{s}P_i$, 则存在 $i(1\leqslant i\leqslant s)$, 使 $A\subseteq P_i$.

证明 对 s 用数学归纳法.

(1) 当 $s=1$ 时, 结论显然成立.

(2) 假定结论对 $s-1$ 成立, 即如果存在 $s-1$ 个素理想, 使 $A\subseteq\bigcup\limits_{i=1}^{s-1}P_i$, 则存在 P_i, 使 $A\subseteq P_i$. 现考察存在 s 个素理想, 使 $A\subseteq\bigcup\limits_{i=1}^{s}P_i$ 的情形. 下面证明, 一定存在其中的 $s-1$ 个素理想 P_{i_j}, 使 $A\subseteq\bigcup\limits_{j=1}^{s-1}P_{i_j}$.

(反证法) 倘若对任意的 $j(j=1,2,\cdots,s)$, 都有 $A\not\subseteq\bigcup\limits_{i\neq j}P_i$, 则存在 $a_j\in A$, 使 $a_j\notin\bigcup\limits_{i\neq j}P_i$. 由于 $A\subseteq\bigcup\limits_{i=1}^{s}P_i$, 因此 $a_j\in P_j$. 令 $a=a_1+a_2a_3\cdots a_s$, 则 $a\in A$. 由于 $a_1\in P_1$ 而 $a_i\notin P_1(i=2,3,\cdots,s)$, 所以 $a\notin P_1$. 又由于 $a_1\notin P_i$ 而 $a_2a_3\cdots a_s\in P_i(i=2,3,\cdots,s)$, 所以 $a\notin P_i(i=2,3,\cdots,s)$. 由此知 $a\notin\bigcup\limits_{i=1}^{s}P_i$. 这与 $A\subseteq\bigcup\limits_{i=1}^{s}P_i$ 矛盾.

因此, 一定存在其中的 $s-1$ 个素理想 P_{i_j}, 使 $A\subseteq\bigcup\limits_{j=1}^{s-1}P_{i_j}$, 从而由数学归纳法可知结论成立.

习题 3-6　环的特征与素域

1. 证明: 有限环的特征是一个正整数.

证明　设 R 是一个有限环, 令 $|R| = n$, 则 $(R, +)$ 是一个 n 元群, 于是对任意的 $x \in R$, 有 $nx = 0$, 从而 R 的特征为 n 的一个正因子, 所以环 R 的特征是一个正整数.

2. 证明定理 3.6.3.

证明　对任意的 $n, m \in \mathbf{Z}$, 有

$$\phi(n+m) = (n+m)e = ne + me = \phi(n) + \phi(m),$$
$$\phi(nm) = (nm)e = (ne)(me) = \phi(n)\phi(m),$$

所以 ϕ 是环 $\mathbf{Z}$ 到环 R 的同态.

3. 完成定理 3.6.4 的证明细节.

证明　即证明 ϕ 是 $\mathbf{Q}$ 到 F' 的满同态.

对任意的 $\dfrac{a}{b}, \dfrac{c}{d} \in \mathbf{Q}$, 有

$$\begin{aligned}\phi\left(\frac{a}{b} + \frac{c}{d}\right) &= \phi\left(\frac{ad+bc}{bd}\right) = ((ad+bc)e)(bde)^{-1} \\ &= (ae)(be)^{-1} + (ce)(de)^{-1} = \phi\left(\frac{a}{b}\right) + \phi\left(\frac{c}{d}\right), \\ \phi\left(\frac{a}{b} \cdot \frac{c}{d}\right) &= \phi\left(\frac{ac}{bd}\right) = ((ac)e)(bde)^{-1} \\ &= (ae)(be)^{-1}(ce)(de)^{-1} = \phi\left(\frac{a}{b}\right) \cdot \phi\left(\frac{c}{d}\right),\end{aligned}$$

所以 ϕ 为 $\mathbf{Q}$ 到 F' 的同态. 又对任意的 $(ne)(me)^{-1} \in F'$, 有 $\phi\left(\dfrac{n}{m}\right) = (ne)(me)^{-1}$, 所以 ϕ 为 $\mathbf{Q}$ 到 F' 的满同态.

4. 证明: 在一个无零因子环中所有非零元对于加法来说的阶都是一样的.

证明　如果存在某个非零元 $a \in R$, 使 a 对于加法的阶 $\operatorname{ord} a$ 为一个正整数 n, 则对任意的非零元 $x \in R$, 有

$$(nx)a = x(na) = 0.$$

由于 $a \neq 0$, 因此 $nx = 0$. 这说明 $\operatorname{ord} x \mid n$, 同理可证 $n \mid \operatorname{ord} x$. 所以 $\operatorname{ord} x = n$. 这就证明了结论.

5. 假设 F 是一个四个元素的域. 证明:

(1) F 的特征是 2;

(2) F 的不等于 0 和单位元的两个元都满足方程 $x^2 = x + 1$.

证明　(1) 由于 $|F|=4$, 所以 $\operatorname{Char} F \mid 4$. 又因为 2 是 4 的唯一素因子, 所以 F 的特征为 2.

(2) 设 x 为 F 的任一个不等于 0 和单位元的元素, 则 $0,1,x,x+1$ 为 F 中 4 个两两不同的元素, 所以

$$F=\{0,1,x,x+1\}.$$

又 $x^2\in F$, 而 $x^2\neq 0,1,x$, 所以 $x^2=x+1$. 即得证.

6. 求环 $R=\mathbf{Z}_4\oplus\mathbf{Z}_5\oplus\mathbf{Z}_6$(见 3.1 节例 7) 的特征.

解　$\operatorname{Char} R=[\operatorname{Char}\mathbf{Z}_4,\operatorname{Char}\mathbf{Z}_5,\operatorname{Char}\mathbf{Z}_6]=[4,5,6]=60$.

7. 求商环 $\mathbf{Z}[\mathrm{i}]/\langle 1+\mathrm{i}\rangle$ 的特征.

解　首先, 对任意的 $a+b\mathrm{i}\in\mathbf{Z}[\mathrm{i}]$, 有 $2(a+b\mathrm{i})\in\langle 1+\mathrm{i}\rangle$, 所以 $\operatorname{Char}\mathbf{Z}[\mathrm{i}]/\langle 1+\mathrm{i}\rangle\leqslant 2$. 又因为 $\operatorname{Char}\mathbf{Z}[\mathrm{i}]/\langle 1+\mathrm{i}\rangle\neq 1$, 所以 $\operatorname{Char}\mathbf{Z}[\mathrm{i}]/\langle 1+\mathrm{i}\rangle=2$.

8. 设 X 是个非空集合. $R=\mathcal{P}(X)$ 是如习题 3-1 第 23 题所定义的环. 求环 R 的特征.

解　对任意的 $A\in\mathcal{P}(X)$, $2A=A+A=\varnothing$, 所以 $\operatorname{Char}\mathcal{P}(X)\leqslant 2$, 而 $\operatorname{Char}\mathcal{P}(X)\neq 1$, 所以 $\operatorname{Char}\mathcal{P}(X)=2$.

9. 求商环 $R=\mathbf{Z}_3[x]/\langle x^2+x+1\rangle$ 的特征.

解　$\bar{1}=1+\langle x^2+x+1\rangle$ 为 $\mathbf{Z}_3[x]/\langle x^2+x+1\rangle$ 的单位元. 而 $\bar{1}$ 关于加法的阶为 3, 所以 $\operatorname{Char}\mathbf{Z}_3[x]/\langle x^2+x+1\rangle=3$.

10. 求域 $\mathbf{Z}_3[\theta]$(见 3.5 节例 10) 的特征.

解　对任意的 $a+b\theta\in\mathbf{Z}_3[\theta], a,b\in\mathbf{Z}_3$, 有 $3(a+b\theta)=0$, 而 3 为素数, 所以 $\operatorname{Char}\mathbf{Z}_3[\theta]=3$.

11. 求商环 $\mathbf{Z}[x]/\langle x,5\rangle$ 的特征.

解　对任意的 $f(x)\in\mathbf{Z}[x]$, 有 $5f(x)\in\langle x,5\rangle$, 所以 $\operatorname{Char}\mathbf{Z}[x]/\langle x,5\rangle \mid 5$, 而 5 为素数, 所以 $\operatorname{Char}\mathbf{Z}[x]/\langle x,5\rangle=5$.

12. 设 R 是环 $\mathbf{R}$ 与环 $\mathbf{Z}_8$ 的直和, 即 $R=\mathbf{R}\oplus\mathbf{Z}_8$. 证明: R 中存在关于加法的阶为无限的非零元, 也存在关于加法的阶为有限的非零元.

证明　对任意的正整数 n 及任意的 $(a,b)\in\mathbf{R}\oplus\mathbf{Z}_8, a\neq 0$, 有 $n(a,b)=(na,nb)\neq(0,0)$, 所以如果 $a\neq 0$, 则 (a,b) 关于加法的阶为无限. 又对任意的 $(0,b)\in\mathbf{R}\oplus\mathbf{Z}_8$, 有 $8(0,b)=(0,0)$, 所以 $(0,b)$ 关于加法的阶都有限.

第 4 章　环的进一步讨论

习题 4-1　多 项 式 环

1. 完成定理 4.1.1 的证明中的细节.

证明　构造集合

$$\overline{S}=\{(a_0,a_1,\cdots,a_n,\cdots)\,|\,a_0,a_1,\cdots,a_n,\cdots\in R\}.$$

对于 $\alpha=(a_0,a_1,\cdots,a_n,\cdots)$, $\beta=(b_0,b_1,\cdots,b_n,\cdots)\in\overline{S}$, 规定

$$\alpha+\beta=(a_0+b_0,a_1+b_1,\cdots,a_n+b_n,\cdots),$$
$$\alpha\cdot\beta=(c_0,c_1,\cdots,c_n,\cdots),$$

其中 $c_k=\sum\limits_{i+j=k}a_ib_j(k=0,1,\cdots,n,\cdots)$, 则 "+" 与 "·" 显然是 $\overline{S}$ 的代数运算.

对任意的 $\alpha=(a_0,a_1,\cdots,a_n,\cdots)\in\overline{S}$, 按定义, 有

$$\alpha\cdot\overline{1}=\overline{1}\cdot\alpha=\alpha,$$

所以 $\overline{1}=(1,0,0,\cdots,0,\cdots)$ 是 $\overline{S}$ 的单位元.

由于 $\overline{S}$ 中的加法是对应分量相加, 而 R 关于加法构成加法群, 故 $(\overline{S},+)$ 也是加法群, 其中 $(0,0,\cdots,0,\cdots)$ 是 $\overline{S}$ 零元, 而 $\alpha=(a_0,a_1,\cdots,a_n,\cdots)$ 的负元是

$$-\alpha=(-a_0,-a_1,\cdots,-a_n,\cdots).$$

设 $\alpha=(a_0,a_1,\cdots,a_n,\cdots)$, $\beta=(b_0,b_1,\cdots,b_n,\cdots)$, $\gamma=(d_0,d_1,\cdots,d_n,\cdots)$, $\alpha\cdot\beta=(c_0,c_1,\cdots,c_n,\cdots)$, $\beta\cdot\gamma=(e_0,e_1,\cdots,e_n,\cdots)$, 则 $(\alpha\cdot\beta)\cdot\gamma$ 中的第 t 个分量为

$$\sum_{k+s=t}c_kd_s=\sum_{k+s=t}\left(\sum_{i+j=k}a_ib_j\right)d_s=\sum_{i+j+s=t}a_ib_jd_s,\quad t=0,1,2,\cdots,$$

而 $\alpha\cdot(\beta\cdot\gamma)$ 中的第 t 个分量为

$$\sum_{i+k=t}a_ie_k=\sum_{i+k=t}a_i\left(\sum_{j+s=k}b_jd_s\right)=\sum_{i+j+s=t}a_ib_jd_s,\quad t=0,1,2,\cdots.$$

于是它们对应的每个分量都相同, 故

$$(\alpha\cdot\beta)\cdot\gamma=\alpha\cdot(\beta\cdot\gamma).$$

由于 $\alpha+\beta=(a_0+b_0,a_1+b_1,\cdots,a_n+b_n,\cdots)$, 因此 $(\alpha+\beta)\cdot\gamma$ 的第 k 个分量为

$$\sum_{i+j=k}(a_i+b_i)d_j=\sum_{i+j=k}a_id_j+\sum_{i+j=k}b_id_j,\quad k=0,1,2,\cdots.$$

而上式右端恰为 $\alpha\cdot\gamma+\beta\cdot\gamma$ 中的第 k 个分量, 于是 $(\alpha+\beta)\cdot\gamma$ 与 $\alpha\cdot\gamma+\beta\cdot\gamma$ 中的每个对应分量都相同, 即 $(\alpha+\beta)\cdot\gamma=\alpha\cdot\gamma+\beta\cdot\gamma$. 同理可证另一分配律: $\gamma\cdot(\alpha+\beta)=\gamma\cdot\alpha+\gamma\cdot\beta$. 于是 $(\overline{S},+,\cdot)$ 是个有单位元的环.

显然, 对于任意的 $\overline{r_1}=(r_1,0,0,\cdots,0,\cdots)$, $\overline{r_2}=(r_2,0,0,\cdots,0,\cdots)\in S$, 有

$$\overline{r_1}-\overline{r_2}=(r_1-r_2,0,0,\cdots,0,\cdots)\in S,$$
$$\overline{r_1}\cdot\overline{r_2}=(r_1r_2,0,0,\cdots,0,\cdots)\in S.$$

于是 S 是 $\overline{S}$ 的子环, 显然 $\overline{1}$ 为 S 的单位元.

注意到对任意 $\overline{r}=(r,0,0,\cdots,0,\cdots)\in S$, $\alpha=(a_0,a_1,\cdots,a_n,\cdots)\in\overline{S}$, 有

$$\overline{r}\cdot\alpha=(ra_0,ra_1,\cdots,ra_n,\cdots),$$
$$\alpha\cdot\overline{r}=(a_0r,a_1r,\cdots,a_nr,\cdots).$$

于是, 若取 $\overline{x}=(0,1,0,\cdots,0,\cdots)$, 则 $\overline{r}\cdot\overline{x}=\overline{x}\cdot\overline{r}=(0,r,0,\cdots,0,\cdots)$, $\overline{1}\overline{x}=\overline{x}$. 以下的构造和性质都是清楚的. 证毕.

特别地, R 上的一元多项式环 $R[x]$ 同构于以下 $\overline{S}$ 的子环

$$\{(a_0,a_1,\cdots,a_n,\cdots)\mid a_0,a_1,\cdots,a_n,\cdots\in R,\ \text{且仅有有限多个 } a_i\neq 0\}.$$

2. 完成定理 4.1.2 证明中的细节.

证明　对任意的 $f(x)=\sum\limits_{i=0}^{n}a_ix_i$, $g(x)=\sum\limits_{i=0}^{n}b_ix_i\in R[x]$, 则 $f(x)+g(x)=\sum\limits_{i=0}^{n}(a_i+b_i)x^i$, 于是

$$\begin{aligned}\widetilde{\phi}(f(x)+g(x))&=\sum_{i=0}^{n}\phi(a_i+b_i)y^i=\sum_{i=0}^{n}(a_i'+b_i')y^i\\&=\sum_{i=0}^{n}a_i'y^i+\sum_{i=0}^{n}b_i'y^i=\widetilde{\phi}(f(x))+\widetilde{\phi}(g(x)).\end{aligned}$$

设 $f(x)g(x)=\sum_{k=0}^{2n}c_kx^k$, 则 $\widetilde{\phi}(f(x)g(x))=\sum_{k=0}^{2n}\phi(c_k)y^k$. 由于

$$\phi(c_k)=\phi\left(\sum_{i+j=k}a_ib_j\right)=\sum_{i+j=k}\phi(a_i)\phi(b_j)=\sum_{i+j=k}a_i'b_j'.$$

于是

$$\widetilde{\phi}(f(x)g(x))=\left(\sum_{i=0}^{n}a_i'y^i\right)\left(\sum_{j=0}^{n}b_j'y^j\right)=\widetilde{\phi}(f(x))\widetilde{\phi}(g(x)).$$

所以 $\widetilde{\phi}$ 是 $R[x]$ 到 $R'[y]$ 的环同态. 由于 ϕ 是环同构, 因此容易看出 $\widetilde{\phi}$ 是满射. 若对 $f(x)=\sum_{i=0}^{n}a_ix^i\in R[x]$, 有 $\widetilde{\phi}(f(x))=0$, 则 $\sum_{i=0}^{n}a_i'y^i=0$. 因为 y 是 R' 上的未定元, 所以 $a_0'=a_1'=\cdots=a_n'=0$. 于是由 ϕ 是同构得 $a_0=a_1=\cdots=a_n=0$, 即 $f(x)=0$. 所以 $\widetilde{\phi}$ 是单射. 因此 $\widetilde{\phi}$ 是环同构.

注　在上述证明中对 $f(x)$ 和 $g(x)$ 作这样的假设是由于若这两个多项式的次数不同, 不妨设 $n=\deg f(x)>\deg g(x)=m$, 则可定义 $b_{m+1}=\cdots=b_n=0$.

3. 证明定理 4.1.3.

证明　设 R 是一个有单位元的环, x 是 R 上的一个未定元.

(1) 对任意的 $f(x)\in R[x]$, 有 $0+f(x)=f(x)+0=f(x)$. 所以 R 的零元就是 $R[x]$ 的零元.

(2) 对任意的 $f(x)\in R[x]$, 由于 $1\cdot f(x)=f(x)=f(x)\cdot 1$, 所以 1 是 $R[x]$ 的单位元.

(3) 设 R 是无零因子环, $f(x)=\sum_{i=0}^{n}a_ix^i$ 与 $g(x)=\sum_{j=0}^{m}b_jx^j$ 是 $R[x]$中的任意两个非零元, 其中 $a_n,b_m\neq 0$, 则 $f(x)g(x)$ 的最高次项系数为 a_nb_m. 由于 R 是无零因子环, 因此 $a_nb_m\neq 0$, 于是 $f(x)g(x)\neq 0$, 所以 $R[x]$ 无零因子环.

又如果 $f(x)=\sum_{i=0}^{n}a_ix^i\in R[x]$ 是 $R[x]$ 的任一个单位, 其中 $a_n\neq 0$, 则存在$g(x)=\sum_{j=0}^{m}b_jx^j\in R[x]$, 其中 $b_m\neq 0$, 使得

$$f(x)\cdot g(x)=g(x)\cdot f(x)=1.$$

由于 $1=f(x)\cdot g(x)=\sum_{k=0}^{n+m}c_kx^k$, 其中 $c_k=\sum_{i+j=k}a_ib_j$, $k=0,1,\cdots,n+m$, 故 x^{n+m}

的系数 $c_{n+m}=a_nb_m$, 于是得 $n=m=0$, 且 $a_0b_0=1$. 同理, 由 $g(x)\cdot f(x)=1$ 得 $b_0a_0=1$, 故 $f(x)=a_0\in R$, 且 a_0 是 R 中的单位.

(4) 若 R 是交换环. 设 $f(x)=\sum\limits_{i=0}^{n}a_ix^i$, $g(x)=\sum\limits_{j=0}^{m}b_jx^j\in R[x]$, 有

$$f(x)g(x)=\sum_{k=0}^{n+m}c_kx^k,\quad g(x)f(x)=\sum_{k=0}^{n+m}d_kx^k,$$

则 $c_k=\sum\limits_{i+j=k}a_ib_j=\sum\limits_{i+j=k}b_ja_i=d_k$, $k=0,1,\cdots,n+m$. 于是 $f(x)g(x)=g(x)f(x)$. 所以 $R[x]$ 也是交换环.

(5) 若 R 是整环, 则 R 是有单位元的无零因子交换环, 故由 (2), (3), (4) 得 $R[x]$ 也是有单位元的无零因子交换环, 也就是整环.

4. 证明: R 上的一元多项式环 $R[x]$ 能与它的某个真子环同构.

证明 取 $K=R[x^2]$, 则显然 K 是 $R[x]$ 的真子环. 设 ϕ: $R[x]\to K$, $f(x)\mapsto f(x^2)$, 则显然 ϕ 是 $R[x]$ 到 K 的满射. 又因为对任意 $f(x),g(x)\in R[x]$, 有

$$\phi(f(x)+g(x))=f(x^2)+g(x^2)=\phi(f(x))+\phi(g(x)),$$
$$\phi(f(x)g(x))=f(x^2)g(x^2)=\phi(f(x))\phi(g(x)),$$

所以 ϕ 是 $R[x]$ 到 K 的满同态.

若 $f(x)=\sum\limits_{i=0}^{n}a_ix^i\in\operatorname{Ker}\phi$, 则

$$a_0+a_1x^2+\cdots+a_nx^{2n}=\phi(f(x))=0.$$

由于 x 是 R 上的未定元, 因此 $a_0=a_1=\cdots=a_n=0$. 于是 $f(x)=0$, 即 $\operatorname{Ker}\phi=0$. 所以 ϕ 是环 $R[x]$ 到其真子环 K 上的同构.

5. 设 R 是整环. 证明: 对 R 上的任何非零多项式 $f(x)$, $g(x)$, 有

$$\deg(f(x)g(x))=\deg f(x)+\deg g(x).$$

如果 R 不是整环, 这一结论还成立吗?

证明 设 $\deg f(x)=n$, $\deg g(x)=m$. $f(x)=\sum\limits_{i=0}^{n}a_ix^i$, $g(x)=\sum\limits_{j=0}^{m}b_jx^j\in R[x]$, 其中 $a_n,b_m\neq 0$, 则

$$f(x)g(x)=c_0+c_1x+\cdots+c_{n+m}x^{n+m},$$

其中 $c_k = \sum_{i+j=k} a_ib_j$, $k = 0, 1, \cdots, n+m$. 于是, $c_{n+m} = a_nb_m \neq 0$. 故 $\deg(f(x)g(x)) = n + m = \deg f(x) + \deg g(x)$.

如果 R 不是整环, 则这一结论不成立. 例如, 在 $\mathbf{Z}_6[x]$ 中, 取 $f(x) = 1 + 2x$, $g(x) = 3x^2$, 则 $f(x)g(x) = 3x^2$. 因此 $\deg(f(x)g(x)) = 2$, 但是 $\deg f(x) + \deg g(x) = 1 + 2 = 3$, 两者不等.

6. 在 $R[x]$ 中计算乘积:

(1) $(2x^2 + 5x - 3)(4x^3 - 3x^2 - x + 6)$, $R = \mathbf{Z}_8$;

(2) $(3x^2 + 3x - 3)(2x^2 - 2x + 2)$, $R = \mathbf{Z}_6$;

(3) $(7x^2 + 2x - 3)(5x^3 - 2x^2 + 7x + 2)$, $R = \mathbf{Z}_{11}$.

解　(1) $6x^4 + 3x^3 + x + 6$.

(2) 0.

(3) $2x^5 + 7x^4 + 8x^3 + x^2 + 5x + 5$.

*7. 设 R 是有单位元的环, x 是 R 上的未定元, y 是 $R[x]$ 上的未定元. 证明:

(1) y 是 R 上的未定元;

(2) x 是 $R[y]$ 上的未定元.

证明　(1) 任取 $r \in R$, 则 $r \in R[x]$, 故 $ry = yr$.

设 1 是 R 的单位元, 则 1 也是 $R[x]$ 的单位元. 于是 $1y = y$. 对任意的 $a_0, a_1, \cdots, a_n \in R \subseteq R[x]$, 若有

$$a_0 + a_1y + \cdots + a_ny^n = 0,$$

则因为 y 是 $R[x]$ 上的未定元, 所以 $a_0 = a_1 = \cdots = a_n = 0$. 于是 y 是 R 上的未定元.

(2) 对任意 $r = a_0 + a_1y + \cdots + a_ny^n \in R[y]$, 由于 x 是 R 上的未定元, 故 $xa_i = a_ix$, $i = 0, 1, \cdots, n$. 而 y 是 $R[x]$ 上的未定元, 故 $yx = xy$. 于是得 $y^ix = xy^i$, $i = 1, \cdots, n$. 所以

$$\begin{aligned} xr &= x(a_0 + a_1y + \cdots + a_ny^n) \\ &= xa_0 + (xa_1)y + \cdots + (xa_n)y^n \\ &= xa_0 + a_1(xy) + \cdots + a_n(xy^n) \\ &= a_0x + a_1yx + \cdots + a_ny^nx \\ &= (a_0 + a_1y + \cdots + a_ny^n)x = rx. \end{aligned}$$

设 1 是 $R[y]$ 的单位元, 则 1 就是 R 的单位元, 故 $1x = x$.

设 $f_0(y), f_1(y), \cdots, f_n(y) \in R[y]$, 使

$$f_0(y)+f_1(y)x+\cdots+f_n(y)x^n=0.$$

将上式左边写成 y 的多项式, 得

$$g_0(x)+g_1(x)y+\cdots+g_m(x)y^m=0,$$

这里, $g_0(x),\cdots,g_m(x)\in R[x]$. 由于 y 是 $R[x]$ 上的未定元, 故 $g_0(x)=\cdots=g_m(x)=0$. 而

$$g_0(x)=f_0(0)+f_1(0)x+\cdots+f_n(0)x^n,$$

其中 $f_i(0)$ 表示多项式 $f_i(y)$ 的常数项, 故 $f_i(0)\in R$, $i=0,1,\cdots,n$. 于是由 x 是 R 上的未定元知, $f_0(0)=\cdots=f_n(0)=0$. 所以存在 $h_i(y)\in R[y]$, 使得 $f_i(y)=h_i(y)\cdot y$, 从而

$$0=y\cdot(h_0(y)+h_1(y)x+\cdots+h_n(y)x^n).$$

同上, 将上式转化为 y 的多项式, 可得

$$h_0(y)+h_1(y)x+\cdots+h_n(y)x^n=0.$$

对 $l=\max\{\deg f_i(y)\}$ 用归纳法, 可证所有 $f_i(y)=0$. 于是 x 是 $R[y]$ 上的未定元.

*8. 设 R 是有单位元的环, x 是 R 上的未定元, y 是 $R[x]$ 上的未定元. 证明: $R[x,y]=R[y,x]$.

证明 由定义, $R[x,y]=R[x][y]$, 而由上题知, y 是 R 上的未定元, x 是 $R[y]$ 上的未定元. 于是 $R[y,x]=R[y][x]$ 确是 R 上的二元多项式环.

对任意的 $r\in R[x,y]$, 可设

$$r=f_0(x)+f_1(x)y+\cdots+f_n(x)y^n,$$

其中 $f_0(x),\cdots,f_n(x)\in R[x]$. 在上式中, 将每个单项式看成系数在 $R[y]$ 上的关于 x 的单项式, 并合并 x 的同次项系数, 可改写成

$$r=g_0(y)+g_1(y)x+\cdots+g_m(y)x^m,$$

其中 $g_0(y),\cdots,g_m(y)\in R[y]$. 于是 $r\in R[y,x]$, 即 $R[x,y]\subseteq R[y,x]$. 同理可证 $R[y,x]\subseteq R[x,y]$. 于是 $R[x,y]=R[y,x]$.

习题 4-2 整环的商域

1. 求 $\mathbf{Z}[\sqrt{3}]$ 的商域.

解 令

$$Q=\mathbf{Q}[\sqrt{3}]=\left\{a+b\sqrt{3}\,\middle|\,a,b\in\mathbf{Q}\right\}.$$

可证 Q 是域, 且对 $a+b\sqrt{3}\in Q$, 存在 $a_1,b_1,q\in\mathbf{Z}$, $q\neq 0$, 使得 $a=\dfrac{a_1}{q}$, $b=\dfrac{b_1}{q}$. 于是

$$a+b\sqrt{3}=\frac{a_1+b_1\sqrt{3}}{q}.$$

由于 $a_1+b_1\sqrt{3}, q\in\mathbf{Z}[\sqrt{3}]$, 因此 $\mathbf{Q}[\sqrt{3}]$ 是 $\mathbf{Z}[\sqrt{3}]$ 的商域.

2. 求 $\mathbf{Z}[\sqrt[3]{2}]$ 的商域.

解 由习题 3-2 第 4 题, 环 $\mathbf{Q}[\sqrt[3]{2}]=\{a+b\sqrt[3]{2}+c\sqrt[3]{4}\mid a,b,c\in\mathbf{Q}\}$ 是域, 因此 $\mathbf{Z}[\sqrt[3]{2}]$ 的商域就是 $\mathbf{Q}[\sqrt[3]{2}]$.

3. 求 $\mathbf{Z}[x]$ 的商域.

解 $\mathbf{Z}[x]$ 的商域为 $\mathbf{Q}(x)$. 由 3.2 节例 7 知

$$\mathbf{Q}(x)=\left\{\frac{f(x)}{g(x)}\,\middle|\, f(x),g(x)\in\mathbf{Q}[x],g(x)\neq 0\right\}$$

是一个域. 又因为对任意 $0\neq\dfrac{f(x)}{g(x)}\in\mathbf{Q}(x)$, 设 $f(x)=p\cdot f_1(x)$, $g(x)=q\cdot g_1(x)$, 其中 $p,q\in\mathbf{Q}$, $f_1(x)$, $g_1(x)$ 是整系数的本原多项式. 设 $\dfrac{p}{q}=\dfrac{a}{b}$, $a,b\in\mathbf{Z}$, 则

$$\frac{f(x)}{g(x)}=\frac{p\cdot f_1(x)}{q\cdot g_1(x)}=\frac{p}{q}\cdot\frac{f_1(x)}{g_1(x)}=\frac{a\cdot f_1(x)}{b\cdot g_1(x)}.$$

于是 $\mathbf{Q}(x)$ 中的每个元都可写成 $\mathbf{Z}[x]$ 中元素的商. 因此 $\mathbf{Q}(x)$ 是 $\mathbf{Z}[x]$ 的商域.

4. 证明定理 4.2.2.

证明 设 Q, Q' 分别是 D 与 D' 的商域, ϕ: $D\to D'$ 是环同构. 记 $\phi(a)=a'$, $\forall a\in D$, 则由教材中讨论知

$$Q=\left\{\frac{a}{b}\,\middle|\, a,b\in D,b\neq 0\right\},\quad Q'=\left\{\frac{e}{f}\,\middle|\, e,f\in D',f\neq 0\right\}.$$

定义 $\widetilde{\phi}$: $Q\to Q'$, $\dfrac{a}{b}\mapsto\dfrac{a'}{b'}$.

若 $\dfrac{a}{b}=\dfrac{c}{d}$, 则 $ab^{-1}=cd^{-1}$, 从而 $ad=bc$, 于是 $\phi(ad)=\phi(bc)$, 即 $a'd'=b'c'$, 所以 $\dfrac{a'}{b'}=\dfrac{c'}{d'}$. 故 $\widetilde{\phi}$ 是映射.

对任意 $\dfrac{a}{b}$, $\dfrac{c}{d}\in Q$, 有

$$\begin{aligned}\widetilde{\phi}\left(\frac{a}{b}+\frac{c}{d}\right)&=\phi\left(\frac{ad+bc}{bc}\right)=\frac{(ad+bc)'}{(bd)'}\\&=\frac{a'd'+b'c'}{b'd'}=\frac{a'}{b'}+\frac{c'}{d'}\\&=\widetilde{\phi}\left(\frac{a}{b}\right)+\widetilde{\phi}\left(\frac{c}{d}\right),\\\widetilde{\phi}\left(\frac{a}{b}\cdot\frac{c}{d}\right)&=\widetilde{\phi}\left(\frac{ac}{bc}\right)=\frac{(ac)'}{(bd)'}\\&=\frac{a'c'}{b'd'}=\frac{a'}{b'}\cdot\frac{c'}{d'}\\&=\widetilde{\phi}\left(\frac{a}{b}\right)\widetilde{\phi}\left(\frac{c}{d}\right),\end{aligned}$$

于是 $\widetilde{\phi}$ 是环同态. 而 $\widetilde{\phi}(1)=\widetilde{\phi}\left(\dfrac{1}{1}\right)=\dfrac{1'}{1'}=1'$, 故 $\widetilde{\phi}\neq 0$. 于是 $\operatorname{Ker}\widetilde{\phi}\neq Q$. 而 $\operatorname{Ker}\widetilde{\phi}$ 是 Q 是理想, 又 Q 是域, 所以 $\operatorname{Ker}\widetilde{\phi}=0$, 即 $\widetilde{\phi}$ 是单射. 又由于 Q' 中的元素都具有形式 $\dfrac{e}{f}$ (其中 $f\neq 0, e,f\in D'$). 由 ϕ 是 D 到 D' 的满射知, 存在 $a,b\in D$, 使得 $e=a'$, $f=b'$, 故

$$\frac{e}{f}=\frac{a'}{b'}=\widetilde{\phi}\left(\frac{a}{b}\right).$$

所以 $\widetilde{\phi}$ 是满射, 即 $\widetilde{\phi}$ 是域同构, 从而 Q 与 Q' 同构.

习题 4-3 唯一分解整环

1. 问: 在下列的整环中, 元素 α 能否被 β 整除?

(1) $D=\mathbf{Z}[\mathrm{i}]$, $\alpha=3-5\mathrm{i}$, $\beta=4+\mathrm{i}$;

(2) $D=\mathbf{Z}[\sqrt{2}\,]$, $\alpha=4-\sqrt{2}$, $\beta=2+3\sqrt{2}$;

(3) $D=\mathbf{Z}[\sqrt{-5}]$, $\alpha=7+\sqrt{-5}$, $\beta=2+\sqrt{-5}$;

(4) $D=\mathbf{Z}_2[x]$, $\alpha=x^3+1$, $\beta=x^2+x+1$;

(5) $D=\mathbf{Z}_3[x]$, $\alpha=x^3+1$, $\beta=x^2+x+1$;

(6) $D=\mathbf{Z}_5[x]$, $\alpha=x^3-x^2+x+1$, $\beta=x+3$.

解 (1) 不能;

(2) 能, $\alpha=(\sqrt{2}-1)\beta$;

(3) 不能;

(4) 能, $\alpha=(x+1)\beta$;

(5) 不能, $\alpha=(x-1)\beta+2$;

(6) 不能, $\alpha=(x^2+x-2)\beta+2$.

2. 证明定理 4.3.1.

证明 在整环 D 中, (1) 如果 $a \mid b$, 则存在 $c \in D$, 使 $b = ac$. 故对任一 $u \in U$, 有 $b = (au)(u^{-1}c)$, $u^{-1}c \in D$. 于是 $au \mid b$.

(2) 如果 $a \mid b$, 且 $a \mid c$, 则存在 $q_1, q_2 \in D$, 使得 $b = aq_1$, $c = aq_2$. 于是 $bx + cy = a(q_1x + q_2y)$, 即 $a \mid bx + cy$.

(3) 如果 $a \mid b$, 且 $b \mid c$, 则存在 $p, q \in D$, 使得 $b = ap$, $c = bq$. 所以 $c = bq = (ap)q = a(pq)$. 于是 $a \mid c$.

3. 证明: 在整环 D 中, 如果 $b \mid a_i$ $(i = 1, 2, \cdots, s)$, 则对任意的 $x_i \in D(i = 1, 2, \cdots, s)$, $b \left| \sum\limits_{i=1}^{s} x_i a_i \right.$.

证明 如果 $b \mid a_i$, $i = 1, 2, \cdots, s$, 则存在 $q_i \in D$, 使得 $a_i = q_i b$, $i = 1, 2, \cdots, s$. 于是

$$\sum_{i=1}^{s} x_i a_i = \sum_{i=1}^{s} x_i q_i b = \left(\sum_{i=1}^{s} x_i q_i \right) b,$$

即 $b \left| \sum\limits_{i=1}^{s} x_i a_i \right.$.

4. 证明: 整环 D 的元素之间的相伴关系是一个等价关系.

证明 以 $a \sim b$ 表示 a 与 b 相伴, 则对任意的 $a \in D$, 由于 $a = a \cdot 1$, 故 $a \mid a$, 因此 $a \sim a$. 由相伴的定义知, 若 $a \sim b$, 则 $b \sim a$. 最后, 若 $a \sim b$, 且 $b \sim c$, 则 $a \mid b$, $b \mid c$, 由定理 4.3.1(3) 得 $a \mid c$. 又 $c \mid b$, $b \mid a$, 故 $c \mid a$. 于是 $a \sim c$. 所以相伴是一个等价关系.

5. 在下列整环中, 判别所给元素是否相伴.

(1) $D = \mathbf{Z}[\sqrt{2}]$, $3 + \sqrt{2}$ 与 $5 + 4\sqrt{2}$, $\sqrt{2}$ 与 $4 - 3\sqrt{2}$;

(2) $D = \mathbf{Z}[\sqrt{5}]$, $2 + \sqrt{5}$ 与 $2 - \sqrt{5}$, $3 - \sqrt{5}$ 与 $7 + 3\sqrt{5}$.

解 (1) $5 + 4\sqrt{2} = (1 + \sqrt{2})(3 + \sqrt{2})$, 而 $1 + \sqrt{2}$ 是单位, 所以 $3 + \sqrt{2}$ 与 $5 + 4\sqrt{2}$ 相伴.

因为 $4 - 3\sqrt{2} = \sqrt{2}(-3 + 2\sqrt{2})$, 而 $-3 + 2\sqrt{2}$ 是单位, 所以 $\sqrt{2}$ 与 $4 - 3\sqrt{2}$ 是相伴的.

(2) 由于 $(2 + \sqrt{5})(2 - \sqrt{5}) = -1$, 因此 $2 \pm \sqrt{5}$ 是单位, 所以两者相伴.

又 $7 + 3\sqrt{5} = (9 + 4\sqrt{5})(3 - \sqrt{5})$, 而 $9 + 4\sqrt{5}$ 是单位, 所以 $7 + 3\sqrt{5}$ 与 $3 - \sqrt{5}$ 相伴.

6. 在 $\mathbf{Z}[\mathrm{i}]$ 中, 求非零元素 $a + b\mathrm{i}$ 的所有相伴元.

解 由于 $\mathbf{Z}[\mathrm{i}]$ 中的单位只有 ± 1, $\pm \mathrm{i}$, 因此与 $a + b\mathrm{i}$ 相伴的元为 $\pm(a + b\mathrm{i})$, $\pm(b - a\mathrm{i})$.

7. 在 $\mathbf{Z}[\mathrm{i}]$ 中, 按定义证明下列元素既是素元又是不可约元.

(1) $2+5\mathrm{i}$;　(2) 7;　(3) $3-2\mathrm{i}$;　(4) 23.

解　(1) 由于 $\mathcal{N}(2+5\mathrm{i})=29$ 是素数, 因此 $2+5\mathrm{i}$ 是不可约元. 设 $2+5\mathrm{i}\mid(x+y\mathrm{i})(u+v\mathrm{i})$. 由于 $12+\mathrm{i}=(2+5\mathrm{i})(1-2\mathrm{i})$, 所以

$$12+\mathrm{i}\mid(x+y\mathrm{i})(1-2\mathrm{i})\cdot(u+v\mathrm{i})(1-2\mathrm{i}),$$

即

$$12+\mathrm{i}\mid[(x+2y)+(y-2x)\mathrm{i}]\cdot[(u+2v)+(v-2u)\mathrm{i}],$$

或等价

$$12+\mathrm{i}\mid[(25x-10y)+(12+\mathrm{i})(y-2x)]\cdot[(25u-10v)+(12+\mathrm{i})(v-2u)].$$

于是

$$12+\mathrm{i}\mid(25x-10y)(25u-10v).$$

取范数得在 $\mathbf{Z}$ 中有

$$145\mid(25x-10y)^2(25u-10v)^2.$$

由于 $145=29\times5$, 所以

$$29\mid(25x-10y)^2(25u-10v)^2.$$

因此 $29\mid25x-10y$ 或 $29\mid25u-10v$. 由对称性, 不妨设 $29\mid25x-10y$, 于是 $145\mid25x-10y$. 而 $12+\mathrm{i}\mid\mathcal{N}(12+\mathrm{i})=145$, 故 $12+\mathrm{i}\mid25x-10y$. 于是

$$12+\mathrm{i}\mid(25x-10y)+(12+\mathrm{i})(y-2x),$$

即 $12+\mathrm{i}\mid(x+2y)+(y-2x)\mathrm{i}$, 或等价 $(2+5\mathrm{i})(1-2\mathrm{i})\mid(x+y\mathrm{i})(1-2\mathrm{i})$. 所以 $2+5\mathrm{i}\mid x+y\mathrm{i}$. 于是 $2+5\mathrm{i}$ 是素元.

(2) $\mathcal{N}(7)=7^2$. 由于 $a^2+b^2=7$ 无整数解, 所以 7 是不可约元. 设 $7\mid(x+y\mathrm{i})(u+v\mathrm{i})$, 则取范数得在 $\mathbf{Z}$ 中有 $49\mid(x^2+y^2)(u^2+v^2)$, 故 $7\mid x^2+y^2$ 或 $7\mid u^2+v^2$. 不妨设 $x^2+y^2\equiv0\pmod 7$, 则 $x^2\equiv-y^2\pmod 7$. 由于 $a^2\equiv-1\pmod 7$ 无解, 故 $x^2\equiv-y^2\pmod 7$ 的解仅有 $x\equiv y\equiv0\pmod 7$, 即 $7\mid x+y\mathrm{i}$. 所以 7 是素元.

(3) 由于 $\mathcal{N}(3-2\mathrm{i})=13$ 是素数, 因此 $3-2\mathrm{i}$ 是不可约元. 设 $3-2\mathrm{i}\mid(x+y\mathrm{i})(u+v\mathrm{i})$, 则

$$(3-2\mathrm{i})(2+\mathrm{i})\mid(x+y\mathrm{i})(2+\mathrm{i})\cdot(u+v\mathrm{i})(2+\mathrm{i}).$$

所以

$$8-\mathrm{i}\mid[(10x+15y)+(x+2y)(-8+\mathrm{i})]\cdot[(10u+15v)+(u+2v)(-8+\mathrm{i})].$$

于是

$$8-\mathrm{i} \mid (10x+15y)(10u+15v).$$

取范数, 在 $\mathbf{Z}$ 中有

$$65 \mid (10x+15y)^2(10u+15v)^2.$$

于是 $13 \mid 10x+15y$ 或 $13 \mid 10u+15v$. 由对称性, 不妨设 $13 \mid 10x+15y$, 则 $65 \mid 10x+15y$, 故 $8-\mathrm{i} \mid 10x+15y$. 所以 $8-\mathrm{i} \mid (x+y\mathrm{i})(2+\mathrm{i})$, 从而 $3-2\mathrm{i} \mid x+y\mathrm{i}$. 于是 $3-2\mathrm{i}$ 是素元.

(4) $\mathcal{N}(23)=23^2$, 而 $a^2+b^2=23$ 无整数解, 所以 23 是不可约元. 设 $23 \mid (x+y\mathrm{i})(u+v\mathrm{i})$, 则在 $\mathbf{Z}$ 中有 $23^2 \mid (x^2+y^2)(u^2+v^2)$, 所以 $23 \mid x^2+y^2$ 或 $23 \mid u^2+v^2$. 不妨设 $23 \mid x^2+y^2$, 由于 $a^2 \equiv -1 \pmod{23}$ 无解, 所以 $x \equiv y \equiv 0 \pmod{23}$, 即 $23 \mid x+y\mathrm{i}$. 所以 23 是素元.

8. 在下列整环中, 所给元素是否为素元? 是否为不可约元?

(1) 在 $\mathbf{Z}[\sqrt{-2}]$ 中, $\sqrt{-2}$, 7, $3-\sqrt{-2}$, $2+5\sqrt{-2}$;

(2) 在 $\mathbf{Z}[\sqrt{-6}]$ 中, $\sqrt{-6}$, 7, $5+\sqrt{-6}$, $2+\sqrt{-6}$.

解 (1) 因为 $\mathcal{N}(\sqrt{-2})=2$ 是素数, 所以 $\sqrt{-2}$ 是不可约元.

因为 $\mathcal{N}(7)=7^2$, 而 $\mathcal{N}(\alpha)=7$ 在 $\mathbf{Z}[\sqrt{-2}]$ 中无解, 所以 7 是不可约元.

因为 $\mathcal{N}(3-\sqrt{-2})=11$ 是素数, 所以 $3-\sqrt{-2}$ 是不可约元.

而 $2+5\sqrt{-2}=\sqrt{-2}(5-\sqrt{-2})$, 所以 $2+5\sqrt{-2}$ 不是不可约元, 当然也不是素元.

由于环 $\mathbf{Z}[\sqrt{-2}]$ 是欧几里得整环, 因此该环的所有不可约元也都是素元 (习题 4-4 第 2 题).

也可直接证明, 上述前 3 个元是素元. 容易看出, $\sqrt{-2} \mid x+y\sqrt{-2}$ 当且仅当 $x \equiv 0 \pmod 2$. 若 $\sqrt{-2} \mid (x+y\sqrt{-2})(u+v\sqrt{-2})$, 则 $xu-2yv \equiv 0 \pmod 2$, 从而 $xu \equiv 0 \pmod 2$, 于是 $x \equiv 0 \pmod 2$ 或 $u \equiv 0 \pmod 2$, 即 $\sqrt{-2} \mid x+y\sqrt{-2}$ 或 $\sqrt{-2} \mid u+v\sqrt{-2}$. 所以 $\sqrt{-2}$ 是素元.

设 $7 \mid (x+y\sqrt{-2})(u+v\sqrt{-2})$, 取范数, 在 $\mathbf{Z}$ 中有 $49 \mid (x^2+2y^2)(u^2+2v^2)$. 于是 $x^2+2y^2 \equiv 0 \pmod 7$ 或 $u^2+2v^2 \equiv 0 \pmod 7$. 但由此可推出 $x \equiv y \equiv 0 \pmod 7$ 或 $u \equiv v \equiv 0 \pmod 7$, 所以 $7 \mid x+y\sqrt{-2}$ 或 $7 \mid u+v\sqrt{-2}$. 因此 7 是素元.

设 $3-\sqrt{-2} \mid (x+y\sqrt{-2})(u+v\sqrt{-2})$, 则

$$3-\sqrt{-2} \mid [(x+3y)-y(3-\sqrt{-2})]\cdot[(u+3v)-v(3-\sqrt{-2})].$$

于是 $3-\sqrt{-2} \mid (x+3y)(u+3v)$. 所以在 $\mathbf{Z}$ 中有 $11 \mid (x+3y)^2(u+3v)^2$. 因此 $11 \mid x+3y$ 或 $11 \mid u+3v$, 即 $3-\sqrt{-2} \mid x+y\sqrt{-2}$ 或 $3-\sqrt{-2} \mid u+v\sqrt{-2}$. 因此 $3-\sqrt{-2}$ 是素元.

(2) 因为 $\mathcal{N}(\sqrt{-6}) = 6 = 2 \times 3$, 而 $\mathcal{N}(\alpha) = 2, 3$ 在 $\mathbf{Z}[\sqrt{-6}]$ 中无解, 所以 $\sqrt{-6}$ 是不可约元. 但是

$$\sqrt{-6} \mid \sqrt{-6} \times (-\sqrt{-6}) = 6 = 2 \times 3,$$

而 $\sqrt{-6} \nmid 2$, $\sqrt{-6} \nmid 3$, 所以 $\sqrt{-6}$ 不是素元.

由于 $7 = (1 + \sqrt{-6})(1 - \sqrt{-6})$, 所以 7 不是不可约元, 当然也不是素元.

$5+\sqrt{-6}$ 是不可约元, 也是素元. 这是因为, 若 $5+\sqrt{-6} \mid (x+y\sqrt{-6})(u+v\sqrt{-6})$, 则

$$5 + \sqrt{-6} \mid [(x - 5y) + y(5 + \sqrt{-6})] \cdot [(u - 5v) + v(5 + \sqrt{-6})].$$

所以 $5 + \sqrt{-6} \mid (x - 5y)(u - 5v)$. 因此在 $\mathbf{Z}$ 中有 $31 \mid (x - 5y)^2(u - 5v)^2$. 于是 $31 \mid x - 5y$ 或 $31 \mid u - 5v$, 即 $5 + \sqrt{-6} \mid x + y\sqrt{-6}$ 或 $5 + \sqrt{-6} \mid u + v\sqrt{-6}$. 所以 $5 + \sqrt{-6}$ 是素元.

因为 $\mathcal{N}(2+\sqrt{-6}) = 10 = 2\times 5$, 而 $\mathcal{N}(\alpha) = 2, 5$ 在 $\mathbf{Z}[\sqrt{-6}]$ 中无解. 因此 $2+\sqrt{-6}$ 是不可约元. 可是

$$2 + \sqrt{-6} \mid (2 + \sqrt{-6})(2 - \sqrt{-6}) = 10 = 2 \times 5.$$

而 $2 + \sqrt{-6} \nmid 2$, $2 + \sqrt{-6} \nmid 5$. 所以 $2 + \sqrt{-6}$ 不是素元.

9. 在下列整环中, 证明所给元素都是素元:

(1) 在 $\mathbf{Z}[\sqrt{-3}]$ 中, $\sqrt{-3}$, 5, $2 - 3\sqrt{-3}$, $4 + \sqrt{-3}$;

(2) 在 $\mathbf{Z}[\sqrt{-5}]$ 中, $\sqrt{-5}$, 13, $3 + 2\sqrt{-5}$, $6 - \sqrt{-5}$.

证明 (1) 首先容易看出, $\sqrt{-3} \mid x + y\sqrt{-3}$ 当且仅当 $x \equiv 0 \pmod 3$. 若 $\sqrt{-3} \mid (x + y\sqrt{-3})(u + v\sqrt{-3})$, 则 $xu - 3yv \equiv 0 \pmod 3$. 所以 $xu \equiv 0 \pmod 3$, 从而 $x \equiv 0 \pmod 3$ 或 $u \equiv 0 \pmod 3$. 因此 $\sqrt{-3} \mid x + y\sqrt{-3}$ 或 $\sqrt{-3} \mid u + v\sqrt{-3}$. 于是 $\sqrt{-3}$ 是素元.

若 $5 \mid (x + \sqrt{-3})(u + v\sqrt{-3})$, 则在 $\mathbf{Z}$ 中有 $25 \mid (x^2 + 3y^2)(u^2 + 3v^2)$. 于是 $x^2 + 3y^2 \equiv 0 \pmod 5$ 或 $u^2 + 3v^2 \equiv 0 \pmod 5$. 从而 $x \equiv y \equiv 0 \pmod 5$ 或 $u \equiv v \equiv 0 \pmod 5$. 因此 $5 \mid x + y\sqrt{-3}$ 或 $5 \mid u + v\sqrt{-3}$. 所以 5 是素元.

由于 $(2 - 3\sqrt{-3})(1 + 2\sqrt{-3}) = 20 + \sqrt{-3}$, 所以若 $2 - 3\sqrt{-3} \mid (x + y\sqrt{-3})(u + v\sqrt{-3})$, 则

$$20 + \sqrt{-3} \mid (x + y\sqrt{-3})(1 + 2\sqrt{-3}) \cdot (u + v\sqrt{-3})(1 + 2\sqrt{-3}),$$

即

$$20 + \sqrt{-3} \mid [(-39x - 26y)+(2x + y)(20 + \sqrt{-3})] \cdot [(-39u-26v)+(2u+v)(20 + \sqrt{-3})].$$

因此

$$20 + \sqrt{-3} \mid (39x + 26y)(39u + 26v).$$

取范数, 可知在 $\mathbf{Z}$ 中有 $403 \mid (39x+26y)^2(39u+26v)^2$. 所以 $31 \mid 39x+26y$ 或 $31 \mid 39u+26v$. 于是 $403 \mid 39x+26y$ 或 $403 \mid 39u+26v$. 从而 $20+\sqrt{-3} \mid (x+y\sqrt{-3})(1+2\sqrt{-3})$ 或 $20+\sqrt{-3} \mid (u+v\sqrt{-3})(1+2\sqrt{-3})$. 于是 $2-3\sqrt{-3} \mid x+y\sqrt{-3}$ 或 $2-3\sqrt{-3} \mid u+v\sqrt{-3}$. 所以 $2-3\sqrt{-3}$ 是素元.

若 $4+\sqrt{-3} \mid (x+y\sqrt{-3})(u+v\sqrt{-3})$, 则

$$4+\sqrt{-3} \mid [(x-4y)+y(4+\sqrt{-3})]\cdot[(u-4v)+v(4+\sqrt{-3})].$$

所以 $4+\sqrt{-3} \mid (x-4y)(u-4v)$, 因此在 $\mathbf{Z}$ 中有 $19 \mid (x-4y)^2(u-4v)^2$, 从而 $19 \mid x-4y$ 或 $19 \mid u-4v$. 故 $4+\sqrt{-3} \mid x+y\sqrt{-3}$ 或 $4+\sqrt{-3} \mid u+v\sqrt{-3}$. 于是 $4+\sqrt{-3}$ 是素元.

(2) 容易验证, $\sqrt{-5} \mid x+y\sqrt{-5}$ 当且仅当 $x \equiv 0 \pmod 5$. 如果 $\sqrt{-5} \mid (x+y\sqrt{-5})(u+v\sqrt{-5})$, 则 $xu-5yv \equiv 0 \pmod 5$, 所以 $xu \equiv 0 \pmod 5$. 于是 $x \equiv 0 \pmod 5$ 或 $u \equiv 0 \pmod 5$, 即 $\sqrt{-5} \mid x+y\sqrt{-5}$ 或 $\sqrt{-5} \mid u+v\sqrt{-5}$. $\sqrt{-5}$ 是素元.

如果 $13 \mid (x+y\sqrt{-5})(u+v\sqrt{-5})$, 则在 $\mathbf{Z}$ 上有 $13^2 \mid (x^2+5y^2)(u^2+5v^2)$. 于是 $x^2+5y^2 \equiv 0 \pmod{13}$ 或 $u^2+5v^2 \equiv 0 \pmod{13}$. 于是 $x \equiv y \equiv 0 \pmod{13}$ 或 $u \equiv v \equiv 0 \pmod{13}$. 所以 $13 \mid x+y\sqrt{-5}$ 或 $13 \mid u+v\sqrt{-5}$. 因此 13 是素元.

由于 $(3+2\sqrt{-5})(2-\sqrt{-5}) = 16+\sqrt{-5}$, 所以若 $3+2\sqrt{-5} \mid (x+y\sqrt{-5})(u+v\sqrt{-5})$, 则

$$16+\sqrt{-5} \mid (x+y\sqrt{-5})(2-\sqrt{-5})\cdot(u+v\sqrt{-5})(2-\sqrt{-5}),$$

即

$$16+\sqrt{-5} \mid [(18x-27y)+(2y-x)(16+\sqrt{-5})]\cdot[(18u-27v)+(2v-u)(16+\sqrt{-5})].$$

所以

$$16+\sqrt{-5} \mid (18x-27y)(18u-27v).$$

取范数, 在 $\mathbf{Z}$ 中有 $261 \mid (18x-27y)^2(18u-27v)^2$. 因为 $261 = 29\times 9$, 所以 $29 \mid 18x-27y$ 或 $29 \mid 18u-27v$. 由对称性, 不妨设前者成立, 于是 $261 \mid 18x-27y$, 从而

$$(3+2\sqrt{-5})(2-\sqrt{-5}) \mid (x+y\sqrt{-5})(2-\sqrt{-5}).$$

所以 $3+2\sqrt{-5} \mid x+y\sqrt{-5}$. 于是 $3+2\sqrt{-5}$ 是素元.

如果 $6-\sqrt{-5} \mid (x+y\sqrt{-5})(u+v\sqrt{-5})$, 则

$$6-\sqrt{-5} \mid [(x+6y)-y(6-\sqrt{-5})]\cdot[(u+6v)-v(6-\sqrt{-5})].$$

于是 $6-\sqrt{-5} \mid (x+6y)(u+6v)$. 所以在 $\mathbf{Z}$ 上有 $41 \mid (x+6y)^2(u+6v)^2$. 从而 $41 \mid x+6y$ 或 $41 \mid u+6v$. 因此 $6-\sqrt{-5} \mid x+y\sqrt{-5}$ 或 $6-\sqrt{-5} \mid u+v\sqrt{-5}$. 所以 $6-\sqrt{-5}$ 是素元.

10. 在下列整环中, 证明所给元素都是不可约元, 但却不是素元:

(1) 在 $\mathbf{Z}[\sqrt{-5}]$ 中, $1+\sqrt{-5}$, $2+\sqrt{-5}$;

(2) 在 $\mathbf{Z}[\sqrt{5}]$ 中, 2, $1+\sqrt{5}$.

证明　(1) 由于在 $\mathbf{Z}[\sqrt{-5}]$ 中, $\mathcal{N}(1+\sqrt{-5})=6=2\times 3$, 而 $\mathcal{N}(\alpha)=2,3$ 在 $\mathbf{Z}[\sqrt{-5}]$ 中无解, 所以 $1+\sqrt{-5}$ 是不可约元. 但是

$$1+\sqrt{-5} \mid (1+\sqrt{-5})(1-\sqrt{-5})=6=2\times 3,$$

而 $1+\sqrt{-5}\nmid 2$, $1+\sqrt{-5}\nmid 3$, 所以 $1+\sqrt{-5}$ 不是素元.

同样地, 由于 $\mathcal{N}(2+\sqrt{-5})=9=3\times 3$. 而 $\mathcal{N}(\alpha)=3$ 在 $\mathbf{Z}[\sqrt{-5}]$ 中无解. 因此 $2+\sqrt{-5}$ 是不可约元. 但是

$$2+\sqrt{-5} \mid (2+\sqrt{-5})(2-\sqrt{-5})=9=3\times 3.$$

而 $2+\sqrt{-5}\nmid 3$, 因此 $2+\sqrt{-5}$ 不是素元.

(2) 由于在 $\mathbf{Z}[\sqrt{5}]$ 中, $\mathcal{N}(2)=4$, 而 $\mathcal{N}(\alpha)=2$ 在 $\mathbf{Z}[\sqrt{5}]$ 中无解 (因为 $a^2-5b^2\equiv 2 \pmod 4$ 无解), 所以 2 是不可约元. 但是

$$2 \mid 4=(\sqrt{5}+1)(\sqrt{5}-1),$$

而 $2\nmid \sqrt{5}+1$, $2\nmid \sqrt{5}-1$, 所以 2 不是素元.

同样地, $\mathcal{N}(1+\sqrt{5})=4$, 所以 $1+\sqrt{5}$ 是不可约元. 但是

$$1+\sqrt{5} \mid (1+\sqrt{5})(-1+\sqrt{5})=4=2\times 2,$$

而 $1+\sqrt{5}\nmid 2$, 所以 $1+\sqrt{5}$ 不是素元.

11. 证明定理 4.3.4.

证明　设 d 是不等于 1, 0, 且无平方因子的整数. $D=\mathbf{Z}[\sqrt{d}]$. 定义 $a+b\sqrt{d}\in \mathbf{Q}[\sqrt{d}]$ 的范数为 $\mathcal{N}(a+b\sqrt{d})=|a^2-db^2|$.

(1) 若 $\alpha=a+b\sqrt{d}$, $a,b\in\mathbf{Z}$, 则显然 $\mathcal{N}(\alpha)=|a^2-db^2|\in\mathbf{N}\cup\{0\}$. 若存在不全为零的 $a,b\in\mathbf{Z}$, 使得 $a+b\sqrt{d}=0$, 则 $a=-b\sqrt{d}$, 所以两边平方得

$$a^2=b^2d. \tag{$*$}$$

若 $b=0$, 则由 $(*)$ 式得 $a=0$. 若 $a=0$, 则由 $(*)$ 式得 $b^2d=0$, 而 $d\neq 0$, 于是 $b=0$. 从而 a,b 都不为 0, 所以 $d=\dfrac{a^2}{b^2}>0$. 又 d 是不等于 1 的整数, 故 $d>1$. 由于等式 $(*)$ 的左边是一平方数, 因此 d 必定也是个平方数. 这与 d 无平方因子的假设相矛盾. 于是 $a+b\sqrt{d}=0$ 当且仅当 a,b 全为 0, 即 $\mathcal{N}(0)=0$, 且由 $\mathcal{N}(\alpha)=|a^2-db^2|=0$ 得 $a^2=db^2$, 故 $a=b=0$, 即 $\alpha=0$.

(2) 设 $\alpha = a + b\sqrt{d}$, $\beta = a' + b'\sqrt{d}$, 则 $\alpha\beta = aa' + bb'd + (ab' + ba')\sqrt{d}$. 因为

$$\begin{aligned}(a^2 - db^2)(a'^2 - db'^2) &= (aa')^2 + (bb'd)^2 - [(ab')^2 + (ba')^2]d \\ &= [(aa')^2 + (bb'd)^2 + 2aa'bb'd] \\ &\quad - [(ab')^2 + (ba')^2 + 2aa'bb']d \\ &= (aa' + bb'd)^2 - d(ab' + ba')^2,\end{aligned}$$

所以 $\mathcal{N}(\alpha)\mathcal{N}(\beta) = \mathcal{N}(\alpha\beta)$.

(3) 如果 $\alpha \mid \beta$(在 D 中), 则存在 $\gamma \in D$, 使得 $\beta = \alpha\gamma$. 因此由 (2) 得 $\mathcal{N}(\beta) = \mathcal{N}(\alpha)\mathcal{N}(\gamma)$. 而 $\mathcal{N}(\gamma) \in \mathbf{Z}$, 所以 $\mathcal{N}(\alpha) \mid \mathcal{N}(\beta)$.

12. 证明: 在 $\mathbf{Z}[\sqrt{-3}]$ 中, 14 有唯一分解.

证明　$14 = 2(2+\sqrt{-3})(2-\sqrt{-3})$, 而 $\mathcal{N}(2) = 4$, $\mathcal{N}(2 \pm \sqrt{-3}) = 7$, 且 $\mathcal{N}(\alpha) = 2$ 在 $\mathbf{Z}[\sqrt{-3}]$ 中无解. 因此 2 与 $2 \pm \sqrt{-3}$ 是不可约元, 即上式是 14 的不可约分解.

其次可证 $2 \pm \sqrt{-3}$ 是素元. 设

$$2 + \sqrt{-3} \mid (x + y\sqrt{-3})(u + v\sqrt{-3}), \quad x, y, u, v \in \mathbf{Z},$$

则

$$2 + \sqrt{-3} \mid [x - 2y + (2 + \sqrt{-3})y] \cdot [u - 2v + (2 + \sqrt{-3})v].$$

由于 $2 + \sqrt{-3} \mid (2 + \sqrt{-3})y$, $2 + \sqrt{-3} \mid (2 + \sqrt{-3})v$, 因此

$$2 + \sqrt{-3} \mid (x - 2y)(u - 2v).$$

两边取范数得 $7 \mid (x-2y)^2(u-2v)^2$. 于是 $7 \mid x - 2y$ 或 $7 \mid u - 2v$. 由于 $2 + \sqrt{-3} \mid 7$, 从而 $2 + \sqrt{-3} \mid x + y\sqrt{-3}$ 或 $2 + \sqrt{-3} \mid u + v\sqrt{-3}$. 所以 $2 + \sqrt{-3}$ 是素元. 同理, $2 - \sqrt{-3}$ 也是素元.

最后来证明题首的分解是唯一的. 设 $14 = p_1p_2\cdots p_s$ 是任一不可约分解, 则 $2 + \sqrt{-3} \mid p_1p_2\cdots p_s$. 因为 $2 + \sqrt{-3}$ 是素元, 所以存在 p_i, 使得 $2 + \sqrt{-3} \mid p_i$. 适当调换这些 p_i 的顺序, 不妨设 $i = 1$. 又因为 p_1 是不可约元, 所以 $2 + \sqrt{-3} \sim p_1$. 从而将 p_2 乘以适当的单位, 可设 $p_1 = 2 + \sqrt{-3}$. 于是 $2(2 - \sqrt{-3}) = p_2\cdots p_s$. 故 $2 - \sqrt{-3} \mid p_2\cdots p_s$. 同理, 不妨设 $2 - \sqrt{-3} = p_2$. 于是 $2 = p_3\cdots p_s$. 而 2 是不可约元, 因此 $s = 3$, $2 = p_s$. 所以 $14 = 2(2 + \sqrt{-3})(2 - \sqrt{-3})$ 是唯一的不可约分解.

13. 将下列元素表示为 $\mathbf{Z}[\mathrm{i}]$ 的不可约元之积:

(1) $1 + 3\mathrm{i}$;　　(2) 130;

(3) $7 + 5\mathrm{i}$;　　(4) $99 + 27\mathrm{i}$;

(5) 174;　　(6) $23 - 61\mathrm{i}$.

解　(1) $1+3\mathrm{i}=(1+\mathrm{i})(2+\mathrm{i})$.

(2) $130=(1+\mathrm{i})(1-\mathrm{i})(2+\mathrm{i})(2-\mathrm{i})(3+2\mathrm{i})(3-2\mathrm{i})$.

(3) $7+5\mathrm{i}=(1+\mathrm{i})(6-\mathrm{i})$.

(4) $99+27\mathrm{i}=3^2(1+\mathrm{i})(2+\mathrm{i})(2-3\mathrm{i})$.

(5) $174=3(1+\mathrm{i})(1-\mathrm{i})(5+2\mathrm{i})(5-2\mathrm{i})$.

(6) $23-61\mathrm{i}=(1+\mathrm{i})(2+\mathrm{i})^3(-4+\mathrm{i})$.

14. 证明下列两个整环都不是唯一分解整环:

(1) $D=\{a+b\sqrt{10}\,|\,a,b\in\mathbf{Z}\}$;

(2) $D=\{a+b\sqrt{-5}\,|\,a,b\in\mathbf{Z}\}$.

证明　(1) $(\sqrt{10}+1)(\sqrt{10}-1)=9=3\times3$. 由于 $\mathcal{N}(\alpha)=3$ 在 D 中无解 (因为它在 (mod 10) 中就无解), 故 $\sqrt{10}+1$, $\sqrt{10}-1$, 3 都是不可约元. 但是 $3\nmid\sqrt{10}\pm1$, 于是 3 与 $\sqrt{10}\pm1$ 均为不可约元, 且它们互不相伴. 因此 9 的分解不唯一, 即 D 不是唯一分解整环.

(2) 同理, $(2+\sqrt{-5})(2-\sqrt{-5})=9=3\times3$. 而 $\mathcal{N}(\alpha)=3$ 在 D 中无解. 于是 $2\pm\sqrt{-5}$, 3 都是不可约元. 可是 $3\nmid 2\pm\sqrt{-5}$, 所以 9 的分解不唯一. 因此, D 不是唯一分解整环.

15. 设 D 为整环, $a,b,c,d\in D$, $d=\gcd(a,b)$. 证明: c 也是 a 与 b 的最大公因子的充分必要条件是 c 与 d 相伴.

证明　若 c 是 a 与 b 的最大公因子, 则 c 是 a 与 b 的公因子. 因为 $d=\gcd(a,b)$, 所以 $c\mid d$. 而 d 也是 a 与 b 的公因子, 所以由 c 是最大公因子得 $d\mid c$, 从而 c 与 d 相伴. 反之, 若 c 与 d 相伴, 则 $c\mid d$, 且 $d\mid c$. 因为 $d=\gcd(a,b)$, 所以 $d\mid a$, $d\mid b$. 由于 $c\mid d$, 因此 $c\mid a$, $c\mid b$. 设 e 是 a 与 b 的任一公因子, 则 $e\mid d$. 但是 $d\mid c$, 故 $e\mid c$, 从而 c 是 a 与 b 的最大公因子.

16. 证明定理 4.3.9.

证明　设 D 为唯一分解整环. 不妨设 a, b, c 都是 D 中的非零元, 且由已知得 $\gcd(a,b)=1$.

(1) 设 $b=\epsilon p_1^{m_1}\cdots p_s^{m_s}$, $c=\mu q_1^{n_1}\cdots q_t^{n_t}$ 分别是 b, c 的标准分解, 其中 ϵ, μ 是 D 中的单位, 所有 p_i, q_j 都是 D 中的不可约元, 且 $p_1,\cdots,p_s$ 互不相伴, $q_1,\cdots,q_t$ 互不相伴, 则

$$bc=\epsilon\mu p_1^{m_1}\cdots p_s^{m_s}q_1^{n_1}\cdots q_t^{n_t}.$$

由于 $\gcd(a,b)=1$, 因此若 a 不是单位, 则 a 的标准分解式中出现的不可约因子必与 b 中的不可约因子不相伴, 又 $a\mid bc$, 于是 a 中的不可约因子必在 c 中出现, 故可设

$$a=\lambda q_1^{l_1}\cdots q_t^{l_t},$$

其中 λ 为单位. 又由于 $a \mid bc$, 因此 $l_1 \leqslant n_1, l_2 \leqslant n_2, \cdots, l_t \leqslant n_t$. 于是 $a \mid c$.

(2) 与 (1) 类似, 设 $a = \lambda q_1^{l_1} \cdots q_t^{l_t}$, $b = \epsilon p_1^{m_1} \cdots p_s^{m_s}$ 分别是 a, b 的标准分解. 因为 $\gcd(a, b) = 1$, 故 $q_1, \cdots, q_t, p_1, \cdots, p_s$ 也互不相伴. 由于 $a \mid c$, $b \mid c$, 因此 $q_1, \cdots, q_t, p_1, \cdots, p_s$ 也都是 c 的不可约因子. 设

$$c = \mu q_1^{l_1'} \cdots q_t^{l_t'} p_1^{m_1'} \cdots p_s^{m_s'} u_1^{k_1} \cdots u_r^{k_r}$$

是标准分解, 其中 μ 是单位, $q_1, \cdots, q_t, p_1, \cdots, p_s, u_1, \cdots, u_r$ 是互不相伴的不可约元, 则因为 $a \mid c$, $b \mid c$, 所以 $l_1 \leqslant l_1', \cdots, l_t \leqslant l_t'$, $m_1 \leqslant m_1', \cdots, m_s \leqslant m_s'$, 从而 $ab \mid c$.

(3) 设 $u = \gcd(a, c)$, $v = \gcd(b, c)$, $w = \gcd(ab, c)$, 则我们事实上是要证明 $uv \sim w$. 由定义知 $u \mid a$, $u \mid c$, $v \mid b$, $v \mid c$, 故 $u \mid ab$, $v \mid ab$. 由于 $\gcd(a, b) = 1$, 而 $\gcd(u, v) \mid \gcd(a, b)$, 所以 $\gcd(u, v) = 1$. 因此, 由 $u \mid c$, $v \mid c$ 及 (2) 得 $uv \mid c$. 同理, $uv \mid ab$. 于是 uv 是 ab 与 c 的公因子, 故 $uv \mid w$. 设

$$w = \mu p_1^{m_1} \cdots p_k^{m_k} \cdots p_s^{m_s}$$

是标准分解, 其中 μ 是单位, 不可约元 $p_1, \cdots, p_s$ 互不相伴, 则由 $\gcd(a, b) = 1$ 可知, 对每个 i, 有 $p_i^{m_i} \mid a$, 或 $p_i^{m_i} \mid b$. 因此, 不妨设 $p_i^{m_i} \mid a$, $i = 1, \cdots, k$; $p_j^{m_j} \mid b$, $j = k+1, \cdots, s$. 由于 $i \neq j$ 时, $\gcd(p_i^{m_i}, p_j^{m_j}) = 1$, 故重复应用 (2) 得 $p_1^{m_1} \cdots p_k^{m_k} \mid a$, $p_{k+1}^{m_{k+1}} \cdots p_s^{m_s} \mid b$. 由于 $w \mid c$, 故 $p_1^{m_1} \cdots p_k^{m_k} \mid c$, $p_{k+1}^{m_{k+1}} \cdots p_s^{m_s} \mid c$. 从而 $p_1^{m_1} \cdots p_k^{m_k} \mid u$, $p_{k+1}^{m_{k+1}} \cdots p_s^{m_s} \mid v$. 于是 $w \mid uv$, 即 $uv \sim w$.

17. 给出多个元素的最大公因子的定义, 并导出相应的结果.

解 设 D 为整环, $a_1, \cdots, a_n, d \in D$. 如果 d 满足:

(1) $d \mid a_i$, $i = 1, 2, \cdots, n$, 即 d 是 $a_1, a_2, \cdots, a_n$ 的公因子;

(2) 如果 c 是 $a_1, a_2, \cdots, a_n$ 的任一公因子, 则有 $c \mid d$,

则称 d 为 $a_1, a_2, \cdots, a_n$ 的一个最大公因子, 记作 $d = \gcd(a_1, a_2, \cdots, a_n)$.

在唯一分解整环中, 任何 $n(\geqslant 2)$ 个元素都有最大公因子.

18. 试给出整环上两个元素 a 与 b 的**最小公倍元**(least common multiple)(记作 $\operatorname{lcm}(a, b)$ 或 $[a, b]$) 的定义.

解 设 D 为整环, $a, b, m \in D$. 如果 m 满足:

(1) $a \mid m$, 且 $b \mid m$, 即 m 是 a 与 b 的公倍元;

(2) 如果 c 是 a 与 b 的任一公倍元, 则有 $m \mid c$,

则称 m 为 a 与 b 的一个最小公倍元, 记作 $m = \operatorname{lcm}(a, b)$ 或 $[a, b]$.

19. 举例说明, 在一个整环中, 任何两个元素不一定有最小公倍元.

解 取整环 $R = \mathbf{Z}[\sqrt{-3}]$, $a = 2 + 2\sqrt{-3}$, $b = 4$, 则 8, $4 + 4\sqrt{-3}$ 都是 a 与 b 的公倍元. 假定 $m = x + y\sqrt{-3}(x, y \in \mathbf{Z})$ 是 a 与 b 的最小公倍元, 则 $a \mid m$, $b \mid m$,

且 $m \mid 8$, $m \mid 4+4\sqrt{-3}$. 于是 $16 \mid \mathcal{N}(m)$, $\mathcal{N}(m) \mid 64$. 所以 $\mathcal{N}(m)$ 的可能值为 16, 32, 64.

(1) 若 $\mathcal{N}(m)=16$, 则 $m=\pm 4$ 或 $\pm 2\pm 2\sqrt{-3}$. 但是 $a \nmid 4$, $b \nmid 2\pm 2\sqrt{-3}$, 所以此时 m 不可能为 a 与 b 的公倍元.

(2) 因为 $\mathcal{N}(m)=32$(即 $a^2+3b^2=32$) 无解, 所以 $\mathcal{N}(m)\neq 32$.

(3) 若 $\mathcal{N}(m)=64$, 则 $m=\pm 8$ 或 $\pm 4\pm 4\sqrt{-3}$. 但是 $8 \nmid 4+4\sqrt{-3}$, $4\pm 4\sqrt{-3} \nmid 8$. 因此 $m \mid 8$, $m \mid 4+4\sqrt{-3}$ 不能同时成立.

所以, 在 $\mathbf{Z}[\sqrt{-3}]$ 中 $2+2\sqrt{-3}$ 与 4 没有最小公倍元.

20. 证明: 在唯一分解整环中, 任何两个元素都有最小公倍元.

证明 设 R 是唯一分解环, $a, b \in R$. 容易证明 $\operatorname{lcm}(0,a)=0$. 故不妨设 $a, b\neq 0$. 假设 $d=\gcd(a,b)$, 则可设 $a=da_1$, $b=db_1$, $a_1, b_1\in R$. 令 $m=da_1b_1\in R$, 容易验证 $\gcd(a_1,b_1)=1$. 下证 $m=\operatorname{lcm}(a,b)$. 首先, 因为 $m=ab_1=ba_1$, 所以 $a\mid m$, $b \mid m$, 因此 m 是 a 与 b 的公倍元. 若 c 是 a 与 b 的任一公倍元, 则 $a\mid c$, $b\mid c$. 于是 $d\mid c$. 设 $c=dc_1$, $c_1\in R$, 则由 $a\mid c$ 得 $a_1\mid c_1$. 同理, $b_1\mid c_1$. 又由定理 4.3.9(2), $a_1b_1\mid c_1$. 于是 $da_1b_1\mid dc_1$, 即 $m\mid c$. 所以 $m=\operatorname{lcm}(a,b)$.

21. 设 D 为唯一分解整环, $a, b\in D$. 证明:

$$\operatorname{lcm}(a,b)\gcd(a,b)=ab.$$

解 沿用上题的记号, 由上题的证明知: $md=da_1b_1d=ab$. 于是得

$$\operatorname{lcm}(a,b)\gcd(a,b)=ab.$$

22. 设 $d\neq 1,0$ 且为无平方因子的整数. 证明在 $\mathbf{Z}[\sqrt{d}]$ 中, 每个非零非单位的元素都可分解为不可约元的乘积.

证明 首先可知 $\alpha=a+b\sqrt{d}(a,b\in\mathbf{Z})$ 是 $\mathbf{Z}[\sqrt{d}]$ 中单位的充要条件是 $\mathcal{N}(\alpha)=1$. 证明如下: 若 α 是单位, 则存在 $\beta\in\mathbf{Z}[\sqrt{d}]$, 使 $\alpha\beta=1$. 于是 $\mathcal{N}(\alpha)\mathcal{N}(\beta)=1$, 即 $\mathcal{N}(\alpha)=1$. 反之, 若 $|a^2-db^2|=\mathcal{N}(\alpha)=1$, 则 $a^2-db^2=\pm 1$. 故 $(a+b\sqrt{d})(a-b\sqrt{d})=1$ 或 $(a+b\sqrt{d})(b\sqrt{d}-a)=1$. 所以 $\alpha=a+b\sqrt{d}$ 是单位.

其次可证若 α 是 $\mathbf{Z}[\sqrt{d}]$ 中的非零非单位的元素, β 是 α 的真因子, 则 $\mathcal{N}(\beta)<\mathcal{N}(\alpha)$. 这是因为此时存在另一真因子 $\gamma\in\mathbf{Z}[\sqrt{d}]$, 使得 $\alpha=\beta\gamma$, 即 $\mathcal{N}(\alpha)=\mathcal{N}(\beta)\mathcal{N}(\gamma)$. 又 β, γ 不是单位, 故 $\mathcal{N}(\beta)$, $\mathcal{N}(\gamma)>1$. 于是 $\mathcal{N}(\beta)<\mathcal{N}(\alpha)$.

最后来证明本题的结论: 在 $\mathbf{Z}[\sqrt{d}]$ 中每个非零非单位的元素都可分解为不可约元的乘积. 用反证法: 若存在 $\mathbf{Z}[\sqrt{d}]$ 中非零非单位元 a, 而 a 没有这样的分解, 则与定理 4.3.7 充分性的证明类似, 可证: 存在 $\mathbf{Z}[\sqrt{d}]$ 中元素的无限链

$$a_0=a, a_1, a_2, \cdots, a_n, \cdots$$

使得每个 a_{i+1} 是 a_i 的真因子. 故由上面所证得

$$\mathcal{N}(a)=\mathcal{N}(a_0)>\mathcal{N}(a_1)>\cdots>\mathcal{N}(a_n)>\cdots.$$

但是由于每个 $\mathcal{N}(a_i)$ 都是正整数, 所以上述无限不等式链是不可能存在的. 于是结论成立.

*23. 设 $x\in\mathbf{Z}[\sqrt{-3}]$. 证明: 如果 $\mathcal{N}(x)$ 为 $\mathbf{Z}$ 中的素数, 则 x 为 $\mathbf{Z}[\sqrt{-3}]$ 中的素元.

证明　设 $x=a+b\sqrt{-3}\in\mathbf{Z}[\sqrt{-3}]$, 使得 $\mathcal{N}(x)=a^2+3b^2=p$ 是素数, 则 $(b,p)=1$. 于是存在 $s,t\in\mathbf{Z}$, 使得 $sb+tp=1$. 设 $a+b\sqrt{-3}\mid(c+d\sqrt{-3})(u+v\sqrt{-3})$, 因为

$$\begin{aligned}c+d\sqrt{-3}&=c+(dsb+dtp)\sqrt{-3}\\&=c+dsb\sqrt{-3}+dtp\sqrt{-3}\\&=c+ds(a+b\sqrt{-3})-ads+dtp\sqrt{-3}\\&=(c-ads)+ds(a+b\sqrt{-3})+dtp\sqrt{-3}.\end{aligned}$$

同理

$$u+v\sqrt{-3}=(u-avs)+vs(a+b\sqrt{-3})+vtp\sqrt{-3}.$$

由于 $a+b\sqrt{-3}\mid\mathcal{N}(a+b\sqrt{-3})=p$, 于是 $a+b\sqrt{-3}\mid(c-ads)(u-avs)$. 两边取范数得, 在 $\mathbf{Z}$ 中有

$$p\mid(c-ads)^2(u-avs)^2.$$

从而, 不妨设 $p\mid c-ads$. 所以 $a+b\sqrt{-3}\mid c+d\sqrt{-3}$. 于是 $x=a+b\sqrt{-3}$ 为 $\mathbf{Z}[\sqrt{-3}]$ 中的素元.

习题 4-4　主理想整环与欧几里得整环

1. 设 D 是欧几里得整环, σ 为 D 的欧几里得映射, 满足

$$\sigma(a)\leqslant\sigma(ab),\quad 对任意\, a,b\in D, a,b\neq 0.$$

证明:

(1) $d\in D$ 是单位当且仅当 $\sigma(d)=\sigma(1)$;

(2) 如果存在 $n\in\mathbf{N}\cup\{0\}$, 使对 D 的任一非零元 a, 都有 $\sigma(a)=n$, 则 D 是域;

(3) 如果 $a,b\neq 0$, $a\sim b$, 则 $\sigma(a)=\sigma(b)$.

证明　(1) 若 d 是单位, 则存在 $d'\in D$, 使得 $dd'=1$. 所以 $\sigma(1)\leqslant\sigma(1\cdot d)=\sigma(d)$, $\sigma(d)\leqslant\sigma(dd')=\sigma(1)$. 于是 $\sigma(d)=\sigma(1)$. 反之, 若 $\sigma(d)=\sigma(1)$, 则 $d\neq 0$. 由已知, 对

任意 $a \in D, a \neq 0$, 有 $\sigma(1) \leqslant \sigma(1 \cdot a) = \sigma(a)$, 故 $\sigma(d) = \sigma(1)$ 是 $\{\sigma(a) | a \in D, a \neq 0\}$ 中的最小值. 因为 D 是欧几里得整环, 故存在 $q, r \in D$, 使得 $1 = dq + r$, $r = 0$ 或 $\sigma(r) < \sigma(d)$. 但因为 $\sigma(d)$ 是最小值, 故后一情况不会出现, 即 $r = 0$, 故 $1 = dq$. 所以 d 是单位.

(2) 若对每个非零元 a, 有 $\sigma(a) = n$, 则 $\sigma(1) = n$, 于是对 D 中任一非零元 d, 又有 $\sigma(d) = \sigma(1) = n$, 从而由 (1) 知 d 是单位, 所以 D 是域.

(3) 若 $a \sim b, a, b \neq 0$, 则 $a = b\mu, b = a\nu$, 其中 $\mu\nu = 1$. 于是 $\sigma(a) \leqslant \sigma(a\nu) = \sigma(b)$, $\sigma(b) \leqslant \sigma(b\mu) = \sigma(a)$. 所以 $\sigma(a) = \sigma(b)$.

2. 证明下列整环都是欧几里得整环:

(1) $D = \mathbf{Z}[\sqrt{3}] = \{a + b\sqrt{3} \,|\, a, b \in \mathbf{Z}\}$;

(2) $D = \mathbf{Z}[\sqrt{-2}\,] = \{a + b\sqrt{-2} \,|\, a, b \in \mathbf{Z}\}$;

(3) $D = \mathbf{Z}[\sqrt{2}\,] = \{a + b\sqrt{2} \,|\, a, b \in \mathbf{Z}\}$.

证明 (1) 对任意的 $\alpha \in \mathbf{Z}[\sqrt{3}]$, $\alpha = a + b\sqrt{3} \neq 0$, 令

$$\phi(\alpha) = \mathcal{N}(\alpha) = |a^2 - 3b^2| \in \mathbf{N}.$$

设 $\alpha, \beta \in \mathbf{Z}[\sqrt{3}]$, $\beta \neq 0$, 在 $\mathbf{R}$ 中, 令

$$\frac{\alpha}{\beta} = x + y\sqrt{3}, \quad x, y \in \mathbf{Q},$$

则存在 $a, b \in \mathbf{Z}$, 使得 $|x - a| \leqslant \frac{1}{2}$, $|y - b| \leqslant \frac{1}{2}$. 取

$$q = a + b\sqrt{3}, \quad r = [(x-a) + (y-b)\sqrt{3}]\beta,$$

则 $q \in \mathbf{Z}[\sqrt{3}]$, $r = \alpha - (a + b\sqrt{3})\beta \in \mathbf{Z}[\sqrt{3}]$, 且 $\alpha = \beta q + r$. 如果 $r \neq 0$, 则

$$\phi(r) = \mathcal{N}(r) = |(x-a)^2 - d(y-b)^2|\mathcal{N}(\beta).$$

当 $(x-a)^2 \geqslant 3(y-b)^2$ 时, 有

$$|(x-a)^2 - 3(y-b)^2| = (x-a)^2 - 3(y-b)^2 \leqslant (x-a)^2 \leqslant \frac{1}{4} < 1.$$

当 $(x-a)^2 \leqslant 3(y-b)^2$ 时, 有

$$|(x-a)^2 - 3(y-b)^2| = 3(y-b)^2 - (x-a)^2 \leqslant 3(y-b)^2 \leqslant 3 \times \left(\frac{1}{2}\right)^2 = \frac{3}{4} < 1.$$

于是 $\phi(r) = |(x-a)^2 - 3(y-b)^2|\mathcal{N}(\beta) < \mathcal{N}(\beta) = \phi(\beta)$. 所以 $\mathbf{Z}[\sqrt{3}]$ 为欧几里得整环.

(2), (3) 设 $d=\pm 2$. 对任意的 $\alpha\in\mathbf{Z}[\sqrt{d}]$, $\alpha=a+b\sqrt{d}\neq 0$, 令

$$\phi(\alpha)=\mathcal{N}(\alpha)=|a^2-db^2|\in\mathbf{N}.$$

设 $\alpha,\beta\in\mathbf{Z}[\sqrt{d}]$, $\beta\neq 0$, 在 $\mathbf{C}$ 中, 令

$$\frac{\alpha}{\beta}=x+y\sqrt{d},\quad x,y\in\mathbf{Q},$$

则存在 $a,b\in\mathbf{Z}$, 使得 $|x-a|\leqslant\dfrac{1}{2}$, $|y-b|\leqslant\dfrac{1}{2}$. 取

$$q=a+b\sqrt{d},\ r=[(x-a)+(y-b)\sqrt{d}]\beta,$$

则 $q\in\mathbf{Z}[\sqrt{d}]$, $r=\alpha-(a+b\sqrt{d})\beta\in\mathbf{Z}[\sqrt{d}]$, 且 $\alpha=\beta q+r$. 如果 $r\neq 0$, 则

$$\begin{aligned}\phi(r)&=\mathcal{N}(r)=|(x-a)^2-d(y-b)^2|\mathcal{N}(\beta)\\&\leqslant(|x-a|^2+2|y-b|^2)\mathcal{N}(\beta)\leqslant\left(\frac{1}{4}+2\times\frac{1}{4}\right)\mathcal{N}(\beta)\\&<\phi(\beta).\end{aligned}$$

所以 $\mathbf{Z}[\sqrt{d}]$ 为欧几里得整环.

3. 设 F 是域, $F[x,y]$ 是 F 上以 x, y 为未定元的二元多项式环. 证明: $F[x,y]$ 不是主理想整环.

证明　可证 $I=\langle x,y\rangle$ 不是主理想. 反证: 若 $I=\langle f(x,y)\rangle$ 是主理想, 则因为 $x\in I$, 所以存在 $g(x,y)\in F[x,y]$, 使得 $x=f(x,y)g(x,y)$. 于是 $\deg f(x,y)=0$ 或 1. 若 $\deg f(x,y)=0$, 则 $f(x,y)=a\in F$, $a\neq 0$. 于是 $1=a^{-1}a\in I$. 所以 $I=F[x,y]$. 这显然不正确. 若 $\deg f(x,y)=1$, 则存在 $a,b,c\in F$, a,b 不全为 0, 使得

$$f(x,y)=ax+by+c.$$

但 $x=f(x,y)g(x,y)$ 意味着 $b=c=0$, 即 $f(x,y)=ax\neq 0$. 可此时不存在 $h(x,y)\in F[x,y]$, 使得 $y=ax\cdot h(x,y)=f(x,y)h(x,y)$, 即 $y\notin I$, 矛盾! 从而 I 不是主理想, 故 $F[x,y]$ 不是主理想整环.

4. 对 $a,b\in\mathbf{Z}$, 求 $u,v\in\mathbf{Z}$, 使 $au+bv=(a,b)$.

(1) $a=17$, $b=13$;

(2) $a=28$, $b=35$;

(3) $a=30$, $b=42$;

(4) $a=137$, $b=78$.

解　(1) $(17,13)=1$, $u=-3$, $v=4$.

(2) $(28,35)=7$, $u=-1$, $v=1$.

(3) $(30,42)=6$, $u=3$, $v=-2$.

(4) $(137,78)=1$, $u=-37$, $v=65$.

5. 对多项式对 $f(x)$, $g(x)$, 求 $u(x)$, $v(x)$, 使

$$u(x)f(x)+v(x)g(x)=(f(x),g(x)).$$

(1) $f(x)=2x^3+9x^2+12x+5$, $g(x)=2x^5+5x^4+8x+20$, $f(x),\ g(x)\in \mathbf{Q}[x]$;

(2) $f(x)=x^3+x^2+1$, $g(x)=x^2+x+1$, $f(x),\ g(x)\in \mathbf{Z}_2[x]$;

(3) $f(x)=x^3-x^2-x+1$, $g(x)=x^3+4x^2+x-1$, $f(x),\ g(x)\in \mathbf{Z}_5[x]$;

(4) $f(x)=x^2-x+1$, $g(x)=x^3+x-1$, $f(x),\ g(x)\in \mathbf{Z}_3[x]$.

解　(1) $(f(x),g(x))=x+\dfrac{5}{2}$. $u(x)=\dfrac{1}{50}(-4x^3-x^2+6x-11)$, $v(x)=\dfrac{1}{50}(4x+9)$.

(2) $(f(x),g(x))=1$. $u(x)=x$, $v(x)=1+x^2$.

(3) $(f(x),g(x))=x+4$. $u(x)=2$, $v(x)=-2$.

(4) $(f(x),g(x))=x+1$. $u(x)=2x+2$, $v(x)=1$.

6. 对 $a,b\in \mathbf{Z}[\mathrm{i}]$, 求 $\gcd(a,b)$, 并求 u,v, 使 $\gcd(a,b)=au+bv$.

(1) $a=31-12\mathrm{i}$, $b=17-8\mathrm{i}$;

(2) $a=9+12\mathrm{i}$, $b=4+8\mathrm{i}$;

(3) $a=23-13\mathrm{i}$, $b=7+3\mathrm{i}$;

(4) $a=53+9\mathrm{i}$, $b=1+7\mathrm{i}$.

解　(1) $\gcd(a,b)=1=a(-5-7\mathrm{i})+b(8+13\mathrm{i})$.

(2) $\gcd(a,b)=1=a\cdot(-3)+b(5-\mathrm{i})$.

(3) $\gcd(a,b)=1+\mathrm{i}=a(-1+3\mathrm{i})+b(-6-9\mathrm{i})$.

(4) $\gcd(a,b)=1-\mathrm{i}=a(-2-2\mathrm{i})+b(19-10\mathrm{i})$.

7. 设 D 为主理想整环, I 为 D 的非平凡理想. 证明:

(1) D/I 的每一个理想都是主理想, 并说明 D/I 是否主理想整环;

(2) D/I 仅有有限多个理想.

证明　(1) 设 π: $D\to D/I$ 是自然同态, 即 $\pi(a)=a+I$, 则 $J'\mapsto \pi^{-1}(J')$ 是 D/I 的全体理想的集合到 D 的包含 I 的全体理想的集合之间的双射. 设 $I=\langle d\rangle$, 则 $d\neq 0$, d 也不是单位. 若 J' 是 D/I 的理想, 则 $J=\pi^{-1}(J')\supseteq\langle d\rangle$. 设 $J=\langle a\rangle$, 则 $a\mid d$, 且 $J'=\pi(J)=\langle \pi(a)\rangle$. 因此, D/I 的每个理想都是主理想. 但是, 当 I 不是素理想时 D/I 不是无零因子环, 因此 D/I 不一定是主理想整环. 例如, 取 $D=\mathbf{Z}$, $I=\langle 6\rangle$, 则 $D/I=\mathbf{Z}_6$ 不是无零因子环, 故也不是主理想整环.

(2) 由于 d 是非零非单位的元素, 因此可设

$$d=\epsilon p_1^{k_1}p_2^{k_2}\cdots p_s^{k_s}$$

是 d 的标准分解, 其中 ϵ 是单位, $p_1, \cdots, p_s$ 是不相伴的不可约元. 由于 $a \mid d$, 故可设 a 的标准分解式为

$$a = p_1^{l_1} p_2^{l_2} \cdots p_s^{l_s}, \quad l_1 \leqslant k_1, l_2 \leqslant k_2, \cdots, l_s \leqslant k_s,$$

则这样的 a 最多只有 $(k_1+1)(k_2+1)\cdots(k_s+1)$ 种取法. 所以 D/I 的理想 J' 仅有有限多个.

*8. 证明定理 4.4.6.

证明 对 n 用数学归纳法来证明. 当 $n=1$ 时, $r_1 = \gcd(a,b)$, 即 $a = bq_1 + r_1$, $b = r_1 q_2$. 故 $r_1 = a - bq_1 = 1 \cdot a + (-1)q_1 \cdot b$. 于是 $u = 1 = (-1)^{1-1}p_0$, $v = (-1)^1 p_1$. 结论成立.

假设当 $n = s$ 时结论成立, 则当 $n = s+1$ 时, $r_{s+1} = \gcd(a,b)$,

$$\begin{aligned} a &= bq_1 + r_1, \\ b &= r_1 q_2 + r_2, \\ r_1 &= r_2 q_3 + r_3, \\ &\cdots\cdots \\ r_{s-1} &= r_s q_{s+1} + r_{s+1}, \\ r_s &= r_{s+1} q_{s+2}. \end{aligned}$$

此时

$$\begin{aligned} p_0 &= 1, \\ p_1 &= q_{s+1}, \\ p_2 &= q_s p_1 + 1, \\ &\cdots\cdots \\ p_{s+1} &= q_1 p_s + p_{s-1}. \end{aligned}$$

我们要证 $u = (-1)^s p_s$, $v = (-1)^{s+1} p_{s+1}$. 考虑到 $r_{s+1} = \gcd(b, r_1)$, 而对于 $\gcd(b, r_1)$ 来说, 此时 $n = s$, 所以可以应用归纳假设. 根据 p_i 的定义可知

$$\begin{aligned} \gcd(b, r_1) &= (-1)^{s-1} p_{s-1} b + (-1)^s p_s r_1 \\ &= (-1)^{s-1} p_{s-1} b + (-1)^s p_s (a - bq_1) \\ &= (-1)^s p_s a + ((-1)^{s-1} p_{s-1} + (-1)^{s+1} p_s q_1) b \\ &= (-1)^s p_s a + (-1)^{s+1} (p_{s-1} + p_s q_1) b \\ &= (-1)^s p_s a + (-1)^{s+1} p_{s+1} b \\ &= (-1)^{n-1} p_{n-1} a + (-1)^n p_n b, \end{aligned}$$

所以 $\gcd(a,b)=\gcd(b,r_1)=au+bv$, 而 $u=(-1)^{n-1}p_{n-1}$, $v=(-1)^n p_n$. 于是, 当 $n=s+1$ 时结论也成立. 因此定理对所有的 n 都成立.

9. 设 $D=\left\{\dfrac{a}{2^n}\mid a\in\mathbf{Z},n\in\mathbf{N}\right\}$.

(1) 证明 D 是唯一分解整环.

(2) D 是否是主理想整环?

(3) D 是否是欧几里得整环?

解　(1) $\pm 2^n(n\in\mathbf{Z})$ 是 D 中的全部单位. 若 a 是 D 中非零非单位的元素, 则 $a=\mu p_1^{k_1}\cdots p_s^{k_s}$, 其中 μ 是单位, $p_1,\cdots,p_s$ 是互不相同的奇素数. 根据 $\mathbf{Z}$ 是唯一分解整环可知, 这样的分解是唯一的, 而 $p_1,\cdots,p_s$ 是不可约元. 故 D 是唯一分解整环.

(2), (3) 事实上, D 是欧几里得整环, 因而也是主理想整环. 下面来证明这一点. 设 $a\in D$, $a\neq 0$, 则 a 可唯一写成 $a=\epsilon a_1$, ϵ 是单位, $0<a_1$ 是奇数 (暂且称为 a 的简约分解). 规定 $\phi(a)=a_1$, 则 ϕ 是 $D-\{0\}$ 到 $\mathbf{N}\cup\{0\}$ 的映射. 对任意的 $a,b\in D$, $a,b\neq 0$. 设 $a=\epsilon a_1$, $b=\mu b_1$ 是简约分解, 则存在 $q_1,r\in\mathbf{Z}$, $r=0$ 或 $0<r<b_1$, 使得 $a_1=b_1q_1+r$. 若 $r\neq 0$, 设 $r=\nu r_1$ 是简约分解, 其中 $\nu=2^n(n\geqslant 0)$, 则

$$\epsilon a_1=\mu b_1\cdot\epsilon\mu^{-1}q_1+\epsilon r.$$

令 $q=\epsilon\mu^{-1}q_1$, $\epsilon r=r'\in D$, 则

$$a=bq+r'.$$

而 $r'=0$ 或

$$\phi(r')=\phi(\epsilon\nu r_1)=r_1\leqslant 2^n r_1=r<b_1=\phi(b).$$

从而 D 是欧几里得整环.

10. 设 D 为整环, u 为 D 的一个非单位元素. 如果对任意的元素 $a\in D$, 或者 $u\mid a$, 或者存在 D 的单位 ϵ, 使 $u\mid a+\epsilon$, 则称 u 为 D 的一个**泛边缘子**(universal side divisor). 证明: 如果 D 为欧几里得整环, 则 D 一定有泛边缘子.

证明　设 D 为欧几里得整环, ϕ 是相应的欧几里得映射. 设 u 是 D 的非零非单位元素, 且使得 $\phi(u)$(在非零非单位元素 u 中) 最小. 下证: u 是 D 的一个泛边缘子. 对任意的 $a\in D$, 则存在 $q,r\in D$, $r=0$ 或 $\phi(r)<\phi(u)$, 使得 $a=uq+r$. 若 $r=0$, 则 $u\mid a$. 否则, $\phi(r)<\phi(u)$, 故由 u 的选取知, r 一定是单位. 于是 $\epsilon=-r$ 也是单位, 而 $a+\epsilon=uq$, 所以 $u\mid a+\epsilon$. 从而 u 是 D 的泛边缘子.

11. 求整数环 $\mathbf{Z}$ 的所有泛边缘子.

解　由第 10 题知, ± 2 是 $\mathbf{Z}$ 的泛边缘子. 下证 ± 3 也是泛边缘子. 对任意的 $a\in\mathbf{Z}$, 必存在 $n\in\mathbf{Z}$, 使得 $a=3n$, $3n-1$ 或 $3n+1$. 于是 $3\mid a$, $3\mid a+1$ 或

$3 \mid a+(-1)$. 而 ± 1 是 $\mathbf{Z}$ 的所有单位, 所以 3 是泛边缘子. 又根据泛边缘子的定义知, 若 u 是泛边缘子, ϵ 是任一单位, 则 ϵu 也是泛边缘子. 于是 -3 也是泛边缘子.

若 $u \in \mathbf{Z}$, $|u|>3$, 取 $a=2$, 则可知 $u \nmid a$, $u \nmid a \pm 1$, 所以 u 不是泛边缘子.

从而 $\pm 2, \pm 3$ 是 $\mathbf{Z}$ 的所有泛边缘子.

12. 求高斯整环 $\mathbf{Z}[\mathrm{i}]$ 的所有泛边缘子.

解　$\mathbf{Z}[\mathrm{i}]$ 的所有泛边缘子为使得 $\mathcal{N}(u)=2, 5$ 的所有元素, 即 $\mathbf{Z}[\mathrm{i}]$ 的所有泛边缘子为 $\pm 1 \pm \mathrm{i}$, $\pm 1 \pm 2\mathrm{i}$, $\pm 2 \pm \mathrm{i}$.

根据第 10 题的讨论知, $\pm 1 \pm \mathrm{i}$ 是 $\mathbf{Z}[\mathrm{i}]$ 的泛边缘子 (取欧几里得映射为范数 $\mathcal{N}$). 可证 ± 2 不是泛边缘子. 取 $a=1+\mathrm{i}$, 设 ϵ 是 $\mathbf{Z}[\mathrm{i}]$ 的任一单位. 由于 $\pm 1, \pm \mathrm{i}$ 是 $\mathbf{Z}[\mathrm{i}]$ 的所有单位, 故 $a+\epsilon$ 等于 $2+\mathrm{i}$, i, $1+2\mathrm{i}$, 1. 易知 $2 \nmid a$, $2 \nmid a+\epsilon$, 所以 2 不是泛边缘子. 于是 -2 也不是泛边缘子.

令 $u=1+2\mathrm{i}$, 可证 u 是泛边缘子. 对任意 $a \in \mathbf{Z}[\mathrm{i}]$, 则存在 $q, r \in \mathbf{Z}[\mathrm{i}]$, $r=0$ 或 $\mathcal{N}(r)<5=\mathcal{N}(u)$, 使得 $a=uq+r$.

若 $r=0$, 则 $u \mid a$. 否则 $\mathcal{N}(r)=1, 2, 4$.

(i) $\mathcal{N}(r)=1$, 则 $-r$ 是单位, 故 $u \mid a+(-r)$.

(ii) $\mathcal{N}(r)=2$, 则 $r=1+\mathrm{i}$, $1-\mathrm{i}$, $-1+\mathrm{i}$, $-1-\mathrm{i}$. 分别取 $\epsilon=\mathrm{i}, 1, -1, -\mathrm{i}$, 则 $u \mid r+\epsilon$, 于是 $u \mid a+\epsilon$.

(iii) $\mathcal{N}(r)=4$, 则 $r=2, -2, 2\mathrm{i}, -2\mathrm{i}$. 分别取 $\epsilon=-\mathrm{i}, \mathrm{i}, 1, -1$, 则 $u \mid a+\epsilon$.

于是, u 是泛边缘子. 从而 $1+2\mathrm{i}$, $-1-2\mathrm{i}$, $-2+\mathrm{i}$, $2-\mathrm{i}$ 都是泛边缘子. 同理可证, $1-2\mathrm{i}$ 是泛边缘子. 因此, 使 $\mathcal{N}(u)=5$ 的元素都是泛边缘子.

若 $u \in \mathbf{Z}[\mathrm{i}]$, $\mathcal{N}(u)>5$, 则 $\mathcal{N}(u) \geqslant 8$. 取 $a=1+\mathrm{i}$, 则与 $u=2$ 的情况类似, 可知 $u \nmid a$, $u \nmid a+\epsilon$. 从而 u 不是泛边缘子.

于是, $\mathbf{Z}[\mathrm{i}]$ 的所有泛边缘子为使得 $\mathcal{N}(u)=2, 5$ 的所有元素.

13. 求多项式环 $\mathbf{R}[x]$ 的所有泛边缘子.

解　$\mathbf{R}[x]$ 的所有泛边缘子为形如 $ax+b$ 的所有元素, 其中 $a, b \in \mathbf{R}$, $a \neq 0$.

先证明所有 $x+b(b \in \mathbf{R})$ 都是泛边缘子. 任给 $f(x) \in \mathbf{R}[x]$, 则存在 $q(x) \in \mathbf{R}[x]$, $r \in \mathbf{R}$, 使得 $f(x)=(x+b)q(x)+r$. 若 $r=0$, 则 $x+b \mid f(x)$. 否则 r 是 $\mathbf{R}[x]$ 中的单位, 故 $-r$ 也是, 且 $x+b \mid f(x)+(-r)$. 于是 $x+b$ 是泛边缘子. 从而对任意 $a \in \mathbf{R}$, $a \neq 0$, $ax+b=a(x+a^{-1}b)$ 都是泛边缘子. 而若 $g(x) \in \mathbf{R}[x]$, $\deg g(x)>1$, 则可取 $f(x)=x$, 显然对任何 $\epsilon \in \mathbf{R}$, 有 $\deg(f(x)+\epsilon)=1$, 故 $g(x) \nmid f(x)+\epsilon$. 从而 $g(x)$ 不是泛边缘子. 结论得证.

14. 求整环 $\mathbf{Z}[\sqrt{-3}]$ 的泛边缘子.

解　$\pm\sqrt{-3}$ 是 $\mathbf{Z}[\sqrt{-3}]$ 的所有泛边缘子.

首先, $\mathbf{Z}[\sqrt{-3}]$ 的单位只有 ± 1.

(1) 由于 $\sqrt{-3}(a+b\sqrt{-3})=-3b+a\sqrt{-3}$, 且 $3n+b\sqrt{-3}=\sqrt{-3}(b-n\sqrt{-3})$, 因此 $\sqrt{-3}\mid a+b\sqrt{-3}$ 的充要条件是 $3\mid a$. 又因为对任意 $a+b\sqrt{-3}\in\mathbf{Z}[\sqrt{-3}]$, 存在 $n\in\mathbf{Z}$, 使得 $a=3n, 3n+1$ 或 $3n-1$. 所以 $\sqrt{-3}\mid a+b\sqrt{-3}$, $\sqrt{-3}\mid a+b\sqrt{-3}+(-1)$ 或 $\sqrt{-3}\mid a+b\sqrt{-3}+1$. 从而 $\sqrt{-3}$ 是泛边缘子, 于是 $-\sqrt{-3}$ 也是.

(2) 设 $a+b\sqrt{-3}$ 是 $\mathbf{Z}[\sqrt{-3}]$ 的任一泛边缘子, 则 $a+b\sqrt{-3}\mid 2$ 或 $a+b\sqrt{-3}\mid 2\pm1$. 而 $a+b\sqrt{-3}$ 不是单位, 所以 $a+b\sqrt{-3}\mid 2$ 或 $a+b\sqrt{-3}\mid 3$. 于是 $a+b\sqrt{-3}=\pm2, \pm3$, 或 $\pm\sqrt{-3}$. 因为 $2\nmid\sqrt{-3}$, $2\nmid\sqrt{-3}\pm1$, 所以 ±2 不是泛边缘子. 又因为 $3\nmid 1+2\sqrt{-3}$, $3\nmid 1+2\sqrt{-3}\pm1$, 所以 ±3 也不是泛边缘子. 从而 $\pm\sqrt{-3}$ 是 $\mathbf{Z}[\sqrt{-3}]$ 的仅有的泛边缘子.

15. 证明: 整环 $\mathbf{Z}[\sqrt{-5}]$ 无泛边缘子.

证明　我们知道, $\mathbf{Z}[\sqrt{-5}]$ 中的单位只有 ±1.

(1) 若 u 是 $\mathbf{Z}[\sqrt{-5}]$ 中的非零非单位元素, 且 $\mathcal{N}(u)\leqslant 6$, 则 $\mathcal{N}(u)=4, 5, 6$.

(i) $\mathcal{N}(u)=4$, 则 $u=\pm2$. 取 $a=\sqrt{-5}$, 则 $u\nmid a$, $u\nmid a\pm1$, 故 u 不是泛边缘子.

(ii) $\mathcal{N}(u)=5$ 或 6. 此时 $u=\pm\sqrt{-5}$ 或 $\pm1\pm\sqrt{-5}$. 取 $a=2$, 则 $\mathcal{N}(a)$, $\mathcal{N}(a+1)$, $\mathcal{N}(a-1)$ 分别等于 4, 9, 1. 显然 $\mathcal{N}(u)$ 不能整除 4, 9, 1, 故 $u\nmid a$, $u\nmid a\pm1$. 于是 u 不是泛边缘子.

(2) 如果 $\mathcal{N}(u)>6$. 可取 $a=\sqrt{-5}$, 则 $\mathcal{N}(a)$, $\mathcal{N}(a+1)$, $\mathcal{N}(a-1)$ 分别为 5, 6, 6. 由于 $\mathcal{N}(u)>6$, 故 $u\nmid a$, $u\nmid a\pm1$. 从而 u 不是泛边缘子. 因此 $\mathbf{Z}[\sqrt{-5}]$ 中没有泛边缘子.

习题 4-5　唯一分解整环上的多项式环

1. 设 $f(x)=\left(\dfrac{1}{2}+\dfrac{\mathrm{i}}{2}\right)x^4+\dfrac{\mathrm{i}}{3}x^2+\left(\dfrac{1}{2}+\dfrac{\mathrm{i}}{6}\right)x+\dfrac{2}{3}+\dfrac{2\mathrm{i}}{3}\in F[x]$, F 是 $\mathbf{Z}[\mathrm{i}]$ 的商域. 试将 $f(x)$ 写成 $r\cdot g(x)$ 的形式, 其中 $r\in F$, $g(x)$ 是 $\mathbf{Z}[\mathrm{i}]$ 上的本原多项式.

解　取 $r=\dfrac{1+\mathrm{i}}{6}$, $g(x)=3x^4+(1+\mathrm{i})x^2+(2-\mathrm{i})x+4$ 即可.

2. 设 $f(x,y)=x^4y+x^3+x^2y^3+xy^2\in\mathbf{Z}[\mathrm{i}][x,y]$. 试将 $f(x,y)$ 分解为不可约多项式的乘积.

解　$f(x,y)=x(x+\mathrm{i}y)(x-\mathrm{i}y)(xy+1)$.

3. 设 D 是整环, $f(x,y)\in D[x,y]$. 证明: 如果 $f(x,x)=0$, 则 $(x-y)\mid f(x,y)$.

证明　将 $f(x,y)$ 按关于 y 的降幂展开, 可设 $f(x,y)=\displaystyle\sum_{i=0}^{n}a_i(x)y^{n-i}$. 因为 $f(x,x)=0$, 所以

$$\begin{aligned}
f(x,y) &= f(x,y) - f(x,x) \\
&= \sum_{i=0}^{n} a_i(x) y^{n-i} - \sum_{i=0}^{n} a_i(x) x^{n-i} \\
&= \sum_{i=0}^{n} a_i(x)(y^{n-i} - x^{n-i}) \\
&= \sum_{i=0}^{n-1} a_i(x)(y-x)\left(\sum_{k=0}^{n-i-1} y^{n-i-k-1} x^k\right) \\
&= (y-x)\sum_{i=0}^{n-1} a_i(x)\left(\sum_{k=0}^{n-i-1} y^{n-i-k-1} x^k\right).
\end{aligned}$$

由此得 $(x-y) \mid f(x,y)$.

注　类似地可证: 如果 $f(x,-x)=0$, 则 $(x+y) \mid f(x,y)$.

4. 应用上题的结论将下列多项式在 $\mathbf{Z}$ 上分解为不可约多项式的乘积:

(1) $(x+y)^5 - x^5 - y^5$;　　(2) $(x+y+z)^3 - x^3 - y^3 - z^3$;

(3) $(x+y+z)^5 - x^5 - y^5 - z^5$;　　(4) $(x+y)^7 - x^7 - y^7$.

解　(1) 记 $f(x,y)=(x+y)^5-x^5-y^5$, 因为 $f(0,y)=f(x,0)=f(x,-y)=0$, 所以 $x, y, (x+y) \mid f(x,y)$. 由于 $\mathbf{Z}$ 是唯一分解整环, 因此 $\mathbf{Z}[x]$ 也是唯一分解整环. 而 $x, y, (x+y)$ 显然都是 $\mathbf{Z}[x]$ 中的互不相伴的不可约多项式, 从而它们是 $\mathbf{Z}[x]$ 中的两两互素的不可约多项式, 因此 $xy(x+y) \mid f(x,y)$. 于是存在多项式 $g(x,y) \in \mathbf{Z}[x]$, 使 $f(x,y) = xy(x+y)g(x)$. 因为 $f(x,y)$ 与 $xy(x+y)$ 都是对称多项式, 所以 $g(x,y)$ 也是对称多项式, 而 $\deg(g(x,y)) = 2$, 故可设

$$g(x,y) = a(x^2+y^2) + bxy, \quad a, b \in \mathbf{Z}.$$

从而

$$f(x,y) = xy(x+y)(ax^2+ay^2+bxy).$$

在上式中, 分别取 $x=y=1$ 及 $x=1, y=2$ 得

$$\begin{cases} 30 = 2(2a+b), \\ 210 = 6(5a+2b). \end{cases}$$

由此得 $a=b=5$, 于是

$$(x+y)^5 - x^5 - y^5 = 5xy(x+y)(x^2+xy+y^2).$$

显然这是 $\mathbf{Z}$ 上的不可约分解.

(2) 记 $f(x,y,z)=(x+y+z)^3-x^3-y^3-z^3$, 由第 3 题的注可知 $(x+y),(x+z),(y+z)\mid f(x,y,z)$. 于是 $(x+y)(y+z)(z+x)\mid f(x,y,z)$. 由此得 $f(x,y,z)=a(x+y)(y+z)(z+x)$. 再令 $x=y=z=1$, 可得 $a=3$. 从而

$$(x+y+z)^3-x^3-y^3-z^3=3(x+y)(y+z)(z+x).$$

(3) 类似于 (1) 和 (2) 的讨论, 可得

$$\begin{aligned}(x+y+z)^5-x^5-y^5-z^5=&(x+y)(y+z)(z+x)(a(x^2+y^2+z^2)\\&+b(xy+yz+zx)),\quad a,b\in\mathbf{Z}.\end{aligned}$$

令 $z=0$, 则由 (1) 得 $a=b=5$. 于是

$$(x+y+z)^5-x^5-y^5-z^5=5(x+y)(y+z)(z+x)(x^2+y^2+z^2+xy+yz+zx),$$

显然这是 $\mathbf{Z}$ 上的不可约分解.

(4) 类似于 (1) 和 (2) 的讨论, 可得

$$(x+y)^7-x^7-y^7=xy(x+y)(a(x^4+y^4)+b(x^3y+xy^3)+cx^2y^2).$$

由于左边 x^6y, x^5y^2, x^4y^3 的系数分别为 7, $\mathrm{C}_7^2=21$ 及 $\mathrm{C}_7^3=35$, 由此推出 $a=7$, $a+b=21$, $b+c=35$, 于是 $b=14$, $c=21$, 从而

$$\begin{aligned}(x+y)^7-x^7-y^7&=7xy(x+y)(x^4+y^4+2x^3y+2xy^3+3x^2y^2)\\&=7xy(x+y)(x^2+xy+y^2)^2.\end{aligned}$$

第 5 章　域 的 扩 张

习题 5-1　向 量 空 间

1. 验证例 1 ~ 例 4 中的每个集合都满足向量空间的公理. 求例 1 ~ 例 4 中的每个向量空间的基.

解　例 1. 对任意 $\alpha=(a_1,a_2,\cdots,a_n)$, $\beta=(b_1,b_2,\cdots,b_n)$, $\gamma=(c_1,c_2,\cdots,c_n)\in F^n$, $k,l\in F$, 有

$$\begin{aligned}\alpha+\beta&=(a_1+b_1,a_2+b_2,\cdots,a_n+b_n)\\&=(b_1+a_1,b_2+a_2,\cdots,b_n+a_n)\\&=\beta+\alpha\in F^n.\end{aligned}$$

所以 F^n 关于加法运算满足交换律;

因为

$$\begin{aligned}(\alpha+\beta)+\gamma&=((a_1+b_1)+c_1,(a_2+b_2)+c_2,\cdots,(a_n+b_n)+c_n)\\&=(a_1+(b_1+c_1),a_2+(b_2+c_2),\cdots,a_n+(b_n+c_n))\\&=\alpha+(\beta+\gamma),\end{aligned}$$

所以加法满足结合律;

对于 $0=(0,0,\cdots,0)\in F$, 有

$$0+\alpha=\alpha+0=\alpha,$$

所以 $(0,0,\cdots,0)$ 是 F^n 中的零元;

又因为对于 $\alpha=(a_1,a_2,\cdots,a_n)\in F^n$, 令 $-\alpha=(-a_1,-a_2,\cdots,-a_n)\in F^n$, 则

$$\alpha+(-\alpha)=(-\alpha)+\alpha=0,$$

所以每个元素 α 有负元 $-\alpha$. 于是 F^n 关于加法构成交换群. 此外

$$\begin{aligned}(kl)\alpha&=(kla_1,kla_2,\cdots,kla_n)=k(l\alpha),\\(k+l)\alpha&=((k+l)a_1,(k+l)a_2,\cdots,(k+l)a_n)=k\alpha+l\alpha,\\k(\alpha+\beta)&=(k(a_1+b_1),k(a_2+b_2),\cdots,k(a_n+b_n))=k\alpha+k\beta,\\1\alpha&=(a_1,a_2,\cdots,a_n)=\alpha,\end{aligned}$$

所以 F^n 的加法及标量乘法满足向量空间的所有公理. 因此 F^n 是向量空间. 令

$$e_1=(1,0,\cdots,0),\quad e_2=(0,1,\cdots,0),\quad \cdots,\quad e_n=(0,0,\cdots,1),$$

则 $e_1,e_2,\cdots,e_n$ 是 F^n 的基.

例 2. 与例 1 类似可以验证 $M_2(F)$ 是 F 上的向量空间, 其中 $A=\begin{pmatrix}a_{11} & a_{12}\\ a_{21} & a_{22}\end{pmatrix}\in M_2(F)$ 的负元为矩阵

$$-A=\begin{pmatrix}-a_{11} & -a_{12}\\ -a_{21} & -a_{22}\end{pmatrix},$$

零元为零矩阵

$$0=\begin{pmatrix}0 & 0\\ 0 & 0\end{pmatrix}.$$

令

$$E_{11}=\begin{pmatrix}1 & 0\\ 0 & 0\end{pmatrix},\quad E_{12}=\begin{pmatrix}0 & 1\\ 0 & 0\end{pmatrix},\quad E_{21}=\begin{pmatrix}0 & 0\\ 1 & 0\end{pmatrix},\quad E_{22}=\begin{pmatrix}0 & 0\\ 0 & 1\end{pmatrix},$$

则 $E_{11},E_{12},E_{21},E_{22}$ 是 $M_2(F)$ 的基.

例 3. 容易验证 $\mathbf{Z}_p[x]$ 是 $\mathbf{Z}_p$ 上的向量空间, 其中 $f(x)=a_0+a_1x+\cdots+a_nx^n\in\mathbf{Z}_p[x]$ 的负元为

$$-f(x)=-a_0-a_1x-\cdots-a_nx^n,$$

零元为零多项式, 且 $\{x^n\mid n\geqslant 0\}$ 是基.

例 4. 容易验证, $\mathbf{C}$ 是实数域上的向量空间. $1,\mathrm{i}$ 是它的基.

2. 证明 (子空间判别法): 设 U 是域 F 上向量空间 V 的非空子集. 如果对每个 $u,v\in U$, $k\in F$, 有 $u+v\in U$, $ku\in U$, 则 U 是 V 的子空间.

证明 对任意的 $u,v\in U$, 由于 $u+v\in U$, $-u=(-1)u\in U$, 所以 U 关于加法构成子加群. 由于向量空间 V 满足公理 (M1)~(M4), 因此其子集 U 也满足这些公理. 于是 U 是 V 的子空间.

3. 验证例 6 中的集合是个子空间. 求该子空间的一个基. 问: $1+2x$, $3+x$, x^2+2x-1 构成基吗?

解 设 $V=\{a_2x^2+a_1x+a_0\mid a_0,a_1,a_2\in\mathbf{Z}_5\}$. 对于任意的 $u=a_2x^2+a_1x+a_0$, $v=b_2x^2+b_1x+b_0\in V$, $k\in\mathbf{Z}_5$, 有

$$u+v=(a_2+b_2)x^2+(a_1+b_1)x+(a_0+b_0)\in V,$$
$$ku=(ka_2)x^2+(ka_1)x+(ka_0)\in V.$$

于是, 由子空间判别法知 V 是 $\mathbf{Z}_5[x]$ 的子空间. $1, x, x^2$ 是 V 的基. 由于 $3+x=3(1+2x)$(注意：这是在 $\mathbf{Z}_5$ 中运算!), 所以 $1+2x$, $3+x$, x^2+2x-1 线性相关, 故它们不构成基.

4. 验证例 7 中所定义的集合 $\langle v_1, v_2, \cdots, v_n\rangle$ 是一个子空间.

解 设 $U=\langle v_1, v_2, \cdots, v_n\rangle$. 对于任意的 $u=a_1v_1+a_2v_2+\cdots+a_nv_n$, $v=b_1v_1+b_2v_2+\cdots+b_nv_n\in U$, $k\in F$, 有

$$u+v=(a_1+b_1)v_1+(a_2+b_2)v_2+\cdots+(a_n+b_n)v_n\in U,$$
$$ku=(ka_1)v_1+(ka_2)v_2+\cdots+(ka_n)v_n\in U,$$

所以 U 是 V 的子空间.

5. 验证例 9 中的集合 V 是 $\mathbf{Z}_5$ 上的向量空间.

解 由于 $M_2(\mathbf{Z}_5)$ 是 $\mathbf{Z}_5$ 上的向量空间, 因此只要证明 V 是 $M_2(\mathbf{Z}_5)$ 的子空间即可. 对任意的 $u=\begin{pmatrix} a & a+b \\ a+b & b\end{pmatrix}, v=\begin{pmatrix} c & c+d \\ c+d & d\end{pmatrix}\in V$, $k\in\mathbf{Z}_5$, 有

$$u+v=\begin{pmatrix} a+c & (a+c)+(b+d) \\ (a+c)+(b+d) & b+d\end{pmatrix},$$
$$ku=\begin{pmatrix} ka & ka+kb \\ ka+kb & kb\end{pmatrix}\in V,$$

所以 V 是 $M_2(\mathbf{Z}_5)$ 的子空间.

6. 确定集合 $\{(1,5,2),(7,5,-1),(2,0,-1)\}$ 在 $\mathbf{R}$ 上是否线性无关.

解 由于行列式

$$\begin{vmatrix} 1 & 7 & 2 \\ 5 & 5 & 0 \\ 2 & -1 & -1\end{vmatrix}=0,$$

所以该集合在 $\mathbf{R}$ 上线性相关 (事实上, $(1,5,2)=(7,5,-1)-3(2,0,-1)$).

7. 确定集合

$$\left\{\begin{pmatrix} 2 & 1 \\ 1 & 0\end{pmatrix}, \begin{pmatrix} 1 & 1 \\ 1 & 1\end{pmatrix}, \begin{pmatrix} 0 & 1 \\ 1 & 2\end{pmatrix}\right\}$$

在 $\mathbf{Z}_5$ 上是否线性无关.

解 由于

$$\begin{pmatrix} 1 & 1 \\ 1 & 1\end{pmatrix}=3\begin{pmatrix} 2 & 1 \\ 1 & 0\end{pmatrix}+3\begin{pmatrix} 0 & 1 \\ 1 & 2\end{pmatrix},$$

所以该集合在 $\mathbf{Z}_5$ 上线性相关.

8. 如果向量组 $v_1, v_2, \cdots, v_n$ 张成一个非零向量空间 V, 证明：存在由该向量组的一个部分组构成的 V 的基.

证明 在非零向量组 $v_1, v_2, \cdots, v_n$ 中找一个极大线性无关组, 设为 $u_1, u_2, \cdots, u_m$. 由于极大线性无关组与原向量组互相等价, 因此由生成子空间的定义可知 V 中的每个元都可以由线性无关向量组 $u_1, u_2, \cdots, u_m$ 线性表示, 因此 $u_1, u_2, \cdots, u_m$ 是 V 的基.

9. 设 V 是个有限维向量空间, $v_1, v_2, \cdots, v_n$ 是 V 的一个线性无关向量组. 证明: 存在向量 $w_1, w_2, \cdots, w_m$, 使得 $v_1, v_2, \cdots, v_n, w_1, w_2, \cdots, w_m$ 构成 V 的基.

证明 设 $V_0 = \langle v_1, v_2, \cdots, v_n \rangle$. 如果 $V_0 = V$, 则可知 $v_1, v_2, \cdots, v_n$ 就是 V 的基. 否则, V 中至少存在一个向量, 设为 w_1, 使得 $w_1 \notin V_0$. 于是, w_1 无法由 $v_1, v_2, \cdots, v_n$ 线性表示. 因此 $v_1, v_2, \cdots, v_n, w_1$ 线性无关. 令 $V_1 = \langle v_1, v_2, \cdots, v_n, w_1 \rangle$. 如果 $V_1 = V$, 则 $v_1, v_2, \cdots, v_n, w_1$ 是 V 的基, 否则有真子空间链

$$V_0 \subset V_1 \subset V.$$

这样一直做下去, 一般地, 有

$$V_k = \langle v_1, v_2, \cdots, v_n, w_1, \cdots, w_k \rangle,$$

且 $v_1, v_2, \cdots, v_n, w_1, \cdots, w_k$ 是 V_k 的基, 以及 V 的真子空间链

$$V_0 \subset V_1 \subset \cdots \subset V_k.$$

由于 V 是有限维的, 因此这样的过程只能持续有限次, 即存在 m, 使得 $V_m = V$. 于是 $v_1, v_2, \cdots, v_n, w_1, w_2, \cdots, w_m$ 是 V 的基.

10. 如果向量空间具有含无限多个元素的基, 证明其每个基都含有无限多个元素.

证明 设向量空间 V 具有含无限多个元素的基 $B = \{u_i \mid i \in I\}$. 要证明其每个基都含有无限多个元素, 只要证明 V 不可能有有限基. 反证, 设 $v_1, v_2, \cdots, v_n$ 是 V 的有限基, 则它可表示 V 中每个元素. 设 $u_1, u_2, \cdots, u_{n+1}$ 为 B 中任意 $n+1$ 个元素, 则这 $n+1$ 个元素可由 $v_1, v_2, \cdots, v_n$ 线性表示, 从而 $u_1, u_2, \cdots, u_{n+1}$ 线性相关 (以少表多, 多者必线性相关). 这与 B 是 V 的基的假设相矛盾. 结论得证.

11. 与群同态及环同态那样定义向量空间之间的 "同态", 这样的映射称为**线性映射** (linear mapping); 与群同构及环同构那样定义向量空间之间的同构.

解 设 V 与 W 是域 F 上的向量空间, f 是集合 V 到 W 的映射, 如果对于任意的 $u, v \in V$, $k \in F$, 有

$$f(u+v) = f(u) + f(v), \quad f(ku) = kf(u),$$

则称 f 是向量空间 V 到 W 的线性映射; 如果这样的 f 还是一一对应, 则称 f 是向量空间 V 到 W 的同构映射, 简称同构.

12. 如果 V 是域 F 上的 $n(n>0)$ 维向量空间, 证明: V 同构于向量空间 $F^n=\{(a_1,a_2,\cdots,a_n)\mid a_i\in F\}$.

证明　设 $u_1,u_2,\cdots,u_n$ 是 n 维向量空间 V 的基. 定义 V 到 F^n 的映射 ϕ 如下: 对任意的 $u=a_1u_1+a_2u_2+\cdots+a_nu_n\in V$,

$$\phi:\ u\mapsto(a_1,a_2,\cdots,a_n),$$

则对任意的 $u=a_1u_1+a_2u_2+\cdots+a_nu_n$, $v=b_1u_1+b_2u_2+\cdots+b_nu_n\in V$, $k\in F$, 有

$$\begin{aligned}\phi(u+v)&=(a_1+b_1,a_2+b_2,\cdots,a_n+b_n)=\phi(u)+\phi(v),\\ \phi(ku)&=(ka_1,ka_2,\cdots,ka_n)=k\phi(u).\end{aligned}$$

于是 ϕ 是线性映射. 又对于任意的 $(a_1,a_2,\cdots,a_n)\in F$, 取 $u=a_1u_1+a_2u_2+\cdots+a_nu_n\in V$, 则显然 $\phi(u)=(a_1,a_2,\cdots,a_n)$, 于是 ϕ 是满射. 由元素在基下线性表示的唯一性知 ϕ 也是单射, 因此 ϕ 是一一对应, 从而 ϕ 是同构映射, 即 V 同构于向量空间 F^n.

13. 设 $\mathcal{T}$ 是 V 到 W 的线性映射. 证明: V 在 $\mathcal{T}$ 下的象是 W 的子空间.

证明　设 $\mathcal{T}(V)$ 是域 F 上的向量空间 V 在 $\mathcal{T}$ 下的象, 则该象是 W 的非空子集. 对任意的 $\mathcal{T}(u),\mathcal{T}(v)\in\mathcal{T}(V)$, $k\in F$, 有

$$\mathcal{T}(u)+\mathcal{T}(v)=\mathcal{T}(u+v)\in\mathcal{T}(V),\quad k\mathcal{T}(u)=\mathcal{T}(ku)\in\mathcal{T}(V),$$

因此 $\mathcal{T}(V)$ 是 W 的子空间.

14. 设 $\mathcal{T}$ 是 V 到 W 的线性映射. 证明: $\mathcal{T}$ 的**核**

$$\operatorname{Ker}\mathcal{T}=\{v\in V\mid\mathcal{T}(v)=0\}$$

是 V 的子空间.

证明　由于线性映射将零元映到零元, 所以 $0\in\operatorname{Ker}\mathcal{T}$, 故 $\operatorname{Ker}\mathcal{T}$ 是域 F 上向量空间 V 的非空子集. 对任意的 $u,v\in\operatorname{Ker}\mathcal{T}$, $k\in F$, 有

$$\begin{aligned}\mathcal{T}(u+v)&=\mathcal{T}(u)+\mathcal{T}(v)=0+0=0,\\ \mathcal{T}(ku)&=k\mathcal{T}(u)=k\cdot 0=0,\end{aligned}$$

所以 $u+v,ku\in\operatorname{Ker}\mathcal{T}$. 于是 $\operatorname{Ker}\mathcal{T}$ 是 V 的子空间.

15. 设 $\mathcal{T}$ 是 V 到 W 的满线性映射. 如果 $\{v_1,v_2,\cdots,v_n\}$ 张成 V, 证明: $\{\mathcal{T}(v_1),\mathcal{T}(v_2),\cdots,\mathcal{T}(v_n)\}$ 张成 W.

证明 对任意的 $w \in W$, 由于 $\mathcal{T}$ 是满射, 因此存在 $u \in V$, 使得 $\mathcal{T}(u) = w$. 由于 $\{v_1, v_2, \cdots, v_n\}$ 张成 V, 因此存在 $k_1, k_2, \cdots, k_n \in F$, 使得 $u = k_1v_1 + k_2v_2 + \cdots + k_nv_n$. 于是

$$w = \mathcal{T}(u) = k_1\mathcal{T}(v_1) + k_2\mathcal{T}(v_2) + \cdots + k_n\mathcal{T}(v_n).$$

所以 W 由 $\{\mathcal{T}(v_1), \mathcal{T}(v_2), \cdots, \mathcal{T}(v_n)\}$ 张成.

16. 设 F 是 q 个元素的有限域. 证明: F 上的 n 维向量空间 V 是个有限集合 (提示: 利用第 12 题). 问 $|V| = ?$

证明 设 $v_1, v_2, \cdots, v_n$ 是 V 的基, 则 V 中的每个元素都可以唯一地表示为 $a_1v_1 + a_2v_2 + \cdots + a_nv_n$ 的形式, 这里 $a_1, a_2, \cdots, a_n$ 是 F 中的元素. 由于 F 中共有 q 个元素, 所以对于 V 中的元素, 每个系数 a_i 都有 q 种选择, 于是共有 q^n 种选择. 因此 V 是个有限集, 且 $|V| = q^n$. (或直接利用第 12 题的结论, 由于 V 与 F^n 同构, 因此它们含有相同个数的元素, 从而 $|V| = |F^n| = q^n$.)

17. 设 F 是个有限域. 证明: F 上的任何 $n(n > 1)$ 维向量空间 V 都可表为有限多个真子空间的并.

证明 由上题知, V 是个有限集, 设 $|V| = m$, $V = \{v_1 = 0, v_2, \cdots, v_m\}$, 则

$$V = \bigcup_{i=1}^{m} \{v_i\} \subseteq \bigcup_{i=2}^{m} \langle v_i \rangle \subseteq V.$$

于是 V 是 $m - 1$ 个 1 维真子空间 $\langle v_i \rangle$ 的并.

18. 设 $V = F^3$ 是域 $F = \mathbf{Z}_2$ 上的向量空间. 证明: V 可以表为 3 个真子空间的并.

证明 设 v_1, v_2, v_3 是 V 的基. 令

$$\begin{aligned} W_1 &= \{0, v_1, v_2, v_1 + v_2\}, \\ W_2 &= \{0, v_1, v_3, v_1 + v_3\}, \\ W_3 &= \{0, v_1, v_2 + v_3, v_1 + v_2 + v_3\}, \end{aligned}$$

则 V 是这 3 个 2 维真子空间的并.

*19. 设 $V = F^3$ 是域 $F = \mathbf{Z}_3$ 上的向量空间, 则 V 可以表为 k 个真子空间的并 (见第 17 题). 求 k 的最小值.

解 k 的最小值是 4. 这是因为 V 的一个 2 维子空间包含 9 个元素, 所以 3 个 2 维子空间共包含 27 个元素. 但是因为每个子空间都包含 0, 故这 3 个子空间的并最多包含 25 个不同元素. 因此 3 个 2 维子空间的并不可能等于 V. 于是 k 的最小值大于 3. 又设 v_1, v_2, v_3 是 V 的基. 令

$$W_1 = \langle v_1, v_2 \rangle, \quad W_2 = \langle v_1, v_3 \rangle, \quad W_3 = \langle v_1, v_2 + v_3 \rangle, \quad W_4 = \langle v_1, v_2 - v_3 \rangle,$$

则 V 是上述 4 个 2 维子空间的并, 故 k 的最小值是 4.

*20. 设 F 是 q 个元素的有限域. $GL_F(V)$ 是 F 上 n 维向量空间 V 上的全体可逆线性变换关于映射的合成组成的群. 证明: $GL_F(V) \cong GL_n(F)$, 且

$$|GL_F(V)| = (q^n - 1)(q^n - q)\cdots(q^n - q^{n-1}).$$

证明 固定 V 的一个基, 设为 $e_1, e_2, \cdots, e_n$. 对于 V 上的任意一个可逆线性变换 $\mathcal{T}$, 设 A 是 $\mathcal{T}$ 在基 $e_1, e_2, \cdots, e_n$ 下的矩阵, 则 A 是一个可逆矩阵, 从而定义了从 $GL_F(V)$ 到 $GL_n(F)$ 的映射 $f\colon \mathcal{T} \mapsto A$. 容易验证 f 是群同构. 对于任意 $\mathcal{T} \in GL_F(V)$, 可知 $\mathcal{T}(e_1), \mathcal{T}(e_2), \cdots, \mathcal{T}(e_n)$ 是 V 的基. 反之, 对于 V 的任意一个基 $v_1, v_2, \cdots, v_n$, 可唯一定义一个可逆线性变换 $\mathcal{T}$, 使它将每个 e_i 映到 v_i. 因此, $GL_F(V)$ 中的元与 V 中的基一一对应. 于是 $|GL_F(V)|$ 等于 V 的基的个数.

我们要从基 $e_1, e_2, \cdots, e_n$ 出发构造任意一个基 $v_1, v_2, \cdots, v_n$. 设 $v_1 = a_1e_1 + a_2e_2 + \cdots + a_ne_n$, $a_1, a_2, \cdots, a_n \in F$. 由于 $v_1 \neq 0$, 因此只要取 $a_1, a_2, \cdots, a_n$ 不全为零即可, 而 $|F| = q$, 因此 v_1 共有 $q^n - 1$ 种取法. 在取定 v_1 后, 选取 v_2, 要求 v_2 与 v_1 线性无关. 而 v_1 的纯量倍共有 $|F| = q$ 个元. 因此 v_2 共有 $q^n - q$ 种选法. 以此类推, 如果 $v_1, \cdots, v_m$ 已经选定, 在选 v_{m+1} 时, 要求 $v_{m+1} \notin \langle v_1, \cdots, v_m\rangle$, 由于 $|\langle v_1, \cdots, v_m\rangle| = q^m$, 因此 v_{m+1} 共有 $q^n - q^m$ 种选取法. 于是 V 的所有基的个数等于

$$(q^n - 1)(q^n - q)\cdots(q^n - q^{n-1}).$$

由上面的证明, 它等于 $|GL_F(V)|$.

21. 设 F 是 q 个元素的有限域. 求特殊线性群 $SL_n(F)$ 的元素个数.

解 由于特殊线性群 $SL_F(V)$ 中的元一一对应于 n 阶行列式等于 1 的矩阵, 从而可以证明

$$GL_F(V)/SL_F(V) \cong F^*,$$

其中 $F^* = F\backslash\{0\}$. 因此

$$|SL_F(V)| = \frac{|GL_F(V)|}{|F^*|} = \frac{(q^n - 1)(q^n - q)\cdots(q^n - q^{n-1})}{q - 1}.$$

22. 证明: $PSL_2(\mathbf{Z}_2) \cong S_3$.

证明 由于 1 是域 $\mathbf{Z}_2$ 中仅有的非零元, 所以 $GL_2(\mathbf{Z}_2) = SL_2(\mathbf{Z}_2)$. 因此

$$|SL_2(\mathbf{Z}_2)| = (2^2 - 1)(2^2 - 2) = 6.$$

又因为对于

$$A = \begin{pmatrix} 0 & 1 \\ 1 & 0 \end{pmatrix}, \quad B = \begin{pmatrix} 1 & 0 \\ 1 & 1 \end{pmatrix} \in SL_2(\mathbf{Z}_2),$$

有 $AB \neq BA$. 因此 $SL_2(\mathbf{Z}_2)$ 是一个 6 阶的非交换群. 但 6 阶非交换群在同构的意义下只有一个, 即 S_3. 而 S_3 的中心只有单位元. 因此 $C(SL_2(\mathbf{Z}_2)) = E_2$. 从而 $PSL_2(\mathbf{Z}_2) = SL_2(\mathbf{Z}_2)/C(SL_2(\mathbf{Z}_2)) = SL_2(\mathbf{Z}_2) \cong S_3$.

23. 证明: $PSL_2(\mathbf{Z}_3)$ 是一个 12 阶的非单群.

证明 由第 21 题知 $|SL_2(\mathbf{Z}_3)| = (3^2-1)(3^2-3)/(3-1) = 24$. 而群 $SL_2(\mathbf{Z}_3)$ 的中心 C 等于

$$\left\{ \begin{pmatrix} a & 0 \\ 0 & a \end{pmatrix} \middle| \, a^2 = 1 \right\} = \{E_2, -E_2\}.$$

于是 $|C| = 2$, 故

$$|PSL_2(\mathbf{Z}_3)| = |SL_2(\mathbf{Z}_3)/C| = \frac{|SL_2(\mathbf{Z}_3)|}{|C|} = \frac{24}{2} = 12.$$

因此 $PSL_2(\mathbf{Z}_3)$ 是一个 12 阶的群. 又因为 12 阶群都是非单群, 所以结论成立.

习题 5-2 扩 域

1. 证明: $\mathbf{Q}(\pi) \neq \mathbf{Q}[\pi]$.

证明 (反证法) 倘若 $\mathbf{Q}(\pi) = \mathbf{Q}[\pi]$, 则 $\dfrac{1}{\pi} \in \mathbf{Q}[\pi]$. 于是存在 $g(x) \in \mathbf{Q}[x]$, 使 $\dfrac{1}{\pi} = g(\pi)$, 由此得

$$g(\pi)\pi - 1 = 0.$$

从而 π 是 $\mathbf{Q}$ 上的非零多项式 $f(x) = g(x)x - 1$ 的根. 这与 π 的超越性相矛盾.

2. 证明: $\mathbf{Q}(\sqrt{2}, \sqrt{3}) = \mathbf{Q}(\sqrt{2} + \sqrt{3})$.

证明 由于 $\sqrt{2} + \sqrt{3} \in \mathbf{Q}(\sqrt{2}, \sqrt{3})$, 因此 $\mathbf{Q}(\sqrt{2} + \sqrt{3}) \subseteq \mathbf{Q}(\sqrt{2}, \sqrt{3})$. 又因为

$$\sqrt{2} = \frac{(\sqrt{2}+\sqrt{3})^3 - 9(\sqrt{2}+\sqrt{3})}{2}, \quad \sqrt{3} = \frac{11(\sqrt{2}+\sqrt{3}) - (\sqrt{2}+\sqrt{3})^3}{2},$$

所以 $\sqrt{2}, \sqrt{3} \in \mathbf{Q}(\sqrt{2} + \sqrt{3})$. 于是 $\mathbf{Q}(\sqrt{2}, \sqrt{3}) = \mathbf{Q}(\sqrt{2} + \sqrt{3})$.

3. 设 $a, b \in \mathbf{R}$, $b \neq 0$. 证明: $\mathbf{R}(a + b\mathrm{i}) = \mathbf{C}$.

证明 显然 $\mathbf{R}(a + b\mathrm{i}) \subseteq \mathbf{C}$. 又因为

$$\mathrm{i} = \frac{1}{b} \times (a + b\mathrm{i}) - \frac{a}{b} \in \mathbf{R}(a + b\mathrm{i}),$$

而 $\mathbf{C} = \mathbf{R}(\mathrm{i})$, 所以 $\mathbf{C} \subseteq \mathbf{R}(a + b\mathrm{i})$. 于是 $\mathbf{R}(a + b\mathrm{i}) = \mathbf{C}$.

4. 证明: $\mathbf{Q}(4 - \mathrm{i}) = \mathbf{Q}(1 + \mathrm{i})$.

证明 显然 $\mathbf{Q}(4 - \mathrm{i}) \subseteq \mathbf{Q}(\mathrm{i})$. 又 $\mathrm{i} = 4 - (4 - \mathrm{i}) \in \mathbf{Q}(4 - \mathrm{i})$, 所以 $\mathbf{Q}(\mathrm{i}) \subseteq \mathbf{Q}(4 - \mathrm{i})$. 于是 $\mathbf{Q}(4 - \mathrm{i}) = \mathbf{Q}(\mathrm{i})$. 同理, $\mathbf{Q}(1 + \mathrm{i}) = \mathbf{Q}(\mathrm{i})$. 所以 $\mathbf{Q}(4 - \mathrm{i}) = \mathbf{Q}(1 + \mathrm{i})$.

5. 证明或否定 $\mathbf{Q}(\sqrt{3})$ 与 $\mathbf{Q}(\sqrt{-3})$ 作为域是同构的.

证明 它们不同构. 反证, 若域 $\mathbf{Q}(\sqrt{3})$ 与域 $\mathbf{Q}(\sqrt{-3})$ 同构, 则存在域同构 ϕ: $\mathbf{Q}(\sqrt{-3}) \to \mathbf{Q}(\sqrt{3})$. 设 $\phi(\sqrt{-3}) = a \in \mathbf{Q}(\sqrt{3})$, 则

$$a^2 = \phi(\sqrt{-3}) \cdot \phi(\sqrt{-3}) = \phi(\sqrt{-3} \cdot \sqrt{-3}) = \phi(-3) = -3.$$

而 a 是实数, 因此 $a^2 \geqslant 0$, 矛盾! 所以, $\mathbf{Q}(\sqrt{3})$ 与 $\mathbf{Q}(\sqrt{-3})$ 作为域不同构.

6. 设 F 是个域, $a, b \in F$ 且 $a \neq 0$. 如果 c 属于 F 的某个扩域, 证明: $F(c) = F(ac+b)$. (即 F“吸收” 了它自己的元素.)

证明 显然 $F(ac+b) \subseteq F(c)$. 又因为

$$c = a^{-1} \cdot (ac+b) - a^{-1}b \in F(ac+b),$$

所以 $F(c) \subseteq F(ac+b)$. 于是 $F(c) = F(ac+b)$.

7. 设 $F = \mathbf{Q}(\pi^4)$. 求 $F(\pi)$ 在 F 上的一个基.

解 借助中间扩域 $F(\pi^2)$. 由于

$$F(\pi) = \left\{ \frac{a+b\pi}{c+d\pi} \,\middle|\, a, b, c, d \in F(\pi^2), a, b\text{不全为零} \right\},$$

而

$$\frac{a+b\pi}{c+d\pi} = \frac{(a+b\pi)(c-d\pi)}{c^2-d^2\pi^2} = \frac{(ac-bd\pi^2)+(bc-ad)\pi}{c^2-d^2\pi^2},$$

所以

$$F(\pi) = \{a+b\pi \mid a, b \in F(\pi^2)\}.$$

又因为 $\pi \notin F(\pi^2)$, 所以 $[F(\pi) : F(\pi^2)] = 2$, 且 $1, \pi$ 为 $F(\pi)$ 在 $F(\pi^2)$ 上的基.

同理可证, $[F(\pi^2) : \mathbf{Q}(\pi^4)] = 2$ 且 $1, \pi^2$ 为 $F(\pi^2)$ 在 $\mathbf{Q}(\pi^4)$ 上的基. 由定理 5.5.2 知 $[F(\pi) : \mathbf{Q}(\pi^4)] = 4$ 且 $1, \pi, \pi^2, \pi^3$ 为 $F(\pi)$ 在 $\mathbf{Q}(\pi^4)$ 上的基.

8. 对于下列各题中的 E 和 F, 计算 $[E : F]$.

(1) $F = \mathbf{Q}$, $E = \mathbf{Q}(\sqrt{5})$; (2) $F = \mathbf{R}$, $E = \mathbf{R}(\sqrt{5})$;

(3) $F = \mathbf{Q}$, $E = \mathbf{Q}(\mathrm{i}, \sqrt{3})$; (4) $F = \mathbf{R}$, $E = \mathbf{R}(\mathrm{i}, \sqrt{3})$;

(5) $F = \mathbf{Q}$, $E = \mathbf{Q}(\sqrt[3]{2})$; (6) $F = \mathbf{C}$, $E = \mathbf{C}(x)$, x 为 $\mathbf{C}$ 上的未定元.

解 (1) 2; (2) 1; (3) 4; (4) 2; (5) 3; (6) $+\infty$.

9. 证明: 在例 8 中, $1, \theta$ 在 $\mathbf{Z}_2$ 上线性无关.

证明 设

$$k_1 \cdot 1 + k_2\theta = 0, \quad k_1, k_2 \in \mathbf{Z}_2,$$

则 $k_1 + k_2x \in I$, 从而 $x^2 + x + 1 \mid k_1 + k_2x$, 由此得 $k_1 = k_2 = 0$. 所以 $1, \theta$ 在 $\mathbf{Z}_2$ 上线性无关.

10. 设 E 为 F 的扩域. 证明:

(1) $E = F \Longleftrightarrow [E : F] = 1$;

(2) 如果 $[E : F]$ 为素数, 则在 F 与 E 之间不再有中间域.

证明　(1) 如果 $E = F$, 则 E 中的任何两个元素都在 F 上线性相关, 所以 $[E : F] = 1$. 反之, 如果 $[E : F] = 1$, 则 1 就是 E 在 F 上的基. 从而, 对任意的 $x \in E$, 存在 $a \in F$, 使 $x = a \cdot 1 = a \in F$, 所以 $E = F$.

(2) 设 K 为在 F 与 E 之间的任一个中间域, 则

$$p = [E : F] = [E : K][K : F].$$

由于 p 为素数, 必有 $[E : K] = 1$ 且 $[K : F] = p$ 或 $[E : K] = p$ 且 $[K : F] = 1$. 如为前者, 则 $E = K$; 如为后者, 则 $K = F$. 所以在 F 与 E 之间不再有中间域.

11. 设 $[E : \mathbf{Q}] = 2$. 证明: 存在整数 d, 使 $E = \mathbf{Q}(\sqrt{d})$, 且 d 不能被任何素数的平方所整除.

证明　由于 $[E : \mathbf{Q}] = 2$, 在 E 中任取一个不属于 $\mathbf{Q}$ 的元素 λ, 则 $E = \mathbf{Q}(\lambda)$ 且 $1, \lambda, \lambda^2$ 在 $\mathbf{Q}$ 上线性相关. 于是存在 $a, b \in \mathbf{Q}$, 使

$$\lambda^2 + a\lambda + b = 0.$$

于是

$$\left(\lambda + \frac{a}{2}\right)^2 = \frac{a^2}{4} - b \in \mathbf{Q}^*.$$

设 $\dfrac{a^2}{4} - b = r^2 d$, 其中 $r \in \mathbf{Q}$, $d \in \mathbf{Z}$ 且 d 不能被任何素数的平方整除, 则

$$d = r^{-2}\left(\lambda + \frac{a}{2}\right)^2 = \left(\frac{\lambda}{r} + \frac{a}{2r}\right)^2.$$

从而

$$E = \mathbf{Q}(\lambda) = \mathbf{Q}\left(\frac{\lambda}{r} + \frac{a}{2r}\right) = \mathbf{Q}(\sqrt{d}),$$

即得证.

12. 设 $a, b \in \mathbf{Q}^*$, 证明: $\mathbf{Q}(\sqrt{a}) = \mathbf{Q}(\sqrt{b})$ 当且仅当存在 $c \in \mathbf{Q}^*$, 使得 $a = bc^2$.

证明　如果存在非零有理数 c, 使得 $a = bc^2$, 则有 $\sqrt{a} = |c|\sqrt{b}$, 以及 $\sqrt{b} = |c|^{-1}\sqrt{a}$. 于是 $\mathbf{Q}(\sqrt{a}) = \mathbf{Q}(\sqrt{b})$.

反之, 假设 $F = \mathbf{Q}(\sqrt{a}) = \mathbf{Q}(\sqrt{b})$.

(1) 若 $F=\mathbf{Q}$, 则 $\sqrt{a},\sqrt{b}\in\mathbf{Q}^*$, 于是, 存在非零 $r,s\in\mathbf{Q}$, 使得 $a=r^2$, $b=s^2$. 令 $c=r/s\in\mathbf{Q}^*$, 则 $a=bc^2$.

(2) 若 $F\neq\mathbf{Q}$, 则 $\sqrt{a},\sqrt{b}\notin\mathbf{Q}$. 由于 $\sqrt{a}\in\mathbf{Q}(\sqrt{b})$, 故存在 $k,c\in\mathbf{Q}$, 使得 $\sqrt{a}=k+c\sqrt{b}$. 因为 $\sqrt{a}\notin\mathbf{Q}$, 所以 $c\neq 0$. 于是

$$2kc\sqrt{b}=a-k^2-c^2b\in\mathbf{Q}.$$

又因为 $\sqrt{b}\notin\mathbf{Q}$, 所以 $k=0$, 即 $\sqrt{a}=c\sqrt{b}$ 或 $a=bc^2$.

13. 设 K 是 F 的扩域, E_1 和 E_2 包含于 K 中, 且都是 F 的扩域. 证明: 如果 $[E_1:F]$ 和 $[E_2:F]$ 都是素数, 则 $E_1=E_2$ 或 $E_1\cap E_2=F$.

证明 如果 $E_1\cap E_2\neq F$, 则 $[E_1\cap E_2:F]>1$. 由已知得 $[E_i:F]=p_i$ 是素数, 所以

$$p_i=[E_i:F]=[E_i:E_1\cap E_2][E_1\cap E_2:F].$$

由 p_i 是素数得 $[E_1\cap E_2:F]=p_i$, 于是 $[E_i:E_1\cap E_2]=1$, $i=1,2$, 即 $E_i=E_1\cap E_2$, $i=1,2$. 所以 $E_1=E_2$.

14. 证明: 商环 $\mathbf{R}[x]/\langle x^2+1\rangle$ 与复数域 $\mathbf{C}$ 同构.

证明 令

$$\begin{aligned}\phi:\mathbf{R}[x]&\longrightarrow\mathbf{C}\\ f(x)&\longmapsto f(\mathrm{i}).\end{aligned}$$

易知 ϕ 为环的满同态. 而 ϕ 的核

$$\begin{aligned}K&=\{f(x)\in\mathbf{R}[x]\mid f(\mathrm{i})=0\}\\&=\{f(x)\in\mathbf{R}[x]\mid x^2+1\mid f(x)\}\\&=\langle x^2+1\rangle.\end{aligned}$$

从而由环同态基本定理得

$$\mathbf{R}[x]/\langle x^2+1\rangle\cong\mathbf{C}.$$

15. 证明 $\mathbf{Q}[x]/\langle x^2+1\rangle$ 和高斯数域 $\mathbf{Q}[\mathrm{i}]$ 同构.

证明 令

$$\begin{aligned}\phi:\mathbf{Q}[x]&\longrightarrow\mathbf{Q}[\mathrm{i}]\\ f(x)&\longmapsto f(\mathrm{i}),\end{aligned}$$

易知 ϕ 为环的满同态. 而 ϕ 的核

$$\begin{aligned}K&=\{f(x)\in\mathbf{Q}[x]\mid f(\mathrm{i})=0\}\\&=\{f(x)\in\mathbf{Q}[x]\mid x^2+1\mid f(x)\}\\&=\langle x^2+1\rangle.\end{aligned}$$

从而由环同态基本定理得

$$\mathbf{Q}[x]/\langle x^2+1\rangle \cong \mathbf{Q}[\mathrm{i}].$$

16. 设 $F=\mathbf{Z}_2$, $f(x)=x^2+x+1\in F[x]$, 假设 a 是 $f(x)$ 在 F 的某扩域中的根. 问 $F(a)$ 中有多少个元素? 试用 a 来表示 $F(a)$ 中的每个元素. 并列出 $(F(a))^*$ 的完全乘法表.

解 $F(a)$ 中共有 4 个元素, 即

$$F(a)=\{0,1,a,a+1\}.$$

$(F(a))^*$ 的乘法表如下：

	1	a	$a+1$
1	1	a	$a+1$
a	a	$a+1$	1
$a+1$	$a+1$	1	a

17. 对 $f(x)=x^3+x^2+1$, 做第 16 题.

解 $F(a)$ 中共有 8 个元素, 即

$$F(a)=\{0,1,a,a^2,a^2+1,a^2+a+1,a+1,a^2+a\}.$$

$(F(a))^*$ 的乘法表如下：

	1	a	a^2	a^2+1	a^2+a+1	$a+1$	a^2+a
1	1	a	a^2	a^2+1	a^2+a+1	$a+1$	a^2+a
a	a	a^2	a^2+1	a^2+a+1	$a+1$	a^2+a	1
a^2	a^2	a^2+1	a^2+a+1	$a+1$	a^2+a	1	a
a^2+1	a^2+1	a^2+a+1	$a+1$	a^2+a	1	a	a^2
a^2+a+1	a^2+a+1	$a+1$	a^2+a	1	a	a^2	a^2+1
$a+1$	$a+1$	a^2+a	1	a	a^2	a^2+1	a^2+a+1
a^2+a	a^2+a	1	a	a^2	a^2+1	a^2+a+1	$a+1$

习题 5-3 代数扩张

1. 指出下列各数哪些是代数数, 哪些是超越数, 并说明理由：

$$\sqrt{13},\quad \sqrt[3]{7},\quad \mathrm{e}^2,\quad \pi+5,\quad 2\mathrm{i}+3\sqrt{5},\quad \mathrm{e}^{\pi\mathrm{i}/100}.$$

解 $\sqrt{13}$, $\sqrt[3]{7}$, $2\mathrm{i}+3\sqrt{5}$ 以及 $\mathrm{e}^{\pi\mathrm{i}/100}$ 是代数数, 而其余两个是超越数.

$\sqrt{13}$ 是 x^2-13 的根, $\sqrt[3]{7}$ 是 x^3-7 的根, 故它们都是代数数. 类似地, $2\mathrm{i}$, $3\sqrt{5}$ 也是代数数, 于是代数数之和 $2\mathrm{i}+3\sqrt{5}$ 也是代数数. 而 $\mathrm{e}^{\pi\mathrm{i}/100}$ 是多项式 $x^{200}-1$ 的根, 故也是代数数.

由于 e 是超越数, 故由下题知 e^2 也是超越数.

由于 π 是超越数. 若 $\pi+5=a$ 是代数数, 则 $\pi=a-5$ 是两个代数数之差, 从而也是代数数, 矛盾. 故 $\pi+5$ 是超越数.

2. 证明: a 是域 F 上的代数元当且仅当 a^2 是 F 上的代数元.

证明 设 a 是 F 上的代数元. 由于 $a^2\in F(a)$, 因此 $[F(a^2):F]\leqslant[F(a):F]<+\infty$. 于是 a^2 是 F 上的代数元.

反之, 设 a^2 是 F 上的代数元, 由于 a 是 $F(a^2)$ 上的多项式 x^2-a^2 的根, 则

$$[F(a):F]=[F(a):F(a^2)][F(a^2):F]\leqslant 2[F(a^2):F]<+\infty.$$

所以 a 是 F 上的代数元.

3. 分别求下列元素在 $\mathbf{Q}$ 上的极小多项式:

(1) $\sqrt{-3}+\sqrt{2}$; (2) $\sqrt[4]{3}+\sqrt{3}$; (3) $\sqrt[3]{2}-\sqrt[3]{4}$; (4) $\sqrt[3]{2}+\mathrm{i}$.

解 (1) x^4+2x^2+25; (2) $x^4-6x^2-12x+6$; (3) x^3+6x+2; (4)$x^6+3x^4-4x^3+3x^2+12x+5$.

4. 设 a 是 x^3-2x+2 的根, 求 a^2-1 在 $\mathbf{Q}$ 上的极小多项式.

解 1 因为 x^3-2x+2 在 $\mathbf{Q}$ 上不可约, 所以 $\mathbf{Q}(a)$ 在 $\mathbf{Q}$ 上的基为 $1, a, a^2$. 将 a^2-1 看作 $\mathbf{Q}(a)$ 上的线性变换, 则有

$$(a^2-1)(1,a,a^2)=(1,a,a^2)\begin{pmatrix}-1&-2&0\\0&1&-2\\1&0&1\end{pmatrix}.$$

由此得 a^2-1 的特征多项式为

$$f(x)=\begin{vmatrix}x+1&2&0\\0&x-1&2\\-1&0&x-1\end{vmatrix}=x^3-x^2-x-3.$$

于是 $f(a^2-1)=0$. 易知 $f(x)$ 在 $\mathbf{Q}$ 上不可约, 所以 x^3-x^2-x-3 就是 a^2-1 在 $\mathbf{Q}$ 上的极小多项式.

解 2 设 $\theta=a^2-1$, 则 $a=\pm\sqrt{\theta+1}$. 因 a 为 x^3-2x+2 的根, 即 $a^3-2a+2=0$, 于是

$$(\pm\sqrt{\theta+1})^3-2(\pm\sqrt{\theta+1})+2=0.$$

整理得

$$\pm\sqrt{\theta+1}(\theta-1)=-2.$$

两边平方并化简得

$$\theta^3-\theta^2-\theta-3=0.$$

所以 $\theta=a^2-1$ 为 x^3-x^2-x-3 的根, 又因为 x^3-x^2-x-3 在 $\mathbf{Q}$ 上不可约, 所以 x^3-x^2-x-3 就是 a^2-1 在 $\mathbf{Q}$ 上的极小多项式.

5. 设 a 在 $\mathbf{Q}$ 上的极小多项式为 x^4+2x^2+2, 求 $\dfrac{a+1}{a}$ 在 $\mathbf{Q}$ 上的极小多项式.

解 1 由已知得 $a^4+2a^2=-2$, 所以 $a(a^3+2a)=-2$, 于是

$$a^{-1}=-\frac{1}{2}(a^3+2a).$$

因此

$$\frac{a+1}{a}=a^{-1}(a+1)=1+a^{-1}=1-a-\frac{1}{2}a^3.$$

设 $\beta=\dfrac{a+1}{a}$. 经计算得

$$\begin{aligned}\beta&=1-a-\frac{1}{2}a^3,\\ \beta^2&=-2a-\frac{1}{2}a^2-a^3,\\ \beta^3&=-2-\frac{5}{2}a-\frac{3}{2}a^2-a^3,\\ \beta^4&=-\frac{9}{2}-2a-\frac{5}{2}a^2.\end{aligned}$$

设 $\beta^4=k_0+k_1\beta+k_2\beta^2+k_3\beta^3$, 则可解得

$$k_0=-\frac{5}{2},\quad k_1=6,\quad k_2=-7,\quad k_3=4.$$

由此得所要求的极小多项式为

$$x^4-4x^3+7x^2-6x+\frac{5}{2}.$$

解 2 设 $\beta=\dfrac{a+1}{a}=1+\dfrac{1}{a}$, 则 $a=\dfrac{1}{\beta-1}$, 代入 x^4+2x^2+2, 简化得

$$\beta^4-4\beta^3+7\beta^2-6\beta+\frac{5}{2}.$$

由于 β 的极小多项式不可能是 2 次或 1 次的, 所以 β 的极小多项式为

$$x^4-4x^3+7x^2-6x+\frac{5}{2}.$$

解 3 设 $f(x)=x^4+2x^2+2$, $\beta=\dfrac{a+1}{a}=1+\dfrac{1}{a}$. 由于 a 的极小多项式为

x^4+2x^2+2, 所以 $\dfrac{1}{a}$ 的极小多项式为 $\dfrac{1}{2}x^4 f\left(\dfrac{1}{x}\right)=x^4+x^2+\dfrac{1}{2}$, 从而 β 的极小多项式为 $(x-1)^4+(x-1)^2+\dfrac{1}{2}$, 即 $x^4-4x^3+7x^2-6x+\dfrac{5}{2}$.

6. 求首一多项式 $p(x)\in \mathbf{Q}[x]$, 使得 $\mathbf{Q}(\sqrt{1+\sqrt{5}}\,)$ 同构于 $\mathbf{Q}[x]/\langle p(x)\rangle$.

解 本题所要求的多项式就是 $\sqrt{1+\sqrt{5}}$ 的极小多项式. 设 $a=\sqrt{1+\sqrt{5}}$, 则 $a^2=1+\sqrt{5}$, 故 $a^2-1=\sqrt{5}$, 于是 $(a^2-1)^2=5$, 即 $a^4-2a^2-4=0$. 令

$$p(x)=x^4-2x^2-4\in \mathbf{Q}[x],$$

则 $p(x)$ 在 $\mathbf{Q}$ 上不可约, 且由定理 5.3.1 知 $\mathbf{Q}(\sqrt{1+\sqrt{5}})$ 同构于 $\mathbf{Q}[x]/\langle p(x)\rangle$.

7. 设 x^n-a 在 F 上不可约, θ 是 x^n-a 的根, $m|n$. 证明: θ^m 在 F 上的次数为 $\dfrac{n}{m}$, 并求 θ^m 在 F 上的极小多项式.

证明 因为 $(\theta^m)^{n/m}-a=\theta^n-a=0$, 所以 θ^m 在 F 上的极小多项式 $m(x)\mid x^{n/m}-a$. 于是 $f(x)=m(x^m)\mid x^n-a$. 另一方面, $f(\theta)=m(\theta^m)=0$, 由定理 5.3.1 的推论 1 知 $x^n-a\mid f(x)$, 从而 $m(x^m)=x^n-1$, 由此得 $m(x)=x^{n/m}-a$, 即 θ^m 在 F 上的极小多项式为 $x^{n/m}-a$, 由此立即推出 θ^m 在 F 上的次数为 $\dfrac{n}{m}$.

8. 在 $\mathbf{Q}(\sqrt[3]{2})$ 中, 试将 $\dfrac{1}{1-\sqrt[3]{2}-\sqrt[3]{4}}$, $\dfrac{1}{2-\sqrt[3]{2}+3\sqrt[3]{4}}$ 表为 1, $\sqrt[3]{2}$, $\sqrt[3]{4}$ 的线性组合.

解 将 $\mathbf{Q}(\sqrt[3]{2})$ 看成 $\mathbf{Q}$ 上的向量空间, 则 1, $\sqrt[3]{2}$, $\sqrt[3]{4}$ 是该向量空间的一个基. 对任意 $a\in \mathbf{Q}(\sqrt[3]{2})$, 可以定义向量空间 $\mathbf{Q}(\sqrt[3]{2})$ 上的线性变换 ρ_a 如下:

$$u\mapsto a\cdot u,\quad \forall\, u\in \mathbf{Q}(\sqrt[3]{2}).$$

且 $a\neq 0$ 时 ρ_a 是可逆的. 此外, 显然有 $\rho_{ab}=\rho_a\rho_b$, 因此 a^{-1} 对应于 ρ_a 的逆 $(\rho_a)^{-1}$. 而一个线性变换一一对应于在一固定基下的矩阵.

由计算得知, 对于数 $a=1-\sqrt[3]{2}-\sqrt[3]{4}$, ρ_a 在基 1, $\sqrt[3]{2}$, $\sqrt[3]{4}$ 下对应的矩阵为

$$A=\begin{pmatrix}1&-2&-2\\-1&1&-2\\-1&-1&1\end{pmatrix}.$$

于是 $\rho_{a^{-1}}$ 对应的矩阵等于 A^{-1}. 由于 A^{-1} 的第一列的三个数依次为 $1/11$, $-3/11$, $-2/11$. 因此得

$$\frac{1}{1-\sqrt[3]{2}-\sqrt[3]{4}}=\frac{1}{11}(1-3\sqrt[3]{2}-2\sqrt[3]{4}).$$

对于数 $b=2-\sqrt[3]{2}+3\sqrt[3]{4}$ 可类似计算, 此时 ρ_b 对应的矩阵为

$$B=\begin{pmatrix}2 & 6 & -2\\ -1 & 2 & 6\\ 3 & -1 & 2\end{pmatrix}.$$

相应的结果为

$$\frac{1}{2-\sqrt[3]{2}+3\sqrt[3]{4}}=\frac{1}{30}(2+4\sqrt[3]{2}-\sqrt[3]{4}).$$

注 本节例 5 中给出了这类问题的 4 种解法, 我们在这里又介绍了一种解法. 建议读者自己去体会一下, 这几种解法中所涉及的各种数学思想.

9. 设 a 是 $x^3+x+1\in\mathbf{Q}[x]$ 的一个根. 在 $\mathbf{Q}(a)$ 中, 将 a^4, a^{-2}, $3a^5-a^4+1$, $\frac{1}{a-1}$, $\frac{1}{a^2+1}$, $\frac{1}{a^2+2a+3}$ 表为 $1,a,a^2$ 的线性组合.

解 因为 $a^3=-a-1$, 所以 $a^4=-a^2-a$. 又由于 $a(a^2+1)=-1$, 因此 $a^{-1}=-a^2-1$. 于是 $a^{-2}=a^2-a+1$.

$$3a^5-a^4+1=a^3(3a^2-a)+1=(a+1)(a-3a^2)+1=-2a^2+4a+4.$$

应用类似于上题的方法, 可得另几个的解为

$$\frac{1}{a^2+1}=-a;\quad \frac{1}{a-1}=-\frac{1}{3}(a^2+a+2);\quad \frac{1}{a^2+2a+3}=\frac{1}{33}(2a^2-7a+10).$$

10. 设 $x^3+x+1\in\mathbf{Z}_2[x]$, a 是 x^3+x+1 的一个根. 在 $\mathbf{Z}_2(a)$ 中, 将 a^5, a^{-2}, a^{100}, $\frac{1}{a+1}$, $\frac{1}{a^2+a+1}$ 表为 $c_0+c_1a+c_2a^2$ 的形式 $(c_0,c_1,c_2\in\mathbf{Z}_2)$.

解 (1) $a^5=a^3a^2=(a+1)a^2=a^3+a^2=a+1+a^2=a^2+a+1$.

(2) 因为 $a^7=(a^3)^2a=(a+1)^2a=(a^2+1)a=a^3+a=a+1+a=1$, 所以 $a^{-2}=a^5=a^2+a+1$.

(3) $a^{100}=(a^7)^{14}a^2=a^2$.

(4) $\frac{1}{a+1}=\frac{1}{a^3}=\frac{a^4}{a^7}=a^4=a^3a=(a+1)a=a^2+a$.

(5) $\frac{1}{a^2+a+1}=\frac{1}{a^5}=a^{-5}=a^2$.

11. 证明推论 1.

证明 (1) $\Longrightarrow$ (2) 显然.

(2) $\Longrightarrow$ (3) 令 $I=\{f(x)\in F[x]\mid f(a)=0\}$, 则 I 为 $F[x]$ 的一个理想. 由于 $F[x]$ 为主理想整环, 因此存在 $g(x)\in F[x]$, 使 $I=\langle g(x)\rangle$. 因为 $p(a)=0$, 所以 $g(x)\mid p(x)$. 而 $p(x)$ 在 F 上不可约且 $g(x)\notin F$, 因此 $g(x)\sim p(x)$, 从而 $I=\langle p(x)\rangle$, 所以 $p(x)$ 是 F 上以 a 为根的次数最小的多项式.

(3) $\Longrightarrow$ (4) 设 $f(x)$ 是 F 上任一个以 a 为根的多项式. 由带余除法定理, 存在多项式 $q(x), r(x) \in F[x]$, 使

$$f(x) = p(x)q(x) + r(x),$$

其中 $\deg r(x) < \deg p(x)$ 或 $r(x) = 0$. 由于 $f(a) = 0, p(a) = 0$, 因此 $r(a) = 0$. 而 $p(x)$ 是 F 上以 a 为根的次数最小的非零多项式, 所以 $r(x) = 0$, 从而 $p(x) \mid f(x)$.

(4) $\Longrightarrow$ (1) 设 $m(x)$ 是 a 在 F 上的极小多项式, 则 $m(x)$ 是 F 上一个以 a 为根的多项式, 由已知条件得 $p(x) \mid m(x)$. 因为极小多项式是不可约多项式, 所以 $p(x) \sim m(x)$. 又因为 $p(x)$ 与 $m(x)$ 的首项系数都是 1, 所以 $p(x) = m(x)$, 即 $p(x)$ 是 a 在 F 上的极小多项式.

12. 证明推论 2.

证明 (1) 对 s 用数学归纳法.

当 $s = 1$ 时, 由定理 5.3.2 即得结论.

假定结论对 $k < s$ 都成立, 即有 $F(a_1, a_2, \cdots, a_k) = F[a_1, a_2, \cdots, a_k](k < s)$, 则

$$\begin{aligned} F(a_1, a_2, \cdots, a_s) &= F(a_1, a_2, \cdots, a_{s-1})(a_s) \\ &= F[a_1, a_2, \cdots, a_{s-1}](a_s) \\ &= F[a_1, a_2, \cdots, a_{s-1}][a_s] \\ &= F[a_1, a_2, \cdots, a_{s-1}, a_s]. \end{aligned}$$

(2) 首先证明:

引理 设 E 为 F 的有限扩张, a 是 F 上的代数元, 则 $[E(a) : F(a)] \leqslant [E : F]$.

证明 设 $p(x)$ 与 $q(x)$ 分别为 a 在 F 和 E 上的极小多项式, 则将 $p(x)$ 看作 E 上的多项式, 也有 $p(a) = 0$, 于是在 E 上有 $q(x) \mid p(x)$, 因此

$$[E(a) : E] = \deg q(x) \leqslant \deg p(x) = [F(a) : F].$$

于是

$$[E(a) : F(a)][E(a) : E] \leqslant [E(a) : F(a)][F(a) : F] = [E(a) : F] = [E(a) : E][E : F].$$

由此得

$$[E(a) : F(a)] \leqslant [E : F].$$

由数学归纳法与上述引理可得

$$\begin{aligned} [F(a_1, a_2, \cdots, a_s) : F] &= [F(a_1, a_2, \cdots, a_{s-1}, a_s) : F(a_s)][F(a_s) : F] \\ &\leqslant [F(a_1, a_2, \cdots, a_{s-1}) : F][F(a_s) : F] \\ &\leqslant [F(a_1) : F][F(a_2) : F] \cdots [F(a_{s-1}) : F][F(a_s) : F]. \end{aligned}$$

13. 求 $\mathbf{Q}(\sqrt{3}, \sqrt[3]{3}, \sqrt[4]{3})$ 在 $\mathbf{Q}$ 上的次数和基.

解 1 设 $E=\mathbf{Q}(\sqrt{3}, \sqrt[3]{3}, \sqrt[4]{3})$, 则 E 在 $\mathbf{Q}$ 上的次数等于 12. 若令 $a=\sqrt[12]{3}$, 则 $1, a, a^2, \cdots, a^{11}$ 为 E 的基.

要证明上述结论, 只要证明 $E=\mathbf{Q}(a)$, 且 $\mathbf{Q}(a)$ 在 $\mathbf{Q}$ 上的次数等于 12.

由于 a 是 $\mathbf{Q}$ 上的多项式 $x^{12}-3$ 的根, 且该多项式在 $\mathbf{Q}$ 上不可约, 因此 $\mathbf{Q}(a)$ 在 $\mathbf{Q}$ 上的次数等于 12.

下面只要证明 $E=\mathbf{Q}(a)$ 即可. 因为

$$\sqrt{3}=a^6, \quad \sqrt[3]{3}=a^4, \quad \sqrt[4]{3}=a^3,$$

所以 $E\subseteq\mathbf{Q}(a)$. 由于

$$[E:\mathbf{Q}]=[E:\mathbf{Q}(\sqrt[3]{3})]\cdot[\mathbf{Q}(\sqrt[3]{3}):\mathbf{Q}]=3[E:\mathbf{Q}(\sqrt[3]{3})],$$
$$[E:\mathbf{Q}]=[E:\mathbf{Q}(\sqrt[4]{3})]\cdot[\mathbf{Q}(\sqrt[4]{3}):\mathbf{Q}]=4[E:\mathbf{Q}(\sqrt[4]{3})],$$

所以 $12\mid[E:\mathbf{Q}]$, 于是 $[E:\mathbf{Q}]\geqslant 12$. 所以 $E=\mathbf{Q}(a)$.

解 2 沿用上述记号. 显然 $E\subseteq\mathbf{Q}(a)$. 但是

$$a=\frac{a^4}{a^3}=\frac{\sqrt[3]{3}}{\sqrt[4]{3}}\in E.$$

所以 $\mathbf{Q}(a)\subseteq E$. 于是 $E=\mathbf{Q}(a)$.

14. 证明 $\mathbf{Q}(\sqrt{2}, \sqrt[3]{2}, \sqrt[4]{2}, \cdots)$ 是 $\mathbf{Q}$ 上的代数扩张, 但不是有限扩张.

证明 设 $E=\mathbf{Q}(\sqrt{2}, \sqrt[3]{2}, \sqrt[4]{2}, \cdots)$, 则对任意 $a\in E$, 存在 $n>0$, 使得

$$a\in\mathbf{Q}(\sqrt{2}, \sqrt[3]{2}, \cdots, \sqrt[n]{2})\subseteq E.$$

于是

$$[\mathbf{Q}(a):\mathbf{Q}]\leqslant[\mathbf{Q}(\sqrt{2}, \sqrt[3]{2}, \cdots, \sqrt[n]{2}):\mathbf{Q}]\leqslant n!.$$

因此 a 是 $\mathbf{Q}$ 上的代数元, 于是 E 是 $\mathbf{Q}$ 上的代数扩张.

下证: $[E:\mathbf{Q}]=\infty$. 只要证对任意正整数 n, 都有 $[E:\mathbf{Q}]>n$ 即可. 对任意正整数 n, 有

$$\begin{aligned}[\mathbf{Q}(\sqrt{2}, \sqrt[3]{2}, \cdots, \sqrt[n+1]{2}):\mathbf{Q}]&=[\mathbf{Q}(\sqrt{2}, \sqrt[3]{2}, \cdots, \sqrt[n+1]{2}):\mathbf{Q}(\sqrt[n+1]{2})][\mathbf{Q}(\sqrt[n+1]{2}):\mathbf{Q}]\\&\geqslant[\mathbf{Q}(\sqrt[n+1]{2}):\mathbf{Q}]=n+1.\end{aligned}$$

而 $[E:\mathbf{Q}]\geqslant[\mathbf{Q}(\sqrt{2}, \sqrt[3]{2}, \cdots, \sqrt[n+1]{2}):\mathbf{Q}]\geqslant n+1$. 因此 $[E:\mathbf{Q}]=\infty$, 即 E 不是 $\mathbf{Q}$ 上的有限扩张.

15. 设 β 是 $f(x)=x^5+2x+4$ 的根. 证明 $\sqrt{2}, \sqrt[3]{2}, \sqrt[4]{2}$ 均不属于 $\mathbf{Q}(\beta)$.

证明　首先, 可以证明多项式 $f(x)$ 在 $\mathbf{Q}$ 上不可约 (只要证明它在 $\mathbf{Z}_3$ 上不可约). 于是, $\mathbf{Q}(\beta)$ 在 $\mathbf{Q}$ 上的次数等于 5. 如果 $\sqrt{2}\in\mathbf{Q}(\beta)$, 则 $2=[\mathbf{Q}(\sqrt{2}):\mathbf{Q}]$ 就是 $[\mathbf{Q}(\beta):\mathbf{Q}]$ 的因数, 但这是不可能的. 于是 $\sqrt{2}\notin\mathbf{Q}(\beta)$. 同理, 由于 $3=[\mathbf{Q}(\sqrt[3]{2}):\mathbf{Q}]$, $4=[\mathbf{Q}(\sqrt[4]{2}):\mathbf{Q}]$ 都不是 5 的因数, 因此 $\sqrt[3]{2}$, $\sqrt[4]{2}\notin\mathbf{Q}(\beta)$.

16. 证明: $\mathbf{Q}(\sqrt{2},\sqrt[3]{3})\neq\mathbf{Q}(\sqrt[6]{6})$.

证明　显然 $[\mathbf{Q}(\sqrt[6]{6}):\mathbf{Q}]=6$. 而 $\mathbf{Q}(\sqrt{2}),\mathbf{Q}(\sqrt[3]{3})\subseteq\mathbf{Q}(\sqrt{2},\sqrt[3]{3})$, 所以 $2|[\mathbf{Q}(\sqrt{2},\sqrt[3]{3}):\mathbf{Q}]$, $3\,|[\mathbf{Q}(\sqrt{2},\sqrt[3]{3}):\mathbf{Q}]$, 从而 $6\,|[\mathbf{Q}(\sqrt{2},\sqrt[3]{3}):\mathbf{Q}]$. 又因为

$$[\mathbf{Q}(\sqrt{2},\sqrt[3]{3}):\mathbf{Q}]=[\mathbf{Q}(\sqrt{2},\sqrt[3]{3}):\mathbf{Q}(\sqrt[3]{3})][\mathbf{Q}(\sqrt[3]{3}):\mathbf{Q}]\leqslant 2\times 3=6.$$

另一方面, $\sqrt{6}=(\sqrt[6]{6})^3\in\mathbf{Q}(\sqrt{2},\sqrt[6]{6})$. 于是 $\mathbf{Q}(\sqrt{2},\sqrt{6})\subseteq\mathbf{Q}(\sqrt{2},\sqrt[6]{6})$. 但显然 $[\mathbf{Q}(\sqrt{2},\sqrt{6}):\mathbf{Q}]=4$. 于是 $4\,|[\mathbf{Q}(\sqrt{2},\sqrt[6]{6}):\mathbf{Q}]$. 又因为 $3\,|[\mathbf{Q}(\sqrt{2},\sqrt[6]{6}):\mathbf{Q}]$, 从而 $12\,|[\mathbf{Q}(\sqrt{2},\sqrt[6]{6}):\mathbf{Q}]$. 又显然 $[\mathbf{Q}(\sqrt{2},\sqrt[6]{6}):\mathbf{Q}]\leqslant 12$. 于是 $[\mathbf{Q}(\sqrt{2},\sqrt[6]{6}):\mathbf{Q}]=12>[\mathbf{Q}(\sqrt[6]{6}):\mathbf{Q}]$, 即 $\sqrt{2}\notin\mathbf{Q}(\sqrt[6]{6})$. 从而 $\mathbf{Q}(\sqrt{2},\sqrt[3]{3})\neq\mathbf{Q}(\sqrt[6]{6})$.

17. 设 F 是域. 证明: 如果 $F[x]$ 中每个不可约多项式都是一次的, 则 F 是代数闭域.

证明　由于 F 上的任何代数元的极小多项式是 $F[x]$ 中的首一不可约多项式, 根据已知, 它们都是一次的, 因此这些代数元都在 F 中. 换言之, F 没有真的代数扩张. 于是 F 是代数闭域.

18. 设 E 为 F 的有限扩域, $a\in E$. 证明: 如果 a 是 F 上的 n 次代数元, 则 $n\mid[E:F]$.

证明　因为

$$[E:F]=[E:F(a)][F(a):F]=[E:F(a)]n,$$

所以 $n\mid[E:F]$.

19. 设 $a\in E$ 为 F 上的 n 次代数元. 证明: 如果 n 为奇数, 则 $F(a)=F(a^2)$.

证明　由于 a 是 F 上的代数元, 所以 a^2 也是 F 上的代数元. 于是

$$n=[F(a):F]=[F(a):F(a^2)][F(a^2):F].$$

由于 a 是 $F(a^2)$ 上多项式 x^2-a^2 的根, 所以 $[F(a):F(a^2)]=1$ 或 2. 又因为 n 为奇数, 而 $[F(a):F(a^2)]\mid n$, 所以 $[F(a):F(a^2)]=1$, 从而 $F(a)=F(a^2)$.

20. 设 a,b 分别是 F 上的 m,n 次代数元. 证明: 如果 $(m,n)=1$, 则 $[F(a,b):F]=mn$.

证明　因为

$$[F(a,b):F]=[F(a,b):F(a)][F(a):F]=[F(a,b):F(a)]m,$$
$$[F(a,b):F]=[F(a,b):F(b)][F(b):F]=[F(a,b):F(b)]n,$$

所以 $(m,n) \mid [[F(a,b):F]]$. 而 $(m, n)=1$, 因此 $mn \mid [F(a,b):F]$.

另一方面, 由第 12 题中证明的引理可知

$$[F(a,b):F]=[F(a,b):F(a)][F(a):F] \leqslant [F(b):F][F(a):F]=mn.$$

由此得 $[F(a,b):F]=mn$.

21. 试找一个域 F 以及其扩域中的元素 a, b, 使得 $F(a,b) \neq F(a)$, $F(a,b) \neq F(b)$, 且 $[F(a,b):F]<[F(a):F][F(b):F]$.

解 取 $F=\mathbf{Q}$, $a=\sqrt[10]{2}$, $b=\sqrt[6]{2}$, 则 $F(a,b) \neq F(a)$, $F(a,b) \neq F(b)$.

由于 $F(a,b)=F(\sqrt[30]{2})$, 所以

$$30=[F(\sqrt[30]{2}):F]=[F(a,b):F]<60=10 \times 6=[F(a):F][F(b):F].$$

22. 设 $f(x)$ 与 $g(x)$ 是域 F 上的两个不可约多项式, a, b 分别是 $f(x)$ 与 $g(x)$ 在 F 的某个扩域 E 中的根. 证明: $f(x)$ 在 $F(b)$ 上可约当且仅当 $g(x)$ 在 $F(a)$ 上可约.

证明 设 $\deg f(x)=m$, $\deg g(x)=n$, 则有

$$\begin{aligned}
[F(a,b):F] &= [F(a,b):F(a)][F(a):F]=[F(a,b):F(a)]m \\
&= [F(a,b):F(b)][F(b):F]=[F(a,b):F(b)]n.
\end{aligned}$$

如果 $f(x)$ 在 $F(b)$ 上可约, 则 $[F(a,b):F(b)]<m$, 于是 $[F(a,b):F(a)]<n$, 因此 $g(x)$ 在 $F(a)$ 上可约.

同理可证, 如果 $g(x)$ 在 $F(a)$ 上可约, 则 $f(x)$ 在 $F(b)$ 上也可约.

习题 5-4 多项式的分裂域

1. 求 x^3-1 在 $\mathbf{Q}$ 上的分裂域.

解 设所要求的分裂域为 F. 因为

$$x^3-1=(x-1)(x-\omega)(x-\omega^2), \quad 其中\omega=-\frac{1}{2}+\frac{\sqrt{-3}}{2},$$

所以 $F=\mathbf{Q}(\sqrt{-3})$.

2. 求 x^4+1 在 $\mathbf{Q}$ 上的分裂域.

解 因为 x^4+1 的四个复根为 $\pm\dfrac{\sqrt{2}}{2} \pm \dfrac{\sqrt{2}}{2}\mathrm{i}$, 所以 x^4+1 在 $\mathbf{Q}$ 上的分裂域为 $\mathbf{Q}(\sqrt{2}, \mathrm{i})$.

3. 求多项式

$$x^4+x^2+1=(x^2+x+1)(x^2-x+1)$$

在 $\mathbf{Q}$ 上的分裂域.

解　所求的分裂域为 $\mathbf{Q}(\sqrt{-3})$. 这是因为多项式 x^2+x+1 及 x^2-x+1 的根分别为

$$\frac{-1\pm\sqrt{-3}}{2};\quad \frac{1\pm\sqrt{-3}}{2}.$$

4. 将 $x^3+2x+1\in\mathbf{Z}_3[x]$ 写成 $\mathbf{Z}_3$ 的某个扩域中的一次因式的乘积.

解　设 a 是多项式 x^3+2x+1 在 $\mathbf{Z}_3$ 的某个扩域 E 中的根, 则在 E 上有如下分解:

$$x^3+2x+1=(x-a)(x-a-1)(x-a+1).$$

5. 求 x^4-x^2+1 在 $\mathbf{Z}_3$ 上的分裂域.

解　在 $\mathbf{Z}_3$ 上, 有

$$x^4-x^2+1=x^4+2x^2+1=(x^2+1)^2=(x-\theta)^2(x+\theta)^2,\quad \theta^2=-1,$$

所以 x^4-x^2+1 在 $\mathbf{Z}_3$ 上的分裂域是 $\mathbf{Z}_3[\theta]$(见 3.5 节例 10).

6. 求 x^3+x+1 在 $\mathbf{Z}_2$ 上的分裂域, 并将 $f(x)$ 在该分裂域上分解为一次因式的乘积.

解　设 a 是 x^3+x+1 在 $\mathbf{Z}_2$ 的某个扩域中的根, 则

$$\left(a^2\right)^3=\left(a^3\right)^2=(a+1)^2=a^2+1,$$
$$\left(a^4\right)^3=\left(a^3\right)^4=(a+1)^4=a^4+1.$$

于是 x^3+x+1 的另外两个根为 a^2 与 $a^4=a^2+a$. 所以 x^3+x+1 的分裂域为 $\mathbf{Z}_3(a)$, 且 x^3+x+1 在 $\mathbf{Z}_3(a)$ 中的分解式为

$$x^3+x+1=(x-a)(x-a^2)(x-a^4)=(x-a)(x-a^2)(x-a^2-a).$$

7. 设 E 是 F 的代数扩张. 证明: 如果 $F[x]$ 中的每个多项式在 E 中都分裂, 则 E 是代数闭域.

证明　反证. 若 E 不是代数闭域, 则 E 有真的代数扩张, 设为 K. 取 $a\in K$, $a\notin E$, 则 $E(a)$ 是 E 上的有限扩张. 故存在 E 上的不可约多项式 $f(x)=a_nx^n+\cdots+a_1x+a_0$, 使得 $f(a)=0$. 由于每个 a_i 都是 F 上的代数元, 故 $[F(a_i):F]<\infty$. 此外, 因为 $f(x)$ 在 E 上不可约, 所以它在其子域 $F(a_0,\cdots,a_n)$ 上也不可约, 于是

$$[F(a_0,\cdots,a_n)(a):F(a_0,\cdots,a_n)]=n.$$

而 $[F(a_0,\cdots,a_n):F]<\infty$, 故 $[F(a):F]<\infty$. 因此 a 是 F 上的代数元. 存在 F 上不可约多项式 $g(x)$, 使得 $g(a)=0$. 由已知得 $g(x)$ 在 E 上分裂, 从而它的根 $a\in E$, 但这与 a 的取法矛盾! 故 E 是代数闭域.

8. 求域 $\mathbf{Q}(\sqrt[3]{5})$ 的所有自同构.

解 设 ϕ 是域 $\mathbf{Q}(\sqrt[3]{5})$ 的自同构, $a=\phi(\sqrt[3]{5})\in\mathbf{Q}(\sqrt[3]{5})\subseteq\mathbf{R}$, 则

$$a^3=\phi(\sqrt[3]{5})^3=\phi(5)=5.$$

因为 $a\in\mathbf{R}$, 所以 $a=\sqrt[3]{5}$, 即 $\phi(\sqrt[3]{5})=\sqrt[3]{5}$. 又因为 $\phi(r)=r, \forall r\in\mathbf{Q}$, 所以 $\phi(b)=b$, $\forall b\in\mathbf{Q}(\sqrt[3]{5})$, 即 ϕ 只能是恒等映射.

9. 设 F 是特征为 p 的域, $f(x)=x^p-a\in F[x]$. 证明: $f(x)$ 在 F 中不可约或 $f(x)$ 在 F 中分裂.

证明 设 b 是 $f(x)=x^p-a$ 在 F 的扩域中的任一根, 则 $b^p-a=0$, 即 $a=b^p$, 故

$$x^p-a=x^p-b^p=(x-b)^p.$$

若 $b\in F$, 则 $f(x)$ 在 F 中分裂. 若 $b\notin F$, 则可证 $f(x)$ 在 F 上不可约. 否则, 设存在 $f(x)$ 的某首一 k 次因式 $g(x)\in F[x]$, $0<k<p$, 则 $g(x)=(x-b)^k$ 中 x^{k-1} 次的系数为 $-kb\in F$. 从而 $b\in F$, 矛盾! 因此 $f(x)$ 在 F 上不可约.

10. 设 $f(x)\in F[x]$, $a\in F$. 证明: $f(x)$ 和 $f(x+a)$ 在 F 上有相同的分裂域.

证明 设 $f(x)$ 在 F 的某个扩域中有如下分解:

$$f(x)=(x-b_1)(x-b_2)\cdots(x-b_n),$$

则 $F(b_1,b_2,\cdots,b_n)$ 为 $f(x)$ 在 F 上的分裂域. 由于 $b_1-a,b_2-a,\cdots,b_n-a$ 是 $f(x+a)$ 的所有根, 因此 $f(x+a)$ 在 F 上的分裂域为

$$F(b_1-a,b_2-a,\cdots,b_n-a)=F(b_1,b_2,\cdots,b_n).$$

11. 对任何素数 p, 求一个特征为 p 的不完备的域.

解 考虑多项式环 $\mathbf{Z}_p[x]$ 的商域 $F=\mathbf{Z}_p(x)$. 显然 F 是一特征为 p 的域. 下面来证明 F 是不完备的域. 反证. 假设 F 是完备的, 则 $F^p=F$. 于是对 $x\in F$, 存在非零多项式 $f(x),g(x)\in\mathbf{Z}_p[x]$, 使得

$$x=\frac{f(x)^p}{g(x)^p}.$$

于是

$$x\cdot g(x)^p=f(x)^p.$$

考虑上式两边的次数得 $1+p\deg g(x)=p\deg f(x)$. 这是不可能的. 由此知 F 是不完备域.

习题 5-5 有 限 域

1. 设 F 是有限域, 则 F 有一个同构于 $\mathbf{Z}_p$ 的素子域 K. 从而 F 是 K 上的有限维向量空间. 由此证明: 存在正整数 n, 使得 $|F| = p^n$.

证明 设 F 是 K 上的 n 维向量空间, $e_1, e_2, \cdots, e_n$ 是 F 的 K- 基, 则 F 中每个元 u 可唯一地表示为 $e_1, e_2, \cdots, e_n$ 的 K 线性组合, 即存在 $k_1, k_2, \cdots, k_n \in K$, 使得

$$u = k_1e_1 + k_2e_2 + \cdots + k_ne_n.$$

由于 $K \cong \mathbf{Z}_p$, 故 $|K| = p$, 于是每个 k_i 有 p 种选择, 从而 u 共有 p^n 种选择. 所以 $|F| = p^n$.

2. 设 E 是 $f(x) = x^{p^n} - x$ 在 $\mathbf{Z}_p$ 上的分裂域. 证明: $f(x)$ 在 E 中的零点集关于加、减、乘、除 (除数不等于 0) 封闭.

证明 设 $a, b \in E$ 是 $f(x)$ 的零点, 即

$$a^{p^n} - a = 0, \quad b^{p^n} - b = 0.$$

于是

$$(a \pm b)^{p^n} = a^{p^n} \pm b^{p^n} = a \pm b,$$
$$(ab)^{p^n} = a^{p^n}b^{p^n} = ab,$$
$$\left(\frac{a}{b}\right)^{p^n} = \frac{a^{p^n}}{b^{p^n}} = \frac{a}{b} \quad (\text{若} b \neq 0).$$

所以 $a \pm b$, ab, $\dfrac{a}{b}$ $(b \neq 0)$ 仍是 $f(x)$ 的零点. 由于 E 是域, 它们仍属于 E. 因此 $f(x)$ 在 E 中的零点集关于加、减、乘、除封闭.

3. 证明: 若 F 是素幂阶的加法群 (设 $|F| = p^n$), 且每个非零元的阶都是 p, 则 F 同构于 n 个 p 阶循环群 $\mathbf{Z}_p$ 的直和

$$F \cong \underbrace{\mathbf{Z}_p \oplus \mathbf{Z}_p \oplus \cdots \oplus \mathbf{Z}_p}_{n\text{ 个}}.$$

证明 由于 F 上的每个非零元的阶都是 p, 所以在 $\mathbf{Z}$ 与 F 之间的数乘可自然地诱导为 $\mathbf{Z}_p$ 与 F 之间的数乘, 且这使得 F 成为 $\mathbf{Z}_p$ 上的向量空间. 设 $e_1, e_2, \cdots, e_n$ 是该空间的基, 则由第 1 题得

$$F = \{k_1e_1 + \cdots + k_ne_n \mid k_1, \cdots, k_n \in \mathbf{Z}_p\}.$$

定义映射 ϕ: $F \to \mathbf{Z}_p \oplus \cdots \oplus \mathbf{Z}_p$ (n 个 $\mathbf{Z}_p$) 为

$$k_1e_1 + k_2e_2 + \cdots + k_ne_n \mapsto (k_1, k_2, \cdots, k_n),$$

则容易证明 ϕ 是加群同构.

4. 设 E 为有限域, F 为 E 的子域. 证明: $[E:F]=\log_{|F|}|E|$.

证明 设 $[E:F]=m$. 与第 1 题类似可证明 $|E|=|F|^m$. 于是 $m=\log_{|F|}|E|$, 即 $[E:F]=\log_{|F|}|E|$.

5. 求 $[\mathrm{GF}(729):\mathrm{GF}(27)]$ 以及 $[\mathrm{GF}(512):\mathrm{GF}(8)]$.

解 由上题知

$$[\mathrm{GF}(729):\mathrm{GF}(27)]=\log_{27}729=\log_{27}27^2=2,$$

$$[\mathrm{GF}(512):\mathrm{GF}(8)]=\log_8 512=\log_8 8^3=3.$$

6. 循环群 $\mathrm{GF}(81)^*$ 中有多少个生成元?

解 由于 $|\mathrm{GF}(81)^*|=80$, 设 $\phi(n)$ 是欧拉函数在 n 处的值, 则

$$\phi(80)=\phi(2^4\times 5)=\phi(2^4)\phi(5)=8\times 4=32.$$

于是知 $\mathrm{GF}(81)^*$ 中共有 32 个生成元.

7. 设 $f(x)$ 是 $\mathbf{Z}_2$ 上的三次不可约多项式. 证明: $f(x)$ 在 $\mathbf{Z}_2$ 上的分裂域是 8 阶域.

证明 1 设 F 为 $f(x)$ 在 $\mathbf{Z}_2$ 上的分裂域, a 是 $f(x)$ 的任一根, 则 $[\mathbf{Z}_2(a):\mathbf{Z}_2]=3$, 因此 $|\mathbf{Z}_2(a)|=2^3=8$. 所以 a 是 x^8-x 的根. 于是 $f(x)$ 的每个根都是 x^8-x 的根. 而 $\mathbf{Z}_2$ 是完备域, 故 $f(x)$ 无重根 (定理 5.4.8), 从而 $f(x)\mid x^8-x$. 由于 $\mathbf{Z}_2(a)$ 包含 x^8-x 的所有根, 它当然也包含 $f(x)$ 的所有根. 又 $\mathbf{Z}_2(a)\subseteq F$, 故 $\mathbf{Z}_2(a)=F$. 于是分裂域 F 是 8 阶域.

证明 2 可知 $\mathbf{Z}_2$ 上的三次不可约多项式只有 x^3+x^2+1 及 x^3+x+1. 设 a 是多项式 $f(x)$ 的任一根, 则对于前一个, 它的另两根为 a^2, a^4, 它们都属于 8 阶域 $\mathbf{Z}_2(a)$, 于是 $\mathbf{Z}_2(a)$ 是其分裂域. 对于后一个, a^2, a^4 也是它的另两个根, 因此 $\mathbf{Z}_2(a)$ 也是分裂域, 它是 8 阶的.

8. 将 x^8-x 在 $\mathbf{Z}_2$ 上分解为不可约因式的乘积.

解 由计算可知

$$x^8-x=x(x-1)(x^3+x^2+1)(x^3+x+1).$$

9. 证明: $x^{p^n}-x$ 在 $\mathbf{Z}_p$ 上的不可约因式的最大次数是 n.

证明 由定理 5.5.2, 存在一个 p^n 阶的有限域 E, 它是 $x^{p^n}-x$ 在 $\mathbf{Z}_p$ 上的分裂域. 设 $g(x)$ 是 $x^{p^n}-x$ 的 m 次不可约因式, a 是 $g(x)$ 的某个根, 则 a 也是 $x^{p^n}-x$ 的根, 故 $a\in E$, 从而 $\mathbf{Z}_p(a)\subseteq E$, 故

$$[\mathbf{Z}_p(a):\mathbf{Z}_p]\mid[E:\mathbf{Z}_p]=n.$$

又 $g(x)$ 是 m 次多项式, 故 $[\mathbf{Z}_p(a):\mathbf{Z}_p]=m$, 于是 $m \mid n$, 即 $m \leqslant n$. 若取 a 为乘法群 E^* 的生成元, $g(x)$ 为 a 在 $\mathbf{Z}_p$ 上的极小多项式, 则 $g(x)$ 是 $x^{p^n}-x$ 的不可约因式, 且由于 $E=\mathbf{Z}_p(a)$, 故 $[\mathbf{Z}_p(a):\mathbf{Z}_p]=n$. 从而 $g(x)$ 是 n 次的. 于是证明了 $x^{p^n}-x$ 在 $\mathbf{Z}_p$ 上的不可约因式的最大次数是 n.

10. 假设 $\alpha, \beta \in \mathrm{GF}(81)^*$, 且 $\operatorname{ord}\alpha=5$, $\operatorname{ord}\beta=16$. 证明: $\alpha\beta$ 是 $\mathrm{GF}(81)^*$ 的生成元.

证明　因为 $\alpha\beta=\beta\alpha$, 且 $(5,16)=1$, 所以

$$\operatorname{ord}(\alpha\beta)=5\times 16=80.$$

设 $\langle\alpha\beta\rangle$ 是 $\mathrm{GF}(81)^*$ 中由 $\alpha\beta$ 生成的乘法子群, 则因为 $|\mathrm{GF}(81)^*|=80$, 所以 $\langle\alpha\beta\rangle=\mathrm{GF}(81)^*$. 故 $\alpha\beta$ 是 $\mathrm{GF}(81)^*$ 的生成元.

11. 对于习题 3-2 第 14 题中的 9 个元素的域 $F=\mathbf{Z}_3[\mathrm{i}]$, 求 F^* 的生成元. 并仿照例 2, 写出 F 中元两种表法的对应关系.

解　设 $F=\{0,1,\mathrm{i}+1,2\mathrm{i},2\mathrm{i}+1,2,2\mathrm{i}+2,\mathrm{i},\mathrm{i}+2\}$, 则 $\mathrm{i}+1, 2\mathrm{i}+1, 2\mathrm{i}+2, \mathrm{i}+2$ 是生成元. 这是因为

$$\begin{aligned}
&(\mathrm{i}+1)^2=2\mathrm{i},\\
&(\mathrm{i}+1)^3=2\mathrm{i}+1,\\
&(\mathrm{i}+1)^4=2,\\
&(\mathrm{i}+1)^5=2\mathrm{i}+2,\\
&(\mathrm{i}+1)^6=\mathrm{i},\\
&(\mathrm{i}+1)^7=\mathrm{i}+2,\\
&(\mathrm{i}+1)^8=1,
\end{aligned}$$

所以 $\mathrm{i}+1$ 是生成元. 从而 $2\mathrm{i}+1=(\mathrm{i}+1)^3$, $2\mathrm{i}+2=(\mathrm{i}+1)^5$ 及 $\mathrm{i}+2=(\mathrm{i}+1)^7$ 都是生成元.

12. 如果 $g(x)$ 是 $\mathrm{GF}(p)$ 上的不可约多项式, 且 $g(x)$ 整除 $x^{p^n}-x$. 证明: $\deg g(x)$ 整除 n.

证明　参见第 9 题的证明.

13. 用纯群论的方法证明如果 F 是 p^n 阶的域, 则 F 中的每个元素都是 $x^{p^n}-x$ 的根.

证明　由于乘法群 F^* 的阶等于 p^n-1, 因此由拉格朗日定理 (定理 2.1.4) 的推论知对任意 $a\in F^*$, 有 $a^{p^n-1}=1$. 故 $a^{p^n}=a$, $\forall a\in F$, 即 F 中每个元素 a 都是 $x^{p^n}-x$ 的根.

14. 求域 GF(9) 的所有自同构.

解 由于 $\mathrm{GF}(9)\cong\mathbf{Z}_3[\mathrm{i}]$, 因此可设 $\mathrm{GF}(9)=\{a+b\mathrm{i}\mid a,b\in\mathbf{Z}_3\}$. 设 ϕ 是 GF(9) 的自同构, 且 $\phi\neq\mathrm{id}$, 则 $\phi(a)=a, \forall a\in\mathbf{Z}_3$, 且 $\phi(a+b\mathrm{i})=\phi(a)+\phi(b)\phi(\mathrm{i})=a+b\phi(\mathrm{i})$. 而 $\mathrm{i}^2=-1$, 故

$$\phi(\mathrm{i})^2=\phi(\mathrm{i}^2)=\phi(-1)=-1,$$

从而 $\phi(\mathrm{i})$ 是 $x^2+1=0$ 的根. 但该方程在 GF(9) 中只有两个根: i, $-$i. 因此, $\phi(\mathrm{i})=\mathrm{i}$ 或 $-\mathrm{i}$. 而前一选择导致 $\phi=\mathrm{id}$. 故 $\phi(\mathrm{i})=-\mathrm{i}$, 即 $\phi(a+b\mathrm{i})=a-b\mathrm{i}$. 容易验证这样定义的映射 ϕ 确是 GF(9) 的自同构. 于是 GF(9) 的自同构只有两个: id 及 ϕ.

15. 假设 F 是 125 阶域, $F^*=\langle\alpha\rangle$. 证明: $\alpha^{62}=-1$.

证明 因为 $\mathrm{ord}\alpha=124$, 所以 $\mathrm{ord}(\alpha^{62})=2$. 于是 $\alpha^{62}\neq1$, 且 $(\alpha^{62})^2=1$. 由于 $x^2=1$ 在域 F 中只有两个根: 1 和 -1, 所以 $\alpha^{62}=-1$.

16. 假设 F 是 1024 阶的域, $F^*=\langle\alpha\rangle$, 列出 F 的每个子域中的元素.

解 因为 $|F|=1024$, 所以 $\mathrm{ord}\alpha=2^{10}-1=1023$. 由于 10 的全部正因数为 $1,2,5,10$, 且

$$2^{10}-1=(2^{10}-1)\cdot1=(2^5-1)\cdot33=(2^2-1)\cdot341=(2^1-1)\cdot1023,$$

故

$$\mathrm{ord}\alpha^{1023}=1=2^1-1;$$
$$\mathrm{ord}\alpha^{341}=\mathrm{ord}\alpha^{1023/3}=3=2^2-1;$$
$$\mathrm{ord}\alpha^{33}=\mathrm{ord}\alpha^{1023/31}=31=2^5-1.$$

所以 F 的所有子域为

$$\mathrm{GF}(2)=\{0\}\cup\langle\alpha^{1023}\rangle=\{0,1\};$$
$$\mathrm{GF}(4)=\{0\}\cup\langle\alpha^{341}\rangle;$$
$$\mathrm{GF}(32)=\{0\}\cup\langle\alpha^{33}\rangle;$$
$$\mathrm{GF}(1024)=\{0\}\cup\langle\alpha\rangle.$$

*17. 假设 L 和 K 都是 $\mathrm{GF}(p^n)$ 的子域. 如果 L 有 p^s 个元素, K 有 p^t 个元素, 问 $L\cap K$ 中有多少个元素?

解 由于 L 和 K 都是有限域, 因此 $L\cap K$ 也是有限域, 故可设 $|L\cap K|=p^m$. 因为 $L\cap K$ 是 L 的子域, 所以由定理 5.5.4 知 $m\mid s$, 同理得 $m\mid t$. 设 $d=(s,t)$, 则 $m\mid d$. 因此 $L\cap K\subseteq\mathrm{GF}(p^d)$. 但是由 d 的定义知 $d\mid s$, $d\mid t$. 故再由定理 5.5.4 得 $\mathrm{GF}(p^d)\subseteq L$, $\mathrm{GF}(p^d)\subseteq K$, 于是 $\mathrm{GF}(p^d)\subseteq L\cap K$. 从而 $L\cap K=\mathrm{GF}(p^d)$. 所以 $L\cap K$ 中共有 p^d 个元素, 其中 $d=(s,t)$.

习题 5-6　几何作图

1. 证明引理 5.6.2.

证明　设 $a+b\mathrm{i}\in C(a,b>0)$. 在直角坐标系中, 过点 $a+b\mathrm{i}$ 分别向 x 轴与 y 轴作垂线, 设垂足分别是 A 与 B, 则 $|OA|=a$, $|OA|=b$, 所以 $a,b\in C$.

反之, 如果 $a,b\in C$, 则可分别在 x 轴与 y 取点 A 与 B, 使 $|OA|=a$, $|OB|=b$, 分别过 A 与 B 作 x 轴与 y 轴的垂线, 设两垂线的交点为 P, 则 P 点所对应的复数为 $a+b\mathrm{i}$. 从而 $a+b\mathrm{i}\in C$.

2. 完成引理 5.6.3 的证明.

证明　$a\pm b\in C(a,b>0)$ 显然. 对于 $\dfrac{a}{b}$, 在直角坐标系中, 连接 $A(1,0)$ 与 $B(0,b)$, 过点 $C(0,a+b)$ 作 AB 的平行线, 交 x 轴与 D, 则 $|AD|=\dfrac{a}{b}$.

3. 证明引理 5.6.7.

证明　如果 $a+b\mathrm{i}$, 则 $a-b\mathrm{i}=\overline{a+b\mathrm{i}}\in F$, 从而

$$a=\frac{(a+b\mathrm{i})+(a-b\mathrm{i})}{2},\quad b=\frac{(a+b\mathrm{i})-(a-b\mathrm{i})}{2\mathrm{i}}\in F.$$

反之, 如果 $a,b\in F$, 则 $b\mathrm{i}\in F$, 所以 $a+b\mathrm{i}\in F$.

4. 证明引理 5.6.8.

证明　如果 $a=0$, 则结论显然成立. 如果 $a\neq 0$, 则 $\Delta=b^2-4ac\in F$, 因为 F 关于开平方封闭, 所以 $\sqrt{\Delta}\in F$, 从而方程 $ax^2+bx+c=0$ 的根

$$x_{1,2}=\frac{-b\pm\sqrt{\Delta}}{2a}\in F.$$

5. 证明定理 5.6.3 的充分性.

证明　设有扩域链

$$K_0\subseteq K_1\subseteq\cdots\subseteq K_n$$

使 $z\in K_n$, 且 $[K_{i+1}:K_i]\leqslant 2(i=1,2,\cdots,n-1)$, 则域 K_i 中的元素都是域 K_{i-1} 上的某个一次或二次方程的根. 因此, 如果 $K_{i-1}\subseteq C$, 则 $K_i\subseteq C$. 由 C 的定义知 $K_0\subseteq C$, 从而 $K_1\subseteq C$, 进而 $K_2\subseteq C$, 以此类推得 $K_n\subseteq C$, 所以 $z\in C$.

6. 设 α 为多项式 $x^4+x-1\in\mathbf{Q}[x]$ 的根. 证明: 在 $\mathbf{Q}$ 与 $\mathbf{Q}(\alpha)$ 之间没有中间扩域. 据此说明, 定理 5.6.5 的逆不成立.

证明　(反证法) 设 E 为介于 $\mathbf{Q}$ 与 $\mathbf{Q}(\alpha)$ 之间的中间域. 由于 x^4+x-1 在 $\mathbf{Q}$ 上不可约, 因此 $[\mathbf{Q}(\alpha):\mathbf{Q}]=4$, 从而 $[\mathbf{Q}(\alpha):E]=[E:\mathbf{Q}]=2$. 由此可知 x^4+x-1 在 E 上可分解为两个二次因式的乘积. 考虑到 x^4+x-1 的系数, 可不妨设

$$x^4+x-1=(x^2+ax+b)\left(x^2-ax-\frac{1}{b}\right),\quad a,b\in E.$$

将上式右边展开并比较两边系数得

$$\begin{cases} b-\dfrac{1}{b}-a^2=0, \\ -ab-a\cdot\dfrac{1}{b}=1. \end{cases}$$

消去 a 并整理得

$$\left(b-\frac{1}{b}\right)^3+4\left(b-\frac{1}{b}\right)-1=0.$$

这说明 $b-\dfrac{1}{b}$ 是三次方程

$$x^3+4x-1=0$$

的根. 由于 x^3+4x-1 在 $\mathbf{Q}$ 上不可约, 因此 $[\mathbf{Q}(b-\frac{1}{b}):\mathbf{Q}]=3$. 于是

$$3=[\mathbf{Q}(b-\frac{1}{b}):\mathbf{Q}]\leqslant[E:\mathbf{Q}]=2,$$

矛盾. 这个矛盾说明在 $\mathbf{Q}$ 与 $\mathbf{Q}(\alpha)$ 之间没有中间扩域.

由上可知, 虽然有 $[\mathbf{Q}(\alpha):\mathbf{Q}]=2^2$, 但由于在 $\mathbf{Q}$ 与 $\mathbf{Q}(\alpha)$ 之间没有中间扩域, 因此也就不存在定理 5.6.3 所要求的扩域链. 由此推出 α 不能由直尺和圆规作出. 这说明定理 5.6.5 的逆不成立.

7. 具体给出用直尺和圆规作出正五边形的方法.

解 如右图, 正五边形的中心角 $\angle AOB=72°$, 顶点到中心的距离为 1, 则由余弦定理得

$$AB^2=1+1-2\cdot1\cdot1\cdot\cos72°=2-2\sin18°.$$

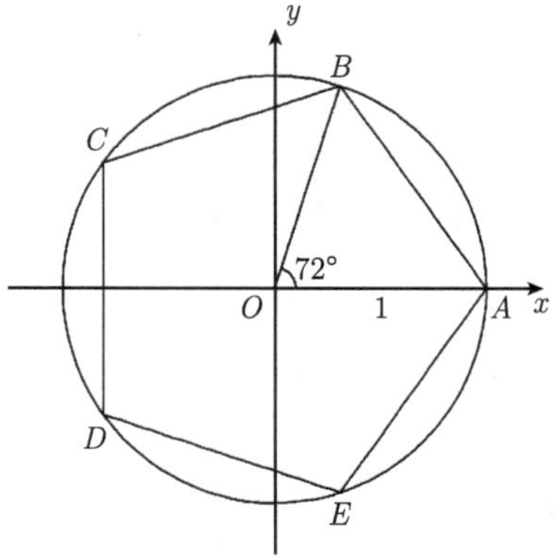

下面计算 $\sin18°$.

令 $\theta=18°$, 则有

$$\sin2\theta=\cos3\theta,$$

展开得

$$2\sin\theta\cos\theta=4\cos^3\theta-3\cos\theta.$$

两边消去 $\cos\theta$, 整理得

$$4\sin^2\theta+2\sin\theta-1=0.$$

由此得 $\sin\theta=\dfrac{-1+\sqrt{5}}{4}$. 从而

$$AB=\sqrt{2-2\sin 18^\circ}=\sqrt{\frac{5-\sqrt{5}}{2}}=\sqrt{\frac{10-2\sqrt{5}}{4}}=\sqrt{\left(\frac{\sqrt{5}-1}{2}\right)^2+1}.$$

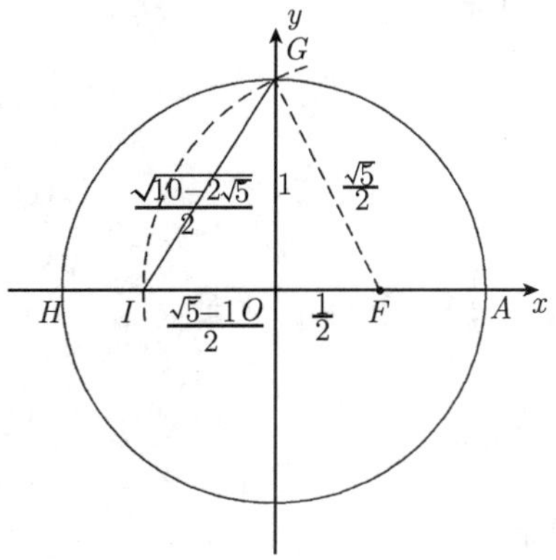

写成最后一个式子是为了便于设计作图法.

据上式最后一个式子, 可得下列作图法:

(1) 建立直角坐标系, 记 $A(1,0)$, $G(0,1)$, $H(-1,0)$;

(2) 以 O 为圆心, 作单位圆;

(3) 平分 OA, 中点 $F\left(\dfrac{1}{2},0\right)$;

(4) 以 F 为圆心, FG 为半径作弧, 交 OH 于 I, 则 $|GI|$ 的长度即是所求作的正五边形的边长.

(5) 自 A 点起, 以 $|GI|$ 的长度作为正五边形的边长, 按逆时针方向作弧, 依次在圆周上截得 5 个分点 A, B, C, D, E, F. 依次连接这 5 个点, 即得正五边形 $ABCDE$.

8. 用直尺和圆规将角 $\alpha=\arccos\dfrac{11}{16}$ 三等分.

解　设 $\theta=\dfrac{1}{3}\alpha$, 则 $\cos 3\theta=\dfrac{11}{16}$, 故

$$4\cos^3\theta-3\cos\theta=\frac{11}{16},$$

即

$$64\cos^3\theta-48\cos\theta-11=0.$$

因此 $\cos\theta$ 是方程

$$64x^3-48x-11=0 \qquad (*)$$

的根. 易知此方程有一个有理根 $-\dfrac{1}{4}$, 据此容易求得另外两个根为 $\dfrac{1+3\sqrt{5}}{8}$ 和 $\dfrac{1-3\sqrt{5}}{8}$. 因为 $\cos\theta>0$, 所以 $\cos\theta=\dfrac{1+3\sqrt{5}}{8}$. 方程 $(*)$ 消去有理根后所得的二次方程等价于

$$\begin{cases}\left(x-\dfrac{1}{8}\right)^2+y^2=\left(\dfrac{7}{8}\right)^2,\\ y=\dfrac{1}{4}.\end{cases}$$

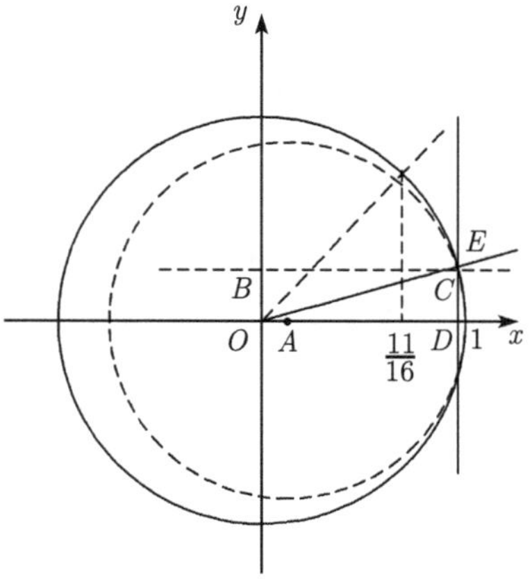

据此, 可得如下作法 (右图):

(1) 以 $A\left(\frac{1}{8},0\right)$ 为圆心, $\frac{7}{8}$ 为半径作圆;

(2) 过 $B\left(0,\frac{1}{4}\right)$ 作 y 轴垂线, 在第一象限交圆 A 于 C;

(3) 过 C 作 x 轴的垂线 DC, 垂足为 D;

(4) 以 $O(0,0)$ 为圆心, 1 为半径作圆, 在第一象限交直线 DC 于 E, 则角 $\angle EOD$ 即为所求的三等分角.

9. 证明: 正九边形不能用直尺和圆规作出.

证明　只要证 $\cos 40^\circ$ 不用直尺和圆规作出.

设 $\theta = 40^\circ$, 则 $3\theta = 120^\circ$, 所以

$$-\frac{1}{2} = \cos 120^\circ = \cos 3\theta = 4\cos^3\theta - 3\cos\theta.$$

从而 $\cos\theta$ 是三次方程

$$8x^3 - 6x + 1 = 0$$

的一个实根. 易知 $8x^3 - 6x + 1$ 在 $\mathbf{Q}$ 上不可约, 所以 $\deg(\cos\theta) = 3$. 从而由定理 5.6.5 知 $\cos\theta$ 不可由直尺和圆规作出, 因此正九边形也就不能用直尺和圆规作出.